Allitera Verlag

Dr. Gertrud Scherf, geboren 1947 in Berchtesgaden, war Grund- und Hauptschullehrerin sowie Wissenschaftliche Assistentin am Institut für die Didaktik der Biologie der Universität München, wo sie zum Dr. rer. nat. promovierte. Als Autorin lebt und arbeitet sie seit vielen Jahren in Niederbayern.
Die meisten ihrer Sachbücher beschäftigen sich mit Tieren und Pflanzen. Dabei geht es um schonungsvolle Nutzung, besonders aber um über den unmittelbaren Nutzen hinausgehende Beziehungen zwischen Mensch und Natur, wie sie sich seit alten Zeiten im Volksglauben zeigen und von denen Märchen und Sagen berichten.
Der Erzählband »Signaturen« enthält Geschichten, die hintersinnige Unterhaltung mit subtilem Schauer bieten wollen und vom erschütternden Einbruch des Jenseitigen in eine Alltagswelt berichten. Dem Kurzroman »Schatzhüter« liegen Volkssagenmotive zugrunde.

Gertrud Scherf

NIXEN
WICHTLEIN
WILDE FRAUEN

Eine Kulturgeschichte
der Naturgeister in Bayern

Allitera Verlag

Informationen über den Verlag und sein Programm unter:
www.allitera.de

November 2017
Allitera Verlag
Ein Verlag der Buch&media GmbH, München

Layout und Umschlaggestaltung: Johanna Conrad
Umschlagbild: Moritz von Schwind: Der Mittag © Bayer&Mitko - ARTOTHEK
ISBN 978-3-86906-986-9
Printed in Europe

Inhalt

WILDE GRENZGÄNGER UND TREUE BEWAHRER 7

WESEN UND UNWESEN DER NATURGEISTER (NICHT NUR) IN BAYERN 12

NATURGEISTER – EINE ANNÄHERUNG 13

Entstehung
Überlieferung
Funktionen
Dämonische Verwandtschaften
Erscheinungsorte
Erscheinungsweisen
Eigenschaften

NATURGEISTER – IHR WEITERLEBEN 43

Verborgen in anderen Gestalten
Präsent im Alltag
Wirkend in Bildern

NATURGEISTER MIT ZUKUNFT? 55

DIE NATURGEISTER IN IHREN BAYERISCHEN LEBENSRÄUMEN .. 58

WASSERGEISTER 61

Gewässer
Gestalten

WALDGEISTER 89

Wälder
Gestalten

MOORGEISTER 115
Moore
Gestalten

UNTERIRDISCHE GEISTER 135
Unterirdische Räume
Gestalten

BERGGEISTER 157
Gebirge
Gestalten

VEGETATIONSGEISTER 175
Agrarlandschaft
Gestalten

HAUSGEISTER 193
Siedlungslandschaft
Gestalten

ANHANG 210
Literaturverzeichnis
Abbildungsnachweis
Ortsregister
Sachregister

WILDE GRENZGÄNGER UND TREUE BEWAHRER

Die Naturgeister sind aus unserem Alltagsleben nahezu verschwunden. Nixen oder Almgeister, Salige Frauen oder der Hehmann, Riesen, Zwerge, Bergmännlein – wer weiß noch etwas über die meist menschenähnlich gestalteten Wesen, wer glaubt gar, dass sie in unserer Welt existieren, dass sie die Erscheinungen der belebten und unbelebten Natur beseelen, darin wohnen und wirken? Auch wenn sich die Menschen unserer Zivilisation in ihren Vorstellungen und Handlungen durchaus nicht nur von rationalen Überlegungen beeinflussen oder leiten lassen, liegt der Bereich des Mythischen heutzutage vielen fern. Die Welt der heimatlichen Sagen, die noch vor einigen Jahrzehnten Bestandteil des Schulunterrichts war, ist im Bewusstsein verblasst. Sagen gelten vielfach als veraltet und unzeitgemäß, allenfalls interessant, wenn sie aus fremden Kulturen stammen.

Bei genauerer Betrachtung allerdings gibt es Zeichen, dass die alten Naturgeister vielleicht doch noch tätig sind. Zunehmender Beliebtheit erfreuen sich Bücher, Vorträge und Führungen zu mythischen und magischen Orten oder Kräuter- und Baumwanderungen, die auch Sagenhaftes vermitteln. Woher kommt die seit einigen Jahren zu beobachtende Faszination, die Naturgeister-Bräuche ausüben? Ist es nur das Verlangen nach einem Event oder werden die Menschen von Buttnmandln, Klausen oder Perchten im Inneren angerührt? Warum sterben die seit Jahrzehnten als Kitsch diffamierten Gartenzwerge nicht aus? An welches Bedürfnis rühren die vielen Bücher über Elfen und Feen? Worin gründet, außer in ihrer christlichen Bedeutung, die Beliebtheit von Engeln?

Naturgeister sind weltweit verbreitet. Baumgeister, so berichtet etwa der schottische Ethnologe James George Frazer (1854–1941) in seinem Werk »Der goldene Zweig«, gab es nicht nur in Europa, sondern etwa auch bei den Hidatsa-Indianern und den Irokesen, bei den Wanika Ostafrikas sowie in China. In chinesischen Märchen erscheinen Berggeister, Blumenelfen oder Wassergeister. Interkulturelle Vergleiche ergeben ungeachtet mancher Unterschiede grundlegende Gemeinsamkeiten. Diese mögen als Folge der Wanderung von Kulturerscheinungen entstanden sein, aber auch aus Vorstellungen, die allgemein-menschlichen Grundstrukturen entstammen, wie sie Adolf Bastian (1826–1905) als Elementargedanken oder Carl Gustav Jung (1875–1961) als archetypische Bilder postuliert haben.

Das vorliegende Buch beschäftigt sich mit Naturgeistern und zwar vor allem mit Vertretern, die in Bayern – gemeint sind in erster Linie die Regionen innerhalb der heute bestehenden Grenzen des Freistaats – beheimatet sind. Allerdings interessieren sich Naturgeister als aus alter und teilweise vorchristlicher Zeit stammende Gestalten nicht für neuere politische Grenzen; allenfalls respektieren sie Sprach- und Kulturgrenzen sowie natürliche Grenzen wie Gebirge oder Flüsse. Deshalb zeigen sich in landschaftlich-kulturell zusammengehörenden Gebieten wie dem bayerisch-böhmischen Grenzgebirge oder dem bayerisch-österreichischen Alpenraum diesseits und jenseits der Grenzen dieselben oder ähnliche Naturgeister. So kommen beispielsweise die Saligen Frauen im gesamten deutschsprachigen Alpenraum vor, und es wäre künstliche Einengung, wenn nur über die im heutigen Bayern wohnenden Vertreterinnen berichtet würde. Auch wenn sie sich in bayerischen Regionen durchaus unter anderen Namen und mit manchen Besonderheiten zeigen können, sind einige Naturgeister wie Zwerge oder Nixen überall in Mitteleuropa und darüber hinaus daheim. Das Hinausschauen über die heutigen bayerischen Grenzen ermöglicht besseres Verstehen von Gestalten und Phänomenen, Erkennen von Unterschieden und Gemeinsamkeiten. Dies gilt auch für die Beispiele von Kunstdarstellungen im Porträtteil (Bildende Kunst, Literatur, Musik). Es werden vor allem Werke von Künstlern genannt, die zumindest zeitweise in Bayern gelebt und gearbeitet haben oder deren Werke sich in Bayern befinden, aber hingewiesen wird auch auf Arbeiten, die aus anderen (mittel)europäischen Gegenden stammen.

Grenzgänger sind die Naturgeister nicht nur beim Überschreiten politischer und geografischer Grenzen, sondern sie neigen überhaupt dazu, sich unseren Denkgewohnheiten, Kategorisierungen, Beschränkungen zu entziehen und sind deshalb schwer zu fassen. Mit unserer Tendenz, strikt in Gut und Böse, Schwarz und Weiß, Richtig und Falsch einzuteilen, werden wir den Naturgeistern meist nicht gerecht: Fast alle diese Gestalten sind ambivalent, das heißt sie haben eine helle und eine dunkle Seite, wobei Licht und Schatten je nach Gestalt unterschiedlich stark ausgeprägt sein können. Erst mit der Christianisierung kam es zu einer deutlicheren Aufspaltung in gute und böse Geister, wobei im Volksglauben die Gestalten vielfach ihre Doppelnatur bewahren konnten.

Auch die Trennung in »Naturgeister« und »Kulturgeister« lehnen diese Grenzgänger ab. Sie vermitteln, dass die Grenzen zwischen Natur und Kultur fließend sind, dass letztlich jede Kultur sich auf Natur zurückführen lässt und dass schließlich auch der Mensch ein Natur-Kultur-Wesen ist. So sehen wir Holzweiblein, Wildfrauen, Wichtlein, Wasserfrauen und sogar -männer, die in Häusern allerlei hilfreiche Arbeiten verrichten, dazu auch, dass sie oft nur vorübergehend als Kulturgeist tätig sind und irgendwann wieder in ihren ursprünglichen Naturlebensraum zurückkehren. Wegen solcher Überschneidungen wurden auch die Hausgeister in das Buch aufgenommen.

Ohnehin gefällt es vielen Naturgeistern, zwischen Lebensräumen hin und her zu wechseln. Wasserfrauen kommen an Land und in die Siedlungen, um an Tanzveranstaltungen teilzunehmen, die Zwerge wandern aus ihren unterirdischen Lebensräumen in die Wälder, die Berge, die Häuser oder anderswohin. Es gibt keinerlei Garantie dafür, dass man außerhalb des Waldes vor dem Hehmann sicher ist.

Schließlich gibt es bei den Naturgeister-Gestalten auch Vermischungen mit anderen Geistern. So sind die Zwerge auch Totengeister, ebenso wie die Percht sich nur in einigen ihrer Funktionen als Vegetationsgeist zeigt, in anderen als Seelendämon.

Obwohl also Grenzüberschreiter in mehrfacher Hinsicht, lassen sich die Naturgeister nicht einmal auf diese Zuschreibung so ganz festlegen, denn es gibt auch beharrende und bewahrende Wesen. So beschränken sich manche Geister auf einen bestimmten kleineren oder größeren Raum und zeigen keinerlei Neigung, diesen zu verlassen. Der koboldartige Gebirgsgeist Stilzl beispielsweise treibt sich nur im Bayer- und Böhmerwald herum, die Untersberger wohnen im Untersberg zwischen Berchtesgaden und Salzburg, der Moorriese Huidingerle verlässt nicht das Premer Filz bei Steingaden. Die Hausgeister zeigen oft sehr entschlossenes Beharrungsvermögen und lassen sich nicht oder nur mit viel Aufwand und Mühe vertreiben. Beim Umgang mit Menschen, im sozialen Bereich, sind manche Naturgeister von entschiedener Kompromisslosigkeit. Die Wildfrau, die erfährt, dass der Mensch-Geliebte bereits verheiratet ist, befiehlt ihm, sich ihr nicht mehr zu nähern, sondern seiner Frau treu zu bleiben. Der Hehmann erschreckt Holz stehlende Leute, der Almgeist bestraft den hartherzigen Bauern. Schließlich fordern die Naturgeister die strikte Einhaltung von Tabus.

Es erstaunt wenig, dass sich die bayerischen Naturgeister-Gestalten – ungeachtet mancher Eigenheiten – in Wesen, Merkmalen, und Strategien grundsätzlich nur wenig von denen im übrigen Mitteleuropa unterscheiden, haben doch in dessen Regionen Kelten und ihre Vorfahren ebenso wie Römer, Germanen und Slawen ihre kultur- und geistesgeschichtlichen Spuren hinterlassen. Deshalb ist auch immer wieder – obwohl nicht explizit Gegenstand – auf die antike mittelmeerische Naturgeisterwelt der Griechen und Römer hinzuweisen, deren Überlieferungen in die Schriften der Gelehrten und Dichter, in die Volksbücher und den Volksglauben in Mitteleuropa und damit auch in Bayern eingegangen sind und in starkem Maß die Aussagen mitteleuropäischer Künstler angeregt und beeinflusst haben.

Begegnen können wir den Naturgeistern vorrangig in den Volkserzählungen. Ganz besonders in den Volkssagen erscheint der ganze Reigen und Reichtum dieser Gestalten. Auch wenn Volkssagen der Anpassung an allgemeine Gesinnung und herrschendes Lebensgefühl unterliegen, wenn sich bisweilen Zweifel an der Authentizität einer Erzählung oder einer Gestalt aufdrängen: Die Grundaussagen sind meist erhalten, auch wenn sich bisweilen dem Zeitgeist geschuldete Züge und sagenuntypische sprachliche Ausschmückungen eingeschlichen haben. Volkssagen-Sammlungen sind die wichtigsten Quellen zur Kulturgeschichte der Naturgeister, und deshalb wurden, ungeachtet möglicher quellen- und editionskritischer Bedenken, Volkssagen aus gesamtbayerischen Sammlungen und aus Regional-Sammlungen des 19. und 20. Jahrhunderts herangezogen.

Auch in Volksmärchen, der anderen großen Gattung der Volkserzählungen, erscheinen Naturgeister. Aber das Personal ist beschränkt – vor allem Zwerge, Riesen, Nixen – und die Naturgeister haben in den Märchen eine andere Bedeutung als in den Sagen. Der Literaturwissenschaftler Max Lüthi (1909–1991) stellt wichtige Unterschiede heraus, unter anderem: In der Sage gilt das Hauptinteresse den Gestalten, das Märchen ist mehr auf die Handlung gerichtet. In der Sage lösen die Jenseitigen im Menschen Schauder, Erregung und Verwirrung aus, im Märchen fehlt den jenseitigen Gestalten das Jenseitige, und der Mensch verkehrt selbstverständlich und unerschüttert mit ihnen.[1] Die Sage nennt Ort[2] und Zeit des Geschehens, beides hat im Märchen keine Bedeutung und wird nicht genannt.[3] Das Märchen kann deshalb für die Verdeutlichung von Wesen und Unwesen der Naturgeister viel weniger beitragen als die Sage. In Bayern sind im Vergleich zu den Sagensammlungen nur wenige Märchensammlungen entstanden.[4] In »Märchen aus Bayern« von Karl Spiegel (Würzburg 1914) gibt es nur wenige Naturgeister. Ludwig Bechstein ordnete in »Deutsches Märchenbuch« (1847) nur 14 der 150 Märchen eine bayerische Herkunft (Franken) zu. Viele der Geschichten in Alfons Schweiggerts »Bayerische Märchen« (2. Aufl., Regenstauf 2016) tragen Sagenmerkmale. Da auch die bayerischen Märchen vor allem allgemein bekannte (mitteleuropäische, europäische, außereuropäische) Märchenstoffe und -motive enthalten, werden die Märchen in der Fassung der Brüder Grimm zugrunde gelegt, um die Schilderung mancher Naturgeister-Gestalten zu bereichern – auch wenn diese Erzählungen von außerbayerischen Zuträgern stammen (vor allem aus Hessen, Niedersachsen, Westfalen) und Märchensammlungen aus Frankreich, Italien und anderen Ländern Europas die Arbeit der Brüder Grimm angeregt und beeinflusst haben.

Neben den Volkserzählungen, insbesondere den Volkssagen, gibt es noch weitere schriftliche, gesprochene, bildnerische oder anders vermittelte Spuren der Naturgeister. Gelehrte bemühten sich von der Antike bis in die frühe Neuzeit, Wesen und Unwesen der Naturgeister zu ergründen, sie zu ordnen und zu klassifizieren, wobei die christlichen Autoren Naturgeister meist als negative Erscheinungen beschrieben haben. In allen Bereichen der Kunst haben sich Menschen mit Naturgeistern befasst, sich mit der Überlieferung auseinandergesetzt, sie auf ihre Weise gedeutet und Eigenes hinzugefügt. Auch Sprache, Alltagskultur und Brauchtum bringen Hinweise.

Möge das Buch dazu beitragen, einst in bayerischen Regionen lebendige, heute vielfach verblasste oder verschüttete Traditionen wieder ins Bewusstsein zu bringen und damit dem Interesse für Naturgeister eine konkrete Grundlage zu geben.

---

1 Vgl. Lüthi 1968; 1975; 2004.

2 Wegen der Ortsbezogenheit der Volkssage wird möglichst bei jeder Sage auf ihre Lokalisierung hingewiesen und zwar mit den heute gültigen Namen und Zuordnungen, sodass Ort oder Region auch in der Gegenwart real und auffindbar sind.

3 Wörterbuch der deutschen Volkskunde 1981: 530.

4 Vgl. Drascek/Wagner 1990: 46f.

WESEN UND UNWESEN DER NATURGEISTER (NICHT NUR) IN BAYERN

Zu den eindrucksvollsten, gleichzeitig aber auch zu den am schwierigsten zu deutenden Gestalten des Volksglaubens, zählen die Naturdämonen [...].[1]

Diese Wertung des Erzählforschers Leander Petzoldt (*1934) können auch die in Bayern lebenden und wirkenden Naturgeister für sich in Anspruch nehmen.

NATURGEISTER – EINE ANNÄHERUNG

Was verbindet die schönen Wasserfrauen mit den eher unscheinbaren und unansehnlichen Zwergen, was die Gestalten in Bayern mit denen an der Nordseeküste oder in den Zentralalpen? Ungeachtet jeweils typischer Merkmale und Eigenheiten zeigen Naturgeister verschiedener Lebensräume und Regionen so manche gemeinsame Wesenszüge.

ENTSTEHUNG

Mit Naturgeistern lebt die Menschheit vermutlich seit ihrer Frühzeit. Die neuere Forschung[2] geht nicht mehr davon aus, dass Geister als Vorstufen der späteren Götter zu erklären sind, wie dies etwa der Anthropologe Edward Burnett Tylor (1832–1917) (»Primitive Culture«) oder der Ethnologe James George Frazer (1854–1941) (»The Golden Bough«) versucht haben. Umgekehrt sind vermutlich einige vorchristliche Götter in das Gewand von Geistern geschlüpft und haben so ihr Überleben gesichert, wie unter anderem für Frau Holle und Frau Percht vermutet wird.[3]

Naturgeister sind in einem animistisch und magisch geprägten Weltbild als Schöpfungen des menschlichen Geistes entstanden.

In *animistischer Denkweise* hält der Mensch die Natur und ihre Erscheinungen, die Tiere und die Pflanzen von Geistern oder dämonischen Wesen beseelt und glaubt, dass die Vorgänge in der Natur von ihnen bewirkt werden. Der Ethnologe Lothar Käser, der sich mit dem Animismus[4] in ethnischen Gesellschaften in Übersee befasst, formuliert: »In der vergleichenden Religionsethnologie und -wissenschaft versteht man unter Animismus den Glauben an die Existenz und Wirksamkeit von anthropomorph (menschenähnlich) und theriomorph (tierähnlich) gedachten geistartigen Wesen (Seelen und Geister)«.[5]

Eine Unterscheidung und Trennung von belebter und unbelebter Materie findet im Animismus weithin nicht statt. Auch der Animismus-Begriff des Schweizer Psychologen Jean Piaget (1896–1980) beinhaltet, dass unbelebten Objekten Lebendigkeit und Personhaftigkeit zugesprochen wird. Piaget beschreibt ein entwicklungspsychologisches Modell von mehreren Stufen, die das Kind durchläuft und ordnet den Animismus einer vom 2. bis zum 7. Lebensjahr postulierten Phase der präoperationalen Intelligenz zu. Die Kinder zeigen ein entsprechendes Verhalten gegenüber unbelebten Gegenständen wie einem Stein, einem Tisch, Wolken oder dem Wind.[6]

Animistische Vorstellungen sind wohl bereits auf einer frühen menschheitsgeschichtlichen Entwicklungsstufe entstanden, sie kommen aber neben den religiösen und wissenschaftlichen Denksystemen weiterhin vor und haben sich im Volksglauben auch Mitteleuropas, etwa beim Baum- , Quellen- und Steinkult, teilweise bis in die Gegenwart erhalten.[7]

Sigmund Freud (1856–1939) nennt in seinem 1913 erschienenen Werk »Totem und Tabu« den Animismus die erste Weltauffassung, welche den Menschen gelang: »Der Animismus ist ein Denksystem, er gibt nicht nur die Erklärung eines einzelnen Phänomens, sondern gestattet es, das Ganze der Welt als einen einzigen Zusammenhang, aus einem Punkte zu begreifen.«[8] Ungeachtet solcher respektvoller wissenschaftlicher Aussagen wurde Animismus in populärem Verständnis weithin mit einer primitiven Weltsicht verbunden, wurde zu einem Gegenbild moderner Wissenschaft und je nach Auffassung diskreditiert oder idealisiert.

Eine Allbeseeltheit der Natur zeigt sich in Märchen, Sagen und magischen Handlungen. So wird auch Unbelebtem wie dem Wind Beseeltheit zuerkannt, etwa dem als Windsbraut bezeichneten Wirbelwind, dem man beispielsweise in Straubing zurief; »Saudreck, Saudreck, Saudreck! Laßt du 's net da, du schwarz Fankerl?«[9] oder im Brauch des Windfütterns, beispielsweise in den Ostalpen.[10]

Freud nennt das praktische Bedürfnis des Menschen, sich der Welt zu bemächtigen, als Triebkraft für die Schöpfung des Welt- und Denksystems des Animismus. Denn mit dem animistischen System gehe eine Verfahrensanweisung einher, die bekannt sei unter dem Namen Zauberei und Magie.[11]

Im *magischen Weltbild* ist alles – die unbelebte Natur, die Pflanzen, die Tiere, der Mensch, Diesseits und Jenseits – durch geheime Beziehungen miteinander verbunden. Allverbundenheit, wie sie Max Lüthi als wichtiges Merkmal der Gestalten im europäischen Volksmärchen beschreibt[12], gibt es auch in den Volkssagen. Weil alles mit allem verbunden ist, sind etwa auch Ehen zwischen Mensch und Naturgeist möglich. Diese geheime Verbindung alles Seienden wird Sympathie genannt. Aus ihr ergibt sich, dass Gleiches Gleiches oder Ähnliches Ähnliches bewirkt. Beispielsweise zeigen Pflanzen mit gelben Blüten, wie die Königkerze, die Farbe des Blitzes und tun so kund, dass sie, ins Haus gebracht, den Blitz abwehren können. Die Sympathie ermöglicht es dem Menschen, aktiv in das Geschehen einzugreifen, statt sich nur passiv den Mächten auszuliefern. Dazu müssen die Zeichen richtig gedeutet und das Handeln einem Geschehen in analoger Weise angepasst werden. Auch die Beziehung zwischen Menschen und Naturgeistern trägt magische Züge, etwa in der Vorstellung, dass Aussprechen des Namens Macht über den Geist verleiht oder dass durch Beachten von Tabus gewünschte Ergebnisse herbeigeführt werden können. Der Volkskundler Rudolf Kriss (1903–1973) sieht allerdings in der Personifizierung der numinosen Kräfte als Natur- und andere Geister eine das magische Denken und Verhalten eindämmende Grundkategorie des menschlichen Denkens.[13]

Naturerscheinungen, soziale Welt, Erleben des Einzelnen: Auf der Grundlage animistischer und magischer Vorstellungen wirken diese drei Determinanten zusammen und durchdringen sich gegenseitig bei der Entstehung von Gestalt und Wesen der Naturgeister.

Naturgeister bewirken und lenken Naturerscheinungen und –vorgänge oder verkörpern sich in ihnen. Ihr Tun kann für die Menschen nützlich oder schädlich sein. Wälder und Berge, Bäume und Quellen, Flüsse, Bäche und Seen sind von Naturgeistern bewohnt und belebt, ebenso die unterirdische Welt sowie die Agrarlandschaft, die Siedlungsräume und Wohnungen der Menschen. Auch in meteorologischen Erscheinungen wie Wind, Nebel, Gewitter oder im Feuer sind Naturgeister verborgen und tätig.

Innerhalb des mitteleuropäischen Kulturkreises gibt es übereinstimmende Vorstellungen über Naturgeister, aber auch Verschiedenheiten, die durch geographische Gegebenheiten und die damit verbundenen Sozial-, Lebens- und Wirtschaftsformen sowie Traditionen bedingt sind. So unterscheiden sich die Naturgeister, die den Bauern im Alpenvorland oder in den Alpen begegnen, zumindest teilweise von denen in der bäuerlichen Welt der Küsten, zeigen sich den Handwerkern andere Gestalten als den Bergleuten unter Tage, den Seeleuten oder den Waldbauern und –arbeitern. Die Herrschaftsverhältnisse und ihre wirtschaftlich-sozialen Auswirkungen beeinflussten auch Naturgeister-Vorstellungen.

Naturgeister sind auch geprägt durch innere Verfasstheit und Erlebnisse des Einzelnen. Diese Erlebnisse hängen mit der Naturwelt und der sozialen Welt eng zusammen. Der Blick auf Naturgeister und Begegnungen mit ihnen mögen sich unterschiedlich gestalten, je nach der sozialen Stellung in einem Kollektiv. Der reiche Bauer und seine Bäuerin haben im selben Raum vielleicht andere Begegnungen mit Naturgeistern als ihre Mägde und Knechte, der Kranke andere als der Gesunde. Gefördert worden sein mag das Naturgeist-Erlebnis durch das Alleinsein in naturgeprägter Umwelt, wie es in früheren Zeiten häufig war. Diese Art von äußerer Einsamkeit, die mit einer starken sozialen Gebundenheit einhergehen konnte, gibt es heute bei der großen Mobilität im dicht besiedelten Mitteleuropa und des ständigen Inkontaktseins auch über die modernen Medien kaum mehr.

ÜBERLIEFERUNG

Die Vorstellungen über Naturgeister sind in Bayern und in (Mittel-)Europa insbesondere geprägt von den Traditionen der Kelten, der Antike, der Germanen und Slawen sowie der gemeinsamen Vorfahren, der Indoeuropäer. Diese kamen im Verlauf des 3. Jahrtausends v. Chr. nach Europa, verdrängten dort die alteuropäische Bevölkerung beziehungsweise vermischten sich nach und nach mit ihr.

In den Mythen der *vorchristlichen Zeit* wird nicht immer genau zwischen Naturgeistern und Göttern unterschieden. Da wirken Halbgötter wie etwa der griechische Hirten- und Vegetationsgott Pan, da erledigen die Götter oft selbst, was sonst den Naturgeistern obliegt. Manche Götter mögen später, insbesondere im Lauf der Christianisierung, zu Naturgeistern abgesunken sein.

Während wir über die Naturgeister der griechisch-römischen Mythologie durch antike Autoren einigermaßen gut Bescheid wissen, und durch mittelalterliche Epen nicht nur über die Welt des christlichen Mittelalters, sondern auch über Vorstellungen aus germanischer Zeit informiert werden, sind die keltischen Naturgeister viel weniger fassbar, weil die Kelten keine Schrift für die Tradierung ihrer Mythologie verwendeten. Einiges wissen wir von den antiken Schriftstellern, deren Aussagen aber nicht nur der Realität verpflichtet, sondern auch propagandistisch gefärbt sind (wie etwa Cäsars Bericht über die Eroberung Galliens »De bello gallico«). Weitere mögliche Hinweise auf Naturdämonen bei den Kelten ergeben sich aus archäologischen Befunden, etwa menschen- oder tiergestaltigen Amulettfigürchen. Der durch Weiheinschriften und Bildzeugnissen belegte, in weiten Teilen der von Kelten besiedelten Gebiete verbreitete zwergenartige Kapuzendämon (Genius cucullatus) wird als Schutzgeist interpretiert. Möglicherweise gibt es einen Zusammenhang zwischen ihm und der bayerischen Sagengestalt des Goggolore.[14] (S. 97). Die im Mittelalter aufgeschriebenen irischen Sagen sind nur eingeschränkt für die vorchristliche Zeit aussagekräftig und lassen sich auch nicht einfach auf die Festlandskelten übertragen. Aber die Naturgeister der irischen Überlieferungen, die Zwerge, Riesen, Feen, die aus ihrer Welt in die der Menschen wechseln und in deren Leben eingreifen können, sind wie die heimischen ambivalent. Auch in unseren Sagen sind die Grenzen zwischen diesseitiger und jenseitiger Welt fließend, liegt letztere inmitten des Diesseits oder in einem Wasser oder Berg, wird der Mensch von einer Begegnung mit Jenseitigen stark erschüttert.

In den germanisch-deutschen Heldensagen und den daraus entstandenen mittelalterlichen Heldenepen treten viele Naturgeister auf. Da begegnet beispielsweise König Ortnit seinem Vater, dem ihm im Kampf beistehenden Zwergenkönig Alberich. Wolfdietrich trifft auf die Raue Else, eine schrecklich anzusehenden Waldfrau, die sich schließlich in ein wunderschönes Wesen verwandelt. Auch mit Riesen und Zwergen hat es Wolfdietrich zu tun; er siegt im Kampf mit dem Riesen Drusian und den ihm untergebenen Zwergen. Dietrich von Bern kämpft ebenfalls siegreich mit Riesen, etwa dem schrecklichen Geschwisterpaar Grim und Hilde, lässt sich von Zwergen wie Eggerich helfen und setzt sich mit dem Zwergenkönig Laurin auseinander. Im Nibelungenlied sagen Meerfrauen an der Donau (vielleicht beim heutigen oberbayerischen Großmehring) Hagen den Untergang der Nibelungen voraus.

Über die Glaubensvorstellungen der Slawen in vorchristlicher Zeit berichten etwa Prokopios von Caesarea (6. Jahrhundert), Dietmar von Merseburg (975–1018), Helmold von Bosau (um 1120–1177), Cosmas von Prag (um 1045–1125). Im slawischen Kulturkreis sind viele Naturgeister in Brauchtum und Volksglaube aktiv und lassen auch manche (vorsichtige) Rückschlüsse auf vorchristliche Naturgeister-Vorstellungen zu. Robert Reiter[15] beschreibt auch Naturgeister in seinem Werk über slawische Glaubensvorstellungen, die er in einen gesamteuropäischen Kontext stellt.

Die Schriften der Bekehrungszeit[16] (insbesondere die Verbotsliteratur) und noch des Hochmittelalters, teilen einiges mit über den vorchristlichen Geisterglauben in Mitteleuropa und dessen Weiterleben in christlicher Zeit. Die frommen Männer verurteilen und bestrafen diesen Glauben und stellen ihm die kirchlichen Vorschriften gegenüber. Beispielsweise hat Burchard von Worms (um 960–1025), Bischof seit dem Jahr 1000, in seinem Hauptwerk, »decretorum libri viginti«, eine umfassende Übersicht kirchlicher Vorschriften dargelegt. An verschiedenen Stellen, insbesondere aber in Buch X und Buch XIX, befasst er sich mit dem Aberglauben (z. B. Baumkult, Dämonen, Geister, Hulda, Waldfrauen). Bei Berthold von Regensburg (um 1210–1272) finden sich in seinen Predigten Beispiele aus Volksleben und Volksglauben, ebenso in der Aberglaubensliste in dem Lehrgedicht »Pluemen der Tugend« (1411) des Tiroler Dichters Hans Vintler.

Auch so manche fromme Lebensbeschreibung enthält Hinweise auf heidnische Naturgeister. Beispielsweise in der Vita des heiligen Gallus (um 550–um 640), deren älteste, bereits 680 erschienene Fassung im 9. Jahrhundert von Walahfrid Strabo und Wetti bearbeitet wurde, beklagen in ihrem Gespräch ein Berggeist und ein Wassergeist, dass sie von den eingedrungenen fremden Glaubensboten rüde behandelt und verdrängt worden seien.[17]

Gelehrte des hohen Mittelalters und der frühen Neuzeit schrieben über Natur- und Elementargeister Abhandlungen, die sich aber vor allem auf antike Philosophen beziehen und weniger auf den Volksglauben. Der Theologe und Philosoph Agrippa von Nettesheim (1486–1535) berücksichtigt in seiner Dämonologie auch Wasser-, Wald-, Berg- und Feldgeister, also Naturgeister. Auch Johannes Trithemius (1462–1516) versucht sich an einem System der Dämonen. Der Arzt, Naturforscher und Alchemist Theophrastus Bombastus von Hohenheim, genannt Paracelsus (1493–1541) ordnet den Elementen Luft, Wasser, Erde und Feuer die Elementargeister zu.

In *christlicher Zeit* haben sich die Naturgeister allmählich verwandelt. Sie wurden zurückgedrängt, verteufelt, entmachtet. Die interpretatio christiana setzte sie weitgehend mit dem Teufel gleich (Diabolisierung), ohne sie vollständig mit ihm identifizieren zu können, denn es bestand weiterhin ein Nebeneinander von alten und neuen Naturgeistvorstellungen. Ein Coup einiger Naturgeister war es, ins Gewand christlicher Heiliger zu schlüpfen.

In der Neuzeit setzte sich der Kampf gegen den »Aberglauben« mit mehr oder weniger großem Erfolg fort. Martin Luther (1483–1546) trieb Entmachtung und Diabolisierung voran. Angeregt durch gelehrte Abhandlungen und den Volksglauben, ging er von der Realität der Naturgeister aus, hielt sie aber für Erscheinungsformen des Teufels. So spricht er etwa vom »Wasserteufel« und meint, dass der Teufel in Gestalt der schönen Nixen auftrete, um die Menschen zu verderben.[18] Nicht geschätzt waren diese Gestalten auch bei führenden Köpfen in der Zeit der Gegenreformation. Deren großer Förderer in Bayern, Kurfürst Maximilian I. (1597–1651) betrieb die Rekatholisierung mit Repression und Bekämpfung des als heidnisch gebrandmarkten und als Aberglaube bezeichneten Volksglaubens. 1611 erließ er ein »Landgebot gegen Aberglauben, Hexerei und andere sträfliche Teufelskünste«, das im Volk geübte magische Bräuche mit schweren Strafen bedrohte und das indirekt auch die Vorstellungen über Naturgeister und den Umgang mit ihnen betraf. Sein Sohn und Nachfolger Kurfürst Ferdinand Maria (1652–1678) gab 1665 das »Erneuerte Landgebot« heraus. Andererseits förderten manche Geistliche wie der an der Universität Ingolstadt lehrende Martin Eisengrein (1535–1578) im Zug der Gegenreformation auch den Volksglauben und dessen Äußerungen wie Wallfahrten oder Reliquienverehrung. Das Zeitalter der Aufklärung mit seinen segensreichen Fortschritten in Wissenschaft und Vernunft war für die Naturgeister eher negativ, sahen doch viele der Aufklärer den Volksglauben undifferenziert als grundsätzlich die Menschen verdummend und belastend. Die ebenfalls dem Geist der Aufklärung verpflichtete und in Bayern 1802/1803 radikal durchgeführte Säkularisation bekämpfte Äußerungen des Volksglaubens, wo immer sie welche vorfand. Dennoch dürfte das Volk weiterhin an den Gestalten des Volksglaubens festgehalten, parallel dazu auch die Heiligen mit Funktionen der Naturgeister ausgestattet haben. In der Kunst von Renaissance und Barock, die sich etwa zeitgleich mit Humanismus und Aufklärung entfaltete, wurden Naturgeister durchaus dargestellt, allerdings fast ausschließlich solche der wieder entdeckten Antike. Stärker als die weltlichen und geistlichen Bemühungen den Volksglauben einzudämmen, dürfte sich im 19. Jahrhundert auch in Bayern die Industrialisierung ausgewirkt haben, die nach und nach auch die ländlichen Regionen und Bereiche betraf. Symbolhaft hat diese Entwicklung Carl Spitzweg (1808–1885) mit seinem Bild »Gnom, Eisenbahn betrachtend« (1848) dargestellt.

Erst als viele Vorstellungen und Äußerungen von Volksglauben, Brauchtum und Tradition im Schwinden waren, nahmen sich Wissenschaft, Literatur und Bildende Kunst dieser Thematik an. Heinrich Heine (1797–1856) widmete den Elementargeistern eine Abhandlung. Darin nennt er Paracelsus als wichtige Quelle für die »Erforschung des altgermanischen Volksglaubens« und stellt als Elementargeister Kobolde, Zwerge, Elfen, Wassermänner, Nixen, Schwanenjungfrauen vor.[19] König Ludwig I. von Bayern (Regierungszeit:1825–1848), nicht nur dem Klassizismus sondern auch der Romantik verbunden, holte Wissenschaftler und Künstler nach Bayern wie den Naturphilosophen Johann Joseph Görres (1776–1848), der sich auch mit Mystik und Mythen befasste und in der Volksüberlieferung ein Weiterleben des Mythos sah. Kunstschaffende der Romantik wie Clemens Brentano (1778–1842) oder Moritz von Schwind (1804–1871), die die heimischen Naturgeister neu entdeckten, wirkten auch in München. Volkskundler und Erzählforscher des 19. und 20. Jahrhunderts sahen im Volksglauben einen Kulturfaktor. Als frühe bayerische Sagensammlungen entstanden, beispielsweise: Adelbert Müller: Sagen und Legenden der Bayern

(1833); Alexander Schöppner: Sagenbuch der bayerischen Lande (1852/1853); Friedrich Panzer: Bayerische Sagen und Bräuche (1848/1855); Karl von Leoprechting: Aus dem Lechrain: zur deutschen Sitten- und Sagenkunde (1855); Franz von Schönwerth: Aus der Oberpfalz: Sitten und Sagen (1857–1869); Adam Janssen: Die Sagen Frankens (1852); Anton Birlinger u. Michael Richard Buck: Volkstümliches aus Schwaben (1861/62). Volkskundliche Abhandlungen und Forschungsberichte wie »Bayerische Hefte für Volkskunde« (gegründet 1914 durch Friedrich von der Leyen und Adolf Spamer, 1943 eingestellt, heute durch das »Bayerische Jahrbuch für Volkskunde« ersetzt), hatten als Themen unter anderen auch den Volksglauben und die Geisterwelt.

In der Zeit des Nationalsozialismus wurde die bereits in den Jahrzehnten davor herrschende Germanenlastigkeit der Volkskunde verstärkt. Nach dem Zweiten Weltkrieg erschwerten die Verstrickung vieler Wissenschaftler in die nationalsozialistische Ideologie sowie deren thematisches Erbe die Forschung. Seit den 1960er-Jahren wandte sich die Volkskunde von Inhalten des Volksglaubens ab und vermeintlich unverfänglicheren modernen Themen zu. Zu diesen Forschungsproblemen gesellt sich, bedingt durch den Strukturwandel in der Landwirtschaft und dem Leben in der hochindustrialisierten Massengesellschaft, ein weiterer Schwund des Volksglaubens oder jedenfalls seine deutliche Veränderung. Seit einiger Zeit ist jedoch für weite Bevölkerungskreise ein neues Interesse an Heimat, Brauchtum sowie Sagen festzustellen und zugleich neue, unvoreingenommene Forschungsansätze in Geschichte, Volkskunde und Sprachwissenschaft – vielleicht neue Hoffnungen für die Naturgeister in einer veränderten Welt.

FUNKTIONEN

»Der Glaube an Dämonen trägt zum Verständnis dieser Welt bei, er erklärt die Welt und macht menschliche Erfahrungen verstehbar.«[20] Was Leander Petzoldt über die Gesamtgruppe der Dämonen sagt, gilt in ähnlicher Weise für die Naturgeister: Sie helfen, die Natur zu begreifen und deren Phänomene einzuordnen. Sie haben Mittlerfunktionen, soziale Funktionen und psychische Funktionen.

Mittlerfunktionen: Die Naturgeister nehmen wie alle Dämonen eine Mittlerstellung zwischen Gott/Göttern und den Menschen ein. Sie ermöglichen den Umgang mit dem fernen, unnahbaren und gefährlichen Göttlichen.

Die Naturgeister sind Mittler zwischen der Natur und den Menschen. Ähnlich wie die Natur sind sie ambivalent – segenspendend und vernichtend. Was

Sigmund Freud über die Funktion des Animismus schreibt, trifft zum großen Teil auch auf die Funktion der Naturgeister zu: Hilfe beim Bemühen, sich der Welt zu bemächtigen. Indem der Mensch die in der Natur wirkenden Erscheinungen Naturgeistern zuordnet und diese benennt, ist es ihm möglich, Regeln für den Umgang mit diesen Mächten zu formulieren. Oft äußern die Naturgeister Wünsche und Warnungen, beispielsweise die Saligen Frauen, wenn sie dem Jäger mit Strafe drohen, sollte er noch mehr Gämsen oder Steinböcke töten. Absichtliches oder unabsichtliches Fehlverhalten kann schwere Strafen nach sich ziehen. Sagen berichten auch vom Fernhalten von Unheil und von den Wohltaten, welche die Geister dem sich in der Natur richtig Verhaltenden zukommen lassen.

In ihrer doppelten Gestalt als Natur- und Kulturwesen sind Naturgeister Bindeglieder zwischen Natur und Kultur, wie es ihnen auch Leander Petzoldt[21] zuschreibt.

Soziale Funktionen: Ähnlich anderen Geistern haben die Naturgeister ein Auge auf das Verhalten der Menschen untereinander. Wenn es ihnen nötig erscheint, greifen sie in die sozialen Beziehungen ein, regeln, warnen und ermahnen, belohnen richtiges und bestrafen falsches Verhalten. Naturgeister achten auf gutes Benehmen und bestrafen Leute mit schlechter Kinderstube, wie auch der Bergmönch, ein Berggeist in der Schneeberger Sankt-Georgs-Zeche (S. 141).

Naturgeister kümmern sich bisweilen um einen Ausgleich unverschuldeter sozialer Schieflagen. Gerade manche Bergwerksgeister sehen das als eine ihrer Aufgaben an, wie in einer Sage aus Sachsen der »Gevatter Berggeist in Geyer« das tat: Er übernahm die Patenschaft für das neugeborene Kind eines rechtschaffenen, fleißigen und dennoch armen Bergmanns. In Gestalt eines Häuers nahm der Berggeist an der Taufe teil und schenkte dem Vater Haue und Eisen. Von da an lohnten sich dessen Fleiß und Gewissenhaftigkeit und die Familie wurde wohlhabend.[22] Strenge Strafen treffen bisweilen auch ungerechte und hartherzige Mächtige, dabei wird aber das feudale System als solches nicht kritisiert. In einer der Sagenfassungen um die Entstehung des Gebirgsmassivs Watzmann bei Berchtesgaden sind es zwergenhafte Erdmännchen, die dem König wegen seiner Grausamkeit gegen die Bauern ein furchtbares Ende bereiten.[23]

Sogar Bestrafungen wegen der Entweihung christlicher Feiertage durch Arbeit oder Jagd müssen die eigentlich unchristlichen Naturgeister bisweilen vornehmen.

Einer vielleicht noch späteren Schicht entstammen, dürfte die Reduktion mancher Naturgeister auf ihre Funktion als Kinderschreck. So wurde noch in den 1950er-Jahren beispielsweise in Berchtesgaden Mädchen angedroht, die Percht würde ihnen wegen ihrer Unordentlichkeit den Bauch aufschneiden und Schmutz und Gerümpel hineinfüllen. Auch die Korngeister aus dem Norden und der Mitte Deutschlands, ursprünglich Fruchtbarkeitsdämonen, mussten in späterer Zeit als Schreckgestalten für Kinder dahinvegetieren und diese abhalten, ins Getreidefeld zu laufen.

Psychische Funktionen: Naturgeister können Seelenzustände des Menschen repräsentieren, auch Unbewusstes abbilden, konkretisieren und aus dem Inneren ins Äußere verlagern. Sie bieten eine Projektionsfläche, was den Umgang mit diesen bewussten oder unbewussten Inhalten erleichtern kann. Je nach Person, psychischer Struktur und aktueller seelischer Verfassung erscheinen unterschiedliche Gestalten, und die gleichen Gestalten können Unterschiedliches bedeuten. Die Nixe versinnbildlicht je anderes, wenn sie sich verführerisch einem jungen Mann nähert oder wenn sie einem jungen Mädchen in Liebensnöten erscheint. Das Auftauchen eines Zwerges mag dem sich selbst Überschätzenden seine Unzulänglichkeit und Schwachheit vor Augen, einen anderen zu verborgenen Schätzen in der Seele führen.

Naturgeister sind meist ambivalente Wesen, wobei je nach Situation die helle oder die dunkle Seite vorherrschen kann. Manche Naturgeister sind vor allem furchterregend, andere zeigen in erster Linie ihre liebliche, hilfreiche Seite. Das Erscheinen von Naturgeistern ist häufig – allerdings nicht in den Märchen – mit Ängsten verbunden, sei es, dass sich beim Menschen bereits vorhandene Angstgefühle als Naturgeister und in Naturgeistern konkretisieren, sei es umgekehrt, dass deren Erscheinen Furcht und Angst auslösen. Manchmal betätigen sich Naturgeister wie Hehmann, Wassermann, Habergeiß oder Kasermandl sogar als Aufhocker, die einem Menschen auf den Rücken springen und sich mittragen lassen. Sie verkörpern damit vielleicht eine Last, die jemand als schwer erträglich empfindet, auch die Last eines schlechten Gewissens wegen vermeintlicher oder tatsächlicher Untat.

Unverhofft oder weil sie sich gut und richtig verhalten haben, werden manche Menschen von Naturgeistern beschenkt – eine Vorstellung, die Wünsche und Hoffnungen spiegelt. Gerade die Wildfrauen oder Saligen und die Zwerge erweisen sich den Menschen gegenüber als besonders großzügig. Die einst bei Kelheim (Niederbayern) wohnenden Wichtlein halfen den Menschen nicht nur mit ihrer Arbeitskraft, sondern schenkten ihnen auch alte römische Goldmünzen und überraschten sie mit reich gedeckten Tischen.[24]

DÄMONISCHE VERWANDTSCHAFTEN

Die Naturgeister sind Teil der Geisterwelt, sie sind Geister oder Dämonen – übernatürliche Wesen, die mit übernatürlichen Kräften begabt sind. Die Begriffe Geister und Dämonen werden oft, so auch in diesem Buch, weitgehend gleichsinnig verwendet. Doch kann man auch Unterschiede feststellen: Geister gehören eher in die Welt des Volksglaubens, Dämonen entstammen meist der gelehrten Welt und werden in christlicher Deutung im Allgemeinen als böse und den Menschen feindlich gesinnte Wesen verstanden.

Von der Antike bis in die frühe Neuzeit gibt es in Philosophie und Theologie Versuche, die Dämonen zu ordnen und in ein System zu bringen. In der Antike, etwa bei Platon (428/427–348/347 v. Chr.) sind Dämonen Mittlerwesen zwischen Göttern und Menschen.[25] Der griechische neuplatonische Philosoph und Schriftsteller Plutarch (1./2. Jh. n. Chr.) erklärte, die Entdeckung eines zwischen den Menschen und den Göttern stehenden und beide miteinander verbindenden Geschlechts von Dämonen habe mehr und größere Schwierigkeiten gelöst, als Platon durch seine Theorie von der Materie.[26] Im Neuplatonismus wird diese Stufe der Zwischenwesen um Engel und Heroen erweitert. Augustinus (354–430) hält die Dämonen für gefallene Engel. Bereits im Verlauf des Mittelalters werden sie häufig mit dem Teufel gleichgesetzt. Bei Thomas von Aquin (um 1225–1274) entspricht der Dämonenpakt, der bewusst oder unbewusst abgeschlossen werden kann, einem Teufelspakt.[27] Die negative Einschätzung der Dämonen zeigte sich auch in Schriften aus der Zeit der Hexenverfolgung (ca. 1500–1800). Unabhängig von dieser Zweckdiabolisierung gab es bei Gelehrten der frühen Neuzeit verstärktes Interesse an den Dämonen und das Bemühen, Ordnung in die Dämonenwelt zu bringen. Solche Dämonologien finden sich etwa bei Johannes Trithemius (1462–1516) oder Heinrich Cornelius Agrippa von Nettesheim (1486–1535). Ab dem 17. Jahrhundert werden die dämonischen Erscheinungen von den Wissenschaftlern rational erklärt und entmythologisiert.

Länger gehalten als die Dämonen der Gelehrten haben sich die Geister des Volksglaubens, auch wenn sie, besonders in neuerer Zeit, bisweilen auf Gespenster und Spukerscheinungen reduziert werden.

Die Grenzen zwischen Naturgeistern und anderen Geistergruppen sind fließend. Will-Erich Peuckert unterscheidet vier Sagenbezirke und die ihnen zugehörenden Geister: 1. Welt des Zaubers und der Magie, 2. Sagenkreis um Tod und Tote, 3. Sagen von Dämonen und Elben, 4. Wilder Jäger und Seuchendämonen. Zu Gruppe 3, den Dämonen und Elben, zählt er Naturgeister in einem weiten Sinn, wie er auch diesem Buch zugrunde liegt – Waldgeister, Wassergeister, Unterirdische, Hausgeister, Gebirgsgeister, Felddämonen.[28]

Elementargeister sind in Luft, Wasser, Erde und Feuer wirkende Kräfte einzuteilen. Sie werden oft mit Naturgeistern gleichgesetzt, aber der Begriff bezieht sich vor allem auf die gelehrte Systematik, insbesondere die des Arztes, Naturforschers und Alchemisten Theophrastus Bombastus von Hohenheim (1493–1541), genannt Paracelsus. In seinem ruhelosen Wanderleben hielt er sich auch immer wieder in Bayern auf, etwa in Amberg, Beratzhausen, Mindelheim, Nördlingen, Nürnberg und Regensburg. Er ordnet dem Wasser die Wassergeister oder Undinen zu, dem Feuer die Feuergeister oder Salamander, der Erde die Erdgeister oder Gnomen, der Luft die Luftgeister oder Sylphen. Diese Elementargeister sind keine Gestalten des Volksglaubens, sondern entstammen den spätantiken Dämonenlehren. Heinrich Heine (1797–1856) beruft sich in seiner Abhandlung über Elementargeister[29] auf Paracelsus, stützt sich bei seinen Beispielen aber vor allem auf den Volksglauben.

Johann Wolfgang von Goethe (1749–1832) lässt Faust (Teil I) in der Studierstube die Elementargeister beschwören: Salamander, Undene, Sylphe und Kobold. Mit letzterem ist wohl der Erdgeist oder Gnom gemeint, den er auch als Incubus anruft.

Der Volksglaube kennt Geister des Windes und anderer Wettererscheinungen wie Frau Holle oder Frau Percht, den Wilden Jäger und das Wilde Heer, die vor allem in den oft stürmischen Raunächten umgehen. Der Wind selbst wird auch als weiblicher oder männlicher Dämon gedacht, den man mancherorts etwa mit Mehl fütterte, um ihn zu besänftigen. In der Oberpfalz soll es den Volksglauben gegeben haben, dass ein Sonntagskind den zerstörerischen Wind bannen kann, indem es eine Handvoll Mehl durch das Fenster wirft und spricht: »Windsgebraus, geh in dein Haus!«[30]. Windfrauen gibt es beispielsweise in Graubünden,[31] Windhans und Windin in Schlesien.[32] Auch Nebel (Nebelmännchen am Bodensee), Regen[33] und Schnee sind mancherorts im Volksglauben personifiziert.

Totengeister sind wohl ebenso alt wie die Naturgeister. Die Vorstellung, dass Verstorbene sich als Geisterwesen weiterhin unter den Lebenden aufhalten oder aus einem Jenseits zurückkehren, gibt es in fast allen Kulturkreisen. Die Einstellung des Menschen zu diesen Geistern ist ambivalent: Man verehrt in ihnen die Ahnen und fürchtet zugleich ihre Unberechenbarkeit oder Bösartigkeit. Besonders gefährlich sind die Geister gewaltsam und damit vorzeitig zu Tode gekommener Menschen.

Wie Volkssagen berichten, sind Totengeister häufig nachts unterwegs, mit oder manchmal ohne Kopf, in Menschengestalt oder tiergestaltig. Gern kommen die Toten auch in der Nacht auf Allerheiligen (1. November) oder in der

Allerseelennacht (2. November) zurück zu den Lebenden. In diesen Nächten, so der Volksglaube, ist die Grenze zwischen Diesseits und Jenseits durchlässig. Früher hat man zu diesen Zeiten auch für die Verstorbenen den Tisch gedeckt – um sie günstig zu stimmen und ihre Unterstützung zu erlangen.

Man trifft nicht selten auf Geister, die qualvoll für sich (und leider oft auch für andere) damit beschäftigt sind, im Leben begangenes Unrecht zu sühnen. So muss mancher Grenzsteinversetzer den Grenzstein ständig tragen und dabei fragen, wo er ihn denn hintun solle, bis ihm ein mitleidiger Lebender rät, ihn wieder dorthin zu tun, woher er ihn genommen hat, und so den Frevler erlöst. Überhaupt zeigen sich in christianisierter Sicht Totengeister oft als erlösungsheischende Arme Seelen. Diese können auch in das Gewand von Naturgeistern schlüpfen und dazu verdammt sein, etwa als Baumgeist, Waldgeist oder Almgeist Sünden abzubüßen, ehe sie in die ewige Seligkeit eingehen können. Eine Abgrenzung der Naturgeister von den Totengeistern ist somit nicht immer einfach und nicht immer möglich.

Die Vorstellung eines Totenheers äußert sich in Sagen-Erscheinungen, die als Wilde Jagd, Wildes Heer, Wütendes Heer, Wilde Fahrt, Wildes Gejäg, Muetasheer, Nachtgloid und mit verschiedenen anderen Namen bezeichnet werden. Im Geisterheer ziehen Menschen und Tiere wie Pferde und Hunde mit, angeführt wird es vom Wilden Jäger, von Wode, Rübezahl, Frau Holle, Frau Perchta, Hackelberg, Rodensteiner oder historisch begründeten Gestalten wie Dietrich von Bern[34] oder König Herodes. Manches Geisterheer wird vom Teufel angeführt. Meist zieht ein Warner dem Heer voraus, etwa der Getreue Eckhart, denn die Begegnung mit dem Geisterheer kann, trifft man nicht rechtzeitig entsprechende Vorkehrungen, für Lebende furchtbare Folgen haben. Insbesondere in stürmischen Winternächten, mit Vorliebe in den Raunächten zwischen Weihnachten und Dreikönig (6. Januar) ist die Wilde Jagd unterwegs.

Engel sind in vielen Kulturen als tier-, mensch- oder mischgestaltige Dämonen Mittler zwischen Gott und Mensch. Sie sind Boten der Götter (griechisch: angelos = Bote) und führen deren Aufträge aus. Engelähnliche Schutzgeister sind die Genien der Römer und die Daimonen der Griechen. Die christliche Engelvorstellung stützt sich vor allem auf das Alte und das Neue Testament.[35]

Im Neuen Testament (Judasbrief 5 und 6,2. Petrusbrief 2,4) wird ein Engelsturz angedeutet: Einige Engel haben gesündigt und werden in die Hölle verstoßen. Zu diesen gehört auch Luzifer. Im Kampf gegen die sündhaften Engel tut sich vor allem der Erzengel Michael hervor. In der christlichen Engellehre vor allem der Spätantike und des frühen Mittelalters sind Engel auch für die

Naturerscheinungen zuständig. Ähnlich wie für die Dämonen gibt es seit der Antike Versuche, die Engel in Gruppen, Aufgaben und Hierarchien zu ordnen. So schreibt Agrippa von Nettesheim (De occulta philosophia, 3, 24),[36] vier Engel würden über die Winde gebieten – Michael über den Ostwind, Raphael über den Westwind, Gabriel über den Nordwind Nariel oder Uriel über den Südwind. Über die Luft herrsche Cherub, über das Wasser Tharsis, über die Erde Ariel, über das Feuer Seraph.

Die Erzengel sind die höchsten und vornehmsten Engel; nach biblischen Quellen heißen sie Michael, Gabriel und Raphael. Die Erzengel haben je eigene Aufgaben. So tritt Michael als Begleiter der Seelen ins Jenseits und als Seelenwäger beim Jüngsten Gericht auf. Gabriel ist der Bote Gottes und verkündet Maria, dass sie Christus gebären werde. Raphael ist vor allem Beschützer. Die Cherubim sind geflügelte Mischwesen zwischen Tier und Mensch, die sechsflügeligen Seraphim ursprünglich schlangenhafte Dämonen. Schutzengel erscheinen in der Bibel etwa im Psalm 91. In die christliche Schutzengel-Vorstellung sind auch vorchristliche Bilder eingeflossen wie die römischen Genien oder die nordischen Fylgien.

In Volkssagen begegnen wir Engeln selten. Einst wurde ein Bauer, der auf seinem Acker zwischen Neßlbach und Sattling (Winzer, Lkr. Deggendorf) pflügte, von der Glocke der Pfarrkirche zur Messe gerufen. Obwohl er seine Arbeit nur ungern unterbrach, ließ er alles stehen und liegen und eilte in die Kirche. Als er zurückkam, war alles bereits getan: Ein Engel Gottes hatte dem Frommen den Acker gepflügt.[37]

Krankheitsdämonen können menschengestaltig sein wie die Pestfrau oder der Pestmann, und es gibt tiergestaltige Krankheitsdämonen, insbesondere Mäuse, Ratten, Spinnen, Würmer. Manche von ihnen erscheinen als Nebel, Dunst oder Rauch.

Mit der Pest, die vom 14. bis 18. Jahrhundert in schweren Epidemien traumatisierend Europa heimsuchte, beschäftigen sich viele Volkssagen. Da treten unterschiedlich gestaltete Pestdämonen auf und bringen die tödliche Krankheit in eine Region. An Flüssen wie Donau oder Inn erscheint ein gespenstig aussehender Fremder und verlangt die Überfahrt. Als Geisterwesen können nämlich die Pestdämonen einen Fluss nicht aus eigener Kraft überschreiten und brauchen dazu die Hilfe des Fährmanns. Mit der Überfahrt kommt die Pest in Regionen am jenseitigen Ufer.[38]

Auch von Naturgeistern als Helfern gegen die Seuche erzählen die Sagen. So pflegten während eines Pestausbruchs in Pleisdorf (Windischeschenbach, Lkr. Neustadt a. d. Waldnaab) die Waldfräulein aufopferungsvoll die Kranken.

Die dankbaren Menschen ließen den hilfreichen Naturgeistern grüne Röcklein machen. Da waren die Waldfräulein »ausgelohnt« und mussten traurig von dannen ziehen. Aber sie verrieten zuvor noch ihr Pestheilmittel: »Grabt's Pimell'n, es wird euch nichts fehl'n!« Nach dieser Empfehlung der Kleinen Bibernelle verschwanden sie.[39]

Dämonische Tiergestalten sind entweder Fabelwesen oder geisterhafte Vertreter der realen Fauna. Die Fabeltiere sind als Schöpfungen der menschlichen Fantasie und Gelehrsamkeit oft Mischwesen und tragen Merkmale verschiedener Tiere. So ist der Basilisk ein schlangenartiges Wesen mit Füßen und Kopf eines Hahns, der Drache ein Mischwesen aus Echse und Vogel, der Greif ein löwenartiges Wesen mit Flügeln und Kopf eines Adlers. Das Einhorn, meist dargestellt als weißes Pferd mit einem geraden, langen, gewundenen und spitzen Stirnhorn, erscheint bei antiken Autoren. Ktesias von Knidos (5./4. Jh. v. Chr.) schildert es als in Indien lebendes Tier, dessen Horn heilkräftig sei. Die antiken Nachrichten fassen der »Physiologus«, eine frühchristliche Naturlehre aus dem 2. bis 4. Jahrhundert, und Isidor von Sevilla (354–430) zusammen; deren Texte übernehmen Autoren des Mittelalters wie der Regensburger Ratsherr Konrad von Megenberg (1309–1374), der in seinem »Buch der Natur« auch »Von dem Ainhürn« berichtet.

Gegenüber diesen, der gelehrten literarischen Tradition entstammenden Fabeltieren, ähneln die Geistertiere des Volksglaubens meist realen Tieren. Sie offenbaren sich in Gestalt und Auftreten zumindest dem etwas Kundigeren als »Jenseitige«. Besondere Größe oder Farbe, Einäugigkeit oder Dreibeinigkeit, überhaupt Versehrtheit, sollten zu denken geben. Schwarze Stiere, weiße Gämsen, dreibeinige Hasen, mitternächtlich erscheinende Hunde oder Katzen und verschiedene andere solcher Tiere begegnen uns in den Volkssagen. Erst in späterer Schicht, in christlicher Deutung, handelt es sich dabei vielfach um Teufels- oder Hexentiere. Im Wilden Heer der Raunächte ziehen Geistertiere mit.

Insbesondere weißen Tieren ist mit Vorsicht zu begegnen. Sie können Tierdämonen sein oder Erscheinungsformen von Tierherren oder -herrinnen wie den Saligen Frauen.[40] Dem Jäger bringt das erlegte weiße Jagdwild kein Glück. Dem weißen Gamsbock Zlatorog mit seinen goldenen Krickeln, einer Gestalt des slowenischen Volksglaubens, hat der Dichter Rudolf Baumbach (1840–1905) zu Popularität verholfen. Zlatorog ist am Berg Triglav Anführer einer Gämsenherde, die den Saligen Frauen gehört. Diese haben Zlatorog gegen jede Verletzung gefeit. Im Alpenraum ist der Volksglaube verbreitet, dass derjenige, der eine weiße Gämse erlegt, binnen Jahresfrist sterben muss. Der Abschuss einer weißen Gämse in seinem Jagdrevier Bluntautal (bei Golling, nahe der Grenze zu Bayern), den er entgegen den Warnungen seiner Jäger und seiner Frau am 27. August 1913 tat, soll das Schicksal des österreichisch-ungarischen Thronfolgers Franz Ferdinand besiegelt haben. Er starb, getroffen von den Schüssen eines Attentäters, am 28. Juni 1914. Dieses Ereignis gilt als Auslöser des Ersten Weltkriegs.

ERSCHEINUNGSORTE

Naturgeister tummeln sich überall dort, wo Menschen wohnen, arbeiten, sich bewegen. Viel mehr als wir Heutigen hielten sich in der Regel die Menschen früherer Zeiten draußen unter freiem Himmel auf.

Die *Naturgeister-Gestalten einer Region* oder ihre besonderen Ausprägungen entstehen in Abhängigkeit von der jeweiligen Landschaft, von der Gesellschaft mit ihrer vorherrschenden Erwerbs- und Sozialstruktur sowie von Situation und Erlebnissen des Individuums.

Die Naturgeister-Lebensräume – Gewässer, Wälder, Moore, unterirdische Räume, Gebirge, Agrarlandschaft, Siedlungslandschaft – prägen durch ihr Vorhandensein und ihre Verteilung das Gesicht einer Region. Diese natur- und kulturlandschaftlichen Räume beherbergen zugehörige Naturgeister.

Landschaft war meist Kulturlandschaft, daneben gab es kleine Bereiche von Naturlandschaft, etwa am Meer oder im Gebirge. Regionen mit fruchtbaren Böden förderten Wohlstand und Verhaltensweisen, die sich von denen der Menschen in kargen Gegenden unterschieden. In Bergbauregionen herrschten teilweise andere soziale Verhältnisse, Arbeits-, Denk- und Verhaltensweisen als in Gegenden, in denen die Menschen als Gebirgsbauern lebten. Die psychische Struktur und die Verfasstheit der Mitglieder einer Gemeinschaft sind auch durch die jeweilige Landschaft und die darin vorherrschende Erwerbs- und Sozialstruktur bedingt. Die Gesellschaft war bis ins 19. Jahrhundert in Mitteleuropa, in Bayern bis weit ins 20. Jahrhundert agrarisch bestimmt. Ackerbau und Viehzucht, Forstwirtschaft, dazu Fischerei und Jagd bildeten die Existenzgrundlage der Mehrzahl der Menschen. Handwerk und Gewerbe gehörten in ihrer Sozialstruktur teils zum bäuerlichen, teils zum bürgerlichen Bereich, der auch Angestellte und Beamte in Justiz und Verwaltung sowie Dienstleister wie Ärzte umfasste. Lohnabhängige Arbeiter gab es in der Landwirtschaft, außerdem etwa in Fabriken, im Bergbau, auf Schiffen.

Aufenthaltsorte, die von Geistern bevorzugt werden, gibt es gerade im Siedlungsbereich des Menschen. Dabei handelt es sich um Menschenwerk wie

Türschwelle, Herd, Keller, Dachtraufe, Zaun oder Zauntritt, Brücke, Wegkreuzung, Hohlweg. Auch Ruinen und frühere Kultplätze – ob gesichert oder vermutet – sind beliebt. An allen diesen Orten sind neben Naturgeistern auch andere Dämonen anzutreffen, darunter der als Naturgeist-Nachfolger auftretende Teufel.

Regional oder überregional können Naturgeister auftreten. Die meisten der mit einem Eigennamen belegten solitären Naturgeister-Gestalten verlassen bestimmte Regionen nicht. So bleibt etwa der Stilzl im Bayerischen Wald, treibt sich Rübezahl in seiner Riesengebirgsheimat und nur dort herum. Andere wie das Guglbergmanndl am Hintersee bei Berchtesgaden oder der Mainpöpel[41] in Hallstadt (Lkr. Bamberg) beschränken sich noch stärker und verzichten darauf, sich aus ihrem regional oder lokal sehr eng begrenzten Wohn- und Wirkungsbereich zu entfernen. Aber auch viele mit einem Gruppennamen belegte Kollektivgestalten fühlen sich regional gebunden, wobei der Lebens- und Wirkkreis unterschiedlich groß sein kann. Auf die Fanggen oder Fänggen trifft man im deutschsprachigen Alpenraum, die Querkele in Oberfranken, Kasermandl auf alpinen Almen, die Untersberger halten sich im Untersberg oder seiner Umgebung auf. Die zwergenhaften Gestalten der Fenixmännlein gibt es in Regionen Schlesiens, die der Oderbaanki in Friesland.

Andere Naturgeister erscheinen lieber überregional. Nixen und Zwerge, Wassermänner und Baumgeister, Kobolde und Riesen und andere sind mit diesen Namen bereits allgemein charakterisiert. Sie kommen in Bayern ebenso vor wie in Norddeutschland, im Rheinland oder in Thüringen, in Österreich, der Schweiz oder andernorts in Mitteleuropa und Europa. Allerdings zeigen ihre Vertreter in den unterschiedlichen Landschaften nicht nur verschiedenen Sprachgebrauch oder unterschiedliche Dialekte, sondern häufig auch andere Namen und so manche regionale Besonderheiten.

Mit *Tieren und Pflanzen* ihres Lebensraums und ihrer Region sind die Naturgeister oft eng verbunden. Die Holzweiblein (Waldfräulein) fertigen ihre Kleider aus Baumflechten und sind auch sonst kräuterkundig. Das nützte auch einer armen Frau aus Königstein i. d. Oberpfalz, die sich auf freiem Feld der Entbindung nahe fühlte. Ein Waldfräulein erschien, reichte ihr eine schöne blaue Blume und hieß sie, diese zu essen. Sogleich waren Angst und Schmerz verschwunden und die Frau rief freudig »Nimmer weh!«. Sie konnte mit der Blume Nimmerweh vielen anderen Frauen in Kindsnöten helfen und verdiente damit so gut, dass sie und ihr Mann bald reich wurden.[42] Gerade auch in Pestzeiten zeigte sich das Pflanzenwissen der Waldweiblein, wenn sie den Menschen hilfreiche Kräuter gegen die Seuche empfahlen.

Auch die Zwerge kennen sich im Allgemeinen mit Kräutern und ihrer Heilkraft aus. Die Querkele im Staffelberg in Oberfranken berieten mit diesem Wissen auch die Menschen.[43] Ein Wichteli half nahe Seefeld in Tirol einem Bauern bei allerlei Arbeiten, verschwand aber stets beim Gebetläuten. Eines Tages fing der Bauer das Wichteli und fesselte es. Mühelos zerriss das Männlein die Bande und klagte den Bauern der Undankbarkeit an. Es habe den Vorsatz gehabt, dem Mann heilsame Kräuter zu zeigen und ihn so zu einem großen Arzt zu machen. Damit war es nun vorbei und der Bauer verarmte.[44]

Die Baumgeister sind schicksalhaft an ihren Baum gebunden und bemühen sich, ihn vor Verstümmelung oder Tod zu bewahren.

Als Tierherrin oder Tierherr fungieren einige Naturgeister. So pflegen die Saligen Frauen vertrauten Umgang mit Gämsen und anderen Wildtieren, halten sie wie Haustiere und beschützen sie. Auch andere Berggeister sehen es als ihre Aufgabe an, Wildtiere vor den Nachstellungen der Menschen zu schützen und nehmen bisweilen Tiergestalt an.

ERSCHEINUNGSWEISEN

Manchmal haben Naturgeister keine Hemmungen, sich als solche den Menschen zu präsentieren. Häufiger aber möchten sie unerkannt bleiben. An bestimmten, oft nur dem Kundigen bekannten Zeichen, an Formen und Weisen ihres Auftretens ist zu erkennen oder immerhin zu vermuten, dass man einen Naturgeist vor sich hat.

Solitär und kollektiv: Als Solitärwesen, wie etwa der Nöck, oder als Kollektivwesen können die Naturgeister auftreten. So lebt, arbeitet und wirkt der Nöck im Allgemeinen für sich allein, während die Zwerge untereinander meist sehr sozial und als Kollektivwesen lieber zu mehreren sind. Im Märchen von Sneewittchen (KHM 53) sind es sieben Männlein, die zusammen wohnen und gemeinsam ihrer Bergmannsarbeit nachgehen. Manche Geister zeigen sich in Dreizahl, etwa drei Frauen, Fräulein oder Schwestern. Insbesondere im Brauchtum erscheinen Geister nicht selten in Zwölfergruppen, etwa die Buttnmandln oder die Perchten.

Das Ordnungsbemühen des Menschen unterscheidet weiter: Einzigartige Solitärgestalten sind etwa die Percht, der Hehmann, außerhalb Bayerns Frau Holle oder Rübezahl. Die Kollektivgestalten können auch allein leben und ihre Arbeit als Einzelgänger tun. Dennoch werden sie aufgrund von gleichen Eigenschaften zu einem Kollektiv zusammengefasst. Beispiele für Kollektivgestalten sind etwa die Nixen, die Riesen, die Zwerge, die Holzweiblein, die

Saligen, die Kobolde. Die Kollektivgestalten der Saligen können sowohl einzeln als Solitärwesen auftreten, als auch zu mehreren als Kollektivwesen. Auch wenn es landauf landab viele Kobolde gibt, erscheinen sie meist nicht als Gruppe, sondern einzeln. Sie sind Solitärwesen, wie man am Beispiel des Kobolds Pumuckl sehen kann.

In *vielerlei Gestalten* können die Naturgeister auftreten. Häufig sind sie unsichtbar. Wenn sie sich zeigen, haben die meisten männliche oder weibliche Menschengestalt. Sie unterscheiden sich aber in manchen Merkmalen von normalen Sterblichen. Da gibt es beispielsweise kleine graue Männlein oder große schwarze Männer. Kleiner als ausgewachsene Menschen sind meist die Zwerge oder die Holzweiblein, größer dagegen Gestalten wie der Hehmann oder die Riesen. Besonders erschreckend für den beobachtenden Menschen ist es, wenn die Gestalten ihre Größe wechseln – ins Riesenhafte wachsen oder auf Zwergengröße oder noch kleiner schrumpfen. Die Verwandlungsfähigkeit ist typisch für übernatürliche Wesen, sie besitzen auch manche zauberisch begabte Menschen.[45] Hässlichkeit, Versehrtheit, Verstümmelung, bis ins Groteske gehende Verzerrungen sind nicht selten. Die grünen Haare des Wassermanns, die Monstrosität der Fänggen, die strahlende Schönheit der Wildfrauen sind Zeichen einer jenseitigen Welt.

Naturgeister können Tiergestalt haben, wie die Hausschlange oder die Mooskuh. Häufiger als das ausschließliche Auftreten in Tiergestalt ist die Gabe vieler Naturgeister nach Belieben Tier- oder Menschengestalt anzunehmen. Beispiele sind etwa die Schwanenjungfrauen oder der im Riesengebirge wirkende Rübezahl. In der Lausitz gab es einen Kobold, der meist menschengestaltig mit langem Bart, rotem Mantel und Mütze auftrat. Er konnte sich aber auch als Kalb, Hahn, Schwalbe, Schlange, Käfer zeigen; in Dohlengestalt brachte er Geld ins Haus.[46] Als Mischwesen zwischen Mensch und Tier zeigen sich manche Naturgeister, beispielsweise die Fischsirene mit ihrem Fischschwanz, die Zwerge mit Enten-, Gänse oder anderen Vogelfüßen oder die Habergeiß mit Ziegen- und Vogelmerkmalen. Auch der Teufel zeigt sich, geziert mit Hörnern, Schwanz und Bocksfuß, meist als Mischwesen.

Auch in Pflanzen verkörpern sich Naturgeister. So war es Rübezahl möglich, sich in eine Wurzel zu verwandeln. Baumgeister wohnen in Bäumen, aber auch krautige Pflanzen können Geister beherbergen. Diese Überzeugung zeigt sich beispielsweise beim früher in der Pflanzenzauberei üblichen Ansprechen und Beschwören von Pflanzen. Sogar in Dinggestalt können Naturgeister erscheinen, die Hausgeister etwa als Puppe, Strohbündel, Stofffetzen, Hemd. Unsichtbarkeit oder partielle Unsichtbarkeit gehört zu vielen Naturgeistern.

Zwar können Naturgeister zu allen *Tages- und Jahreszeiten* auftreten, aber zu bestimmten Zeiten ist die Wahrscheinlichkeit größer, einem Naturgeist zu begegnen. Bevorzugt werden die Nacht und besonders die Mitternacht bis ein Uhr. Beispielsweise geht der Waldgeist Hehmann nur des Nachts um und erschreckt verspätete Wanderer. Der Teufel hat seine Vorliebe für die Nacht von den Naturgeistern übernommen. Mittagsdämonen wie den Hirtengott oder –geist Pan kennt die Antike. Mitteleuropäische Mittagsgeister wie die Roggenmuhme oder das Sichelweib, die wohl auf slawischen Einfluss zurückgehen, pflegen in der Mittagshitze den Menschen, insbesondere den auf dem Feld arbeitenden, zu erscheinen und sie zu bedrohen.

Die Dämonen insgesamt und auch die Naturgeister favorisieren bestimmte Zeiten im Jahreslauf. In der Nacht zum 1. November, bisweilen auch in der zum 2. November (Allerseelennacht), sind die Grenzen zwischen diesseitiger und jenseitiger Welt besonders durchlässig. Häufig erscheinen dann die Geister als Arme Seelen. Andere Geisterzeiten sind die Adventszeit, insbesondere aber die Zwölften oder Raunächte. Regional unterschiedlich versteht man darunter eine Reihe von Nächten in der Zeit zwischen der Thomasnacht (Nacht zum 21. Dezember) und der Nacht vor Dreikönig (Nacht zum 6. Januar). Manchmal gelten auch nur die Thomasnacht, die Christnacht, die Silvesternacht und die Dreikönigsnacht als Raunächte. In diesen Nächten bewegt sich ein Totenzug durch die Lüfte, die Wilde Jagd oder das Wilde Heer, angeführt vom Wilden Jäger (S. 25). Auch in der Walpurgisnacht, der Nacht vom 30. April zum 1. Mai, ziehen Geister umher. Der Volksbotaniker Heinrich Marzell (1885–1970), der Heidentümelei eher abgeneigt, vermutet, dass die Walpurgisnacht als Rest einer heidnischen Frühjahrsfeier anzusehen und erst später zu einer Zusammenkunft von Hexern und bösen Geistern erklärt worden ist.[47] Auch bei den in der Walpurgisnacht umgehenden Geistern dürfte es sich ursprünglich um wohltätige, das Wachsen, Blühen und Fruchten fördernde Vegetationsgeister gehandelt haben. Volksglaube und -brauchtum der Johannisnacht (24. Juni) gilt St. Johannes und – noch stärker – der vorhergehenden Sommersonnenwende (21./22. Juni). Besonders der Bilwis treibt in dieser Nacht sein Unwesen. Der hl. Johannes der Täufer zeigt Züge der alten Wassergeister.

Durch *Rufe oder Geräusche* machen einige Naturgeister ihre Anwesenheit deutlich. Damit verraten insbesondere die sich unsichtbar haltenden oder in dunkler Nacht erscheinenden Geister ihre Identität. So trägt der Hehmann seinen Namen, weil er laut »hehe«, »hoho«, »hoihoi« oder Ähnliches ruft. Andere Rufgeister sind beispielsweise die Habergeiß oder die mit grausigem Gelächter schreckenden Riesen und Wilden Männer. Ein merkwürdiger Geist ist die im

Ötztal in Tirol auftretende Fuchsfoche. Sie lässt ein durchdringendes Gewimmer hören, das an das Fauchen eines von einem Menschen gequälten Fuchses erinnert. Auch soll zwischendurch Geheul von Mensch und Fuchs gleichzeitig ertönen. Wer die furchtbare Fuchsfoche hört, sollte sich auf sein baldiges Sterben vorbereiten.[48] Auch durch Lärmen machen sich manche Naturgeister bemerkbar. Da ist das Brausen der Wilden Jagd in den Winterstürmen der Raunächte oder das Herumwerken und Poltern mancher Almgeister und Kobolde. Wassergeister lieben Musik und singen auch selbst gar lieblich, ebenso die Wilden Frauen. Zu Gesang neigen manchmal auch die Zwerge.

Es gibt auch eher *unauffällige Zeichen*, die Naturgeister erkennen lassen, aber von den Menschen nicht immer bemerkt werden. Die Zwerge haben vier Zehen oder Vogelfüße, die sie zu verbergen suchen, ebenso wie der Teufel seinen Bocksfuß. Wassergeister erkennt man an tropfenden Haaren oder nassen Kleidersäumen. So sah auf einem Viehmarkt irgendwo im Böhmerwald ein Mann ein Wassermännlein und raunte seinem Begleiter zu, dass er auf das tropfende Wasser aus dem linken Ärmel des Männleins schauen solle. Das Wassermännlein suchte später den Mann auf und kündigte Rache an, weil er es verraten habe. Der Bedauernswerte achtete die Gefahr gering und ging einmal an einem Tümpel vorbei. Da packte ihn das Wassermännlein und tauchte den Kopf des Mannes in den Tümpel, sodass er ertrank.[49]

EIGENSCHAFTEN

Naturgeister ähneln in Aussehen und Charakter meist den Menschen. Einige Eigenschaften sind bei ihnen aber besonders auffällig und ausgeprägt.

Ambivalent: Naturgeister sind typischerweise nicht einseitig gut und edel oder böse und schlecht, sondern sie vereinigen eine helle und eine dunkle Seite. Darüber berichten uns viele Sagen, beispielsweise über das Donauweibchen in Oberösterreich. Diese anmutige Gestalt warnt manchmal die Schiffer und Fischer freundlich vor Stürmen und anderen Gefahren, manchmal ist sie böse und rachsüchtig und lockt die Schiffsleute mit ihrem Gesang in Flut und Verderben.[50] Naturgeister sind rasch beleidigt und rächen sich dann teilweise heftig und – wie es scheint – unverhältnismäßig. So tat es ein Wassermann bei Mautern (Niederösterreich). Er war auf den Wagen eines Bauern gesprungen, als dieser und sein Knecht ihre Fahrt unterbrochen hatten, um die Pferde am Donauufer rasten zu lassen. Als man wieder aufbrechen wollte, waren die Tiere nicht von der Stelle zu bringen. Der Knecht bemerkte den Wassermann auf dem Wagen und wies den Bauern auf den Geist hin. Da sprang dieser, mit dem Finger drohend, in die Donau. Der Knecht nahm einen Stein und wollte ihn voller Zorn auf den Wassermann werfen, aber der packte ihn und zog ihn ins Wasser. Erst am nächsten Tag fand man die zerkratzte Leiche des Knechts am Ufer.[51] Auf der anderen Seite können Naturgeister verhältnismäßig geringe Gaben großzügig vergelten. Dies wird immer wieder von Saligen Frauen berichtet, so auch in einer Sage aus dem Allgäu: Einer Saligen gab eine alte Holzsammlerin freundlich von ihrem wenigen Brot. Der Naturgeist überreichte darauf der Frau ein verschnürtes Bündel und sagte, sie könne dürre Stecken als Feuerholz herausziehen, dürfe aber das Bündel niemals aufschnüren. Die alte Frau befolgte die Anweisung und hatte nun immer genug dürres Holz.[52] In der am Thunersee im Berner Oberland lokalisierten und von den Brüdern Grimm erzählten Sage zeigt sich »Der einkehrende Zwerg« für die gastliche Aufnahme durch ein armes Paar sehr erkenntlich.[53] Aber auch wenn sie keinen Anlass zur Dankbarkeit haben, sind Naturgeister oft freundlich und großzügig. Dabei sollte man beachten, dass Angebote meist nur einmal gemacht werden und sich vertane Chancen nicht erneut bieten.

Tabuisierend: Viele Naturgeister schätzen den Umgang mit Menschen. Oft scheuen sie auch nicht vor sehr engen Verbindungen zurück, sondern suchen sie. Aber fast immer fordern sie von den menschlichen Partnern die Einhaltung von Tabus. Für das Verhalten des Menschen gegenüber Naturgeistern gelten Regeln, bei deren Nichteinhaltung die Dämonen und meist auch das Glück verschwinden. Aus Unwissen, Nachlässigkeit, Dummheit, Überlegenheitsgefühl, auch aus Übermut verletzen die Menschen die gesetzten Tabus, was meist irreversible Folgen hat. Gerade in den so genannten Martenehen, Verbindungen zwischen einem Mann und einer Jenseitigen, finden sich dafür Beispiele.

Häufig handelt es sich um Namenstabus. Rumpelstilzchen (KHM 55) aus dem gleichnamigen Märchen der Brüder Grimm verliert seine Macht über die Müllerstochter, als diese seinen Namen erlauscht und vor ihm ausspricht. In Sagen wird geschildert, dass den Menschen hilfreiche Naturgeister entschwinden müssen, wenn ihr Name genannt wird. So geschah es einst in Hindelang im Allgäu, wo ein Bauer das Glück hatte, eine schöne Salige ehelichen zu können. Sie verlangte von ihrem Mann, dass er ihr niemals einen Namen geben dürfe, er müsse auch dafür sorgen, dass dies niemand im Ort tue. Denn nach dem Gesetz der Saligen dürfe sie nicht bleiben, falls irgendwer sie mit ihrem richtigen Namen nenne. Die Respektierung dieses Wunsches wurde versprochen, das Paar lebte glücklich, und alle schätzten die junge Frau, weil sie gütig und fleißig war. Einmal klaubte sie im Garten Raupen vom Kraut ab. Da kam eine unbekannte Frau vorbei und sagte im Vorbeigehen zufällig den richtigen Namen der Saligen, nämlich Gertrüdle. Da hob die Angesprochene klagend die Hände und verschwand weinend.[54]

Aber auch in anderen, nichtehelichen Beziehungen zwischen Menschen und Naturgeistern zerstören oftmals die Menschen ihr eigenes Glück durch Tabubruch. So ist Dämonen wie den Holzweiblein die Verwendung stark duftender Kräuter, etwa Kümmel, Dost, Quendel oder Lavendel, äußerst unangenehm. Besonders gescheut werden christliche Zeichen. Auch bestimmte Verhaltensweisen können viele Naturgeister nicht verkraften. Für ihre freundlichen Dienste wollen sie meist nur ein wenig Nahrung, die sie sich selbst nehmen oder die für sie bereitgestellt wird. Ganz falsch, wenn vielleicht auch gut gemeint, ist es, den hilfreichen Wesen Geld oder Kleidung hinzulegen, denn dann fühlen sie sich »ausgelohnt« und verschwinden, manchmal laut weinend. Man darf sie auch nicht bespitzeln oder belauschen. Mit starker Verärgerung, die sie sogar zum Auszug drängen kann, reagieren sie auch, wenn eine Hausfrau etwa die Knödel zählt, um nachzuprüfen, wie viele die Geister verzehren. Solch kleinliches Verhalten wird als Geiz und Undankbarkeit empfunden. Die Farbe Rot verabscheuen die Naturgeister meist. Ganz schlimm ist es deshalb, wenn jemand auf die Idee kommt, ihnen rote Kleidung zu schenken.

Wer will, dass ihm hilfreiche Naturgeister weiterhin beistehen, tut gut daran, sich an diese Tabus zu halten. Umgekehrt gilt: Will man lästige Geister – solche gibt es insbesondere unter den koboldartigen Gestalten – oder gar den Teufel loswerden oder fernhalten, kann es helfen, sich gerade dieser verabscheuten Dinge oder Verhaltensweisen zu bedienen.

Meist hat der Verstoß gegen ein Gebot oder Verbot negative Folgen für beide – Mensch und Naturgeister. So geschah es auch einst im oberfränkischen Wohnsgehaig (Mistelgau):

Der Zwergenbrunnen bei Wonsgehaig.

[…]

Ein Schäfer bemerkte oft, daß sein Hund morgens von der Herde lief und übersatt gefüttert zurückkam. Neugierig, wo der Hund seine Nahrung hole, band er ihm den Faden seines Strickknäuels um den Hals, ließ den Faden abrollen und folgte. Er kam in eine Höhle, wo zwei Zwerge saßen und dem Hunde die Abfälle gaben. Sie ließen den Hirten mitessen, und als dieser wünschte, alle Tage so gute Speisen zu haben, gaben sie ihm ein Tischtuch, das er nur ausbreiten und sich die Speisen wünschen dürfe. Der Hirt mußte versprechen nichts zu verraten. Sein Weib drang aber solange in ihn, bis er das Geheimnis verriet. Das Tischtuch verlor seine Kraft, die Zwerge brachten einander um, und der Zwergbrunnen floß neun Tage mit Blut.[55]

Menschennah: Sagen und Überlieferungen berichten von sexueller Vereinigung, auch jahrelangen Ehen, zwischen Naturgeistern und Menschen. In diesen Martenehen bestreitet den weiblichen Part im Allgemeinen ein schöner weiblicher Geist und den männlichen ein Mensch. Seltener ist die Rollenverteilung anders – männlicher Naturgeist (etwa Nöck) und weiblicher Mensch. Wie oben geschildert kommen Martenehen erst nach dem Versprechen der Einhaltung von Tabus zustande. Leider hat ein Burgherr von Falkenstein (Oberösterreich) das von seiner Frau gesetzte Tabu gebrochen.

Othmar von Falkenstein brachte sich als Gattin vom Rhein eine Wassernixe mit. Sie hatte sich ausbedungen, sich zur Vollmondzeit ungestört zurückziehen zu können; zu Falkenstein stand ihr dann der mächtige einsame Wasserturm zur Verfügung. Einmal ließ sich aber der Falkensteiner durch Verleumdungen betören und belauschte sie. Er sah sie als Nixe in die Fluten tauchen. Die Nixe aber mußte von dannen und ward nie wieder gesehen.[56]

Paracelsus erklärt das verbreitete Bemühen um Kontakt mit Menschen, insbesondere erotischen und sexuellen Kontakt, mit Seelenlosigkeit der Naturgeister und ihrem Verlangen nach Erlangen einer Seele. Er schreibt:

Kommt es nun zu einer Heirat, so daß eine Wasserfrau einen Mann aus Adam nimmt, mit ihm haushält und gebiert, so wisset bezüglich der Kinder, daß solche Geburt dem Manne nachschlägt. Weil der Vater ein Mensch aus Adam ist, wird dem Kind eine Seele eingegossen und es wird ein rechter Mensch, der Seele hat und Ewigkeit. Nun ist weiter zu wissen, daß auch solche Frauen, indem sie vermählt werden, eine Seele empfangen, so daß sie wie andere Frauen von Gott und durch Gott erlöst sind. Das ist mannigfach erfahren worden, daß sie nicht ewig sind, aber bei den Menschen, wenn sie mit ihnen verbunden werden, ewig werden, d. h. beseelt, wie der Mensch.[57]

Naturgeister, insbesondere weibliche, stehlen gern Kinder und nehmen sie mit in ihr Reich. Dort geht es laut manchen Sagen den Kindern gut. In christlicher Schicht wird das Bestreben unterstellt, über das Menschenkind Anteil an dessen Seele zu erhalten.

Beliebt bei den Naturgeistern ist auch das Vertauschen der Kinder: Sie stehlen ein Menschenkind und legen den Eltern dafür ein Dämonenkind hin, einen sogenannten Wechselbalg, der sich meist durch Missgestalt, Unersättlichkeit und unangenehmes Wesen auszeichnet. Es gibt vielerlei Schutzmaßnahmen und auch Methoden, um das Unglück wieder rückgängig zu machen.

In Ahrain (Essenbach, Lkr. Landshut) ereignete sich der Sage nach ein typischer Fall von Kindsvertauschung durch Geister:

Der Wechselbalg
Es war eine Bäuerin in der Nachbarschaft. Die hatte ein Kind. Das Kind kränkelte und wollte gar nicht gedeihen. Der Bäuerin stieg der Verdacht auf, daß ihr gesundes Kind gegen einen Wechselbalg vertauscht worden sei. Da riet ihr jemand, sie solle, wenn einmal das Kind beim Baden niese, sagen: »Helf Gott!« Die Bäuerin tat es, und vom selben Augenblick an gedieh das Kind. Unter dem Tisch aber lag eine hölzerne Puppe, von der niemand wußte, wie sie ins Haus gekommen.[58]

Auch an der Nordsee kennt man das Problem. Dort sind es etwa auf der Insel Föhr die zwergenhaften Odderbaanki, die gern kleine Kinder gegen ein Odderbaanki-Kind austauschen. Eines der Gegenmittel ist, beim Windeln das Wickelband kreuzweise übereinander umzubinden und dem Kind eine Bibel oder ein Gesangbuch in die Wiege zu legen. Auch eine möglichst frühe Taufe schützt, denn dann haben die Odderbaanki keine Macht mehr über das Kind.[59]

Für Martin Luther stellten Wechselkinder Verkörperungen des Teufels dar. Einst sah er in Dessau ein zwölfjähriges Kind, das als ein solches Wechselkind galt. Nach Luthers Worten konnte es nur essen, koten und schreien, freute sich, wenn es im Hause übel, weinte, wenn es gut ging. Luther meinte zum Fürsten von Anhalt, ein solches Kind solle am besten in der Mulde ertränkt werden. Der Fürst war anderer Auffassung, und nachdem, auf Luthers Anraten, ein Jahr lang täglich ein Vaterunser für das Kind gebetet worden war, starb es.[60]

Die Vorstellung von der Seelenlosigkeit der Naturdämonen und das darauf reduzierte Verlangen nach enger Verbindung zu Menschen durch sexuelle Beziehungen, Kinderraub und Kindertausch dürfte erst relativ spät, vor christlichem Hintergrund, entstanden sein. Sie widerspricht dem Glauben an die Allbeseeltheit der Natur sowie die Mittlerfunktion der Naturgeister und erniedrigt sie zu minderen Wesen.

Antichristlich: Naturgeister sind im Allgemeinen antichristlich eingestellt, verabscheuen christliche Zeichen wie Glockenläuten oder Kreuzsymbol und werden durch sie vertrieben. Die Verwendung solcher Zeichen unterliegt einem von den Naturgeistern gesetzten Tabu. Wird es gebrochen, verschwinden die Naturgeister. So ließen sich die Wichteln von Kelheim in Niederbayern über die Donau setzen, weil ihnen das Gebimmel der Glocken vom nahen Kloster Arzberg unerträglich war.[61]

Auch der Teufel als Naturgeist-Nachfolger reagiert sehr empfindlich und unwirsch auf verschiedene Erscheinungen oder christliche Zeichen wie Hahnenkrähen, Drudenfuß, Kreuz, Weihwasser. Einmal ging ein Mann von Neukirchen am Inn nach Höch (beide Neuburg am Inn, Lkr. Passau). Als er an einer Eiche vorbeikam, hörte er von oben den Ruf: »Mich hungert!« Der Mann schaute hinauf, sah den Teufel im Baum sitzen und versprach, ihm Brot zu bringen. Er eilte nach Hause und schnitt drei Kreuze in einen Brotlaib. Als er den dem armen Teufel reichte, sah dieser die Zeichen, schleuderte die Gabe voller Abscheu von sich und verschwand.[62]

Anders verhält es sich mit den christianisierten Naturgeistern. Den Zwergen des zwischen Salzburg und Berchtesgaden gelegenen Untersbergs, blieb wohl nichts anderes übrig als christlich zu werden, nachdem Kaiser Karl posthum in den Berg entrückt worden war, hatte der Herrscher doch sehr entschieden das Heidentum verfolgt und das Christentum durchgesetzt. Sagen berichten, dass die Untersberg-Zwerge – wir wissen nicht, ob frohen oder traurigen Herzens – nachts häufig in nahe gelegenen Kirchen Messe hörten und hielten. Sogar in den Salzburger Dom sind sie öfters gezogen.[63]

Auch die Armen Seelen in ihrer Funktion als Nachfolger von Naturgeistern, schrecken vor christlichen Zeichen oder Formeln keineswegs zurück, sondern erbitten sie zu ihrer Erlösung.

Übermütig: Ähnlich Kindern sind Naturgeister oft übermütig, verspielt und zu Schabernack aufgelegt. Insbesondere Kobolde, Putze oder Kasermandl erfreuen sich an nicht immer harmlosen Streichen, die sie den Menschen spielen – etwa Kühe schier unlösbar an den Schwänzen zusammenhängen, erschreckend rufen oder lachen und allerlei beunruhigende Geräusche machen.[64] Erinnert sei an den übermütigen und ständig zu Streichen aufgelegten Kobold Pumuckl in Elli Kauts beliebten Kinderbüchern, der seinen Wirt, den Meister Eder, gutmütig plagt.

Ein koboldartiger Zwerg, das Schlossbergmännlein auf dem Schlossberg und in der Burgruine von Thierstein (Lkr. Wunsiedel im Fichtelgebirge) machte sich den Menschen nützlich, hatte aber leider auch große Freude an Streichen und allerlei Unfug. So bewarf das graue Männlein Leute, die abends in die Nähe des alten Schlosses kamen, mit Sand und Erde, blieb dabei unsichtbar und ließ ein schallendes Gelächter ertönen. In den in der Nähe des Schlossbergs gelegenen Häusern warf das Männlein das Geschirr durcheinander (dabei ging allerdings niemals etwas zu Bruch). Der Geist versteckte das Brot oder zog Langschläfer an den Haaren aus dem Bett. Ein Geisterbanner soll eines Tages das Männlein in einem Sack davongetragen haben.[65]

Die freundlichen und hilfreichen Holzweiblein treiben, wenn sie sich wohl und sicher fühlen, gern Unfug. Bei Bucha, im Bayern benachbarten thüringischen Vogtland, half ein Holzweiblein fleißig beim Heumachen. Es hatte aber große Freude daran, gerade fertiggestellte Heuschober immer wieder zu zerstören. Als alle Ermahnungen vergebens waren, versetzte der genervte Bauer mit dem Rechenstiel dem Weiblein einen Schlag, worauf dieses empört laut aufschrie. Sofort kam ein Waldmännlein gelaufen und fragte den Bauern streng, was er mit seiner Frau getan habe. Nachdem der Bauer den Vorfall geschildert hatte, erklärte das Männlein seiner Frau, dass sie die gerechte Strafe hinnehmen müsse. Hätte der Bauer das Weiblein ohne Grund geschlagen – so der kleine Ehemann – dann allerdings hätte er ihn umgebracht.[66] Den falschen Weg weisen oder in die Irre führen ist ein beliebter, nicht immer harmloser Streich, den sich beispielsweise Rübezahl, der Berggeist des Riesengebirges, immer wieder leistet. Auch der Hehmann betätigt sich gern als Desorientierer.

Werden Naturgeister aber selbst das Opfer von menschlichen Späßen oder von Spott, dann finden sie das, wiederum kleinen Kindern ähnlich, nicht lustig. In Pettenau (Ering, Lkr. Rottal-Inn) zeigt man noch heute die Zwergerlhöhle als einstige Wohnstätte von zwei Bergwichtlein. Die Wichtlein kamen nachts zu den Bauern der Umgebung und verrichteten allerlei Arbeiten – solche die noch nicht getan waren oder die am nächsten Tag getan werden sollten. Einmal lauerte ihnen der Stallbub des Jungbauern in Pettenau auf und neckte sie. Da ließen sich die Wichtlein bei Mühlau über den Inn setzen und zogen zu den Zwergen in den Untersberg. Die Handvoll Sand, die sie dem Fährmann als Lohn gegeben hatten, verwandelte sich in glänzendes Gold.[67] Weil Habergeiß oder Hehmann zu grausamer Rache neigen, endet das übermütige Nachahmen ihrer Rufe, nicht selten tödlich.

Hellsichtig: Manche Naturgeister wissen um verborgenes Gegenwärtiges und um Zukünftiges. Bergwerksdämonen kündigen durch Zeichen wie Klopfen ein Bergwerksunglück, Rufgeister wie die Fuchsfoche oder die Habergeiß mit ihrem schrecklichen Geschrei den Tod an. Hellsichtig sind im Nibelungenlied die weissagenden Schwanenfrauen an der Donau, wenn sie Hagen voraussagen, dass vom großen Heer niemand mit Ausnahme des Kaplans zurückkehren werde. Auch die Kobolde sind oft in der Lage, das Schicksal vorherzusagen.[68] Die Naturgeister können im Allgemeinen Kommendes nur erkennen und prophezeien, aber nicht ändern. Anders das auf einem Bauernhof in der Oberpfalz helfende und dort freundlich versorgte Holzfräulein: Es sah beim Wasserholen am Brunnen Zeichen, dass alle im Dorf bösen Husten bekommen würden und bewirkte, dass der ihm Heimstatt bietende Hof verschont blieb.[69]

Auch die Untersberger Zwerge kennen die Zukunft:

Zu einem Bauernknecht am Untersberg kam im Jahre 1847, zu welcher Zeit auch der dürre Birnbaum auf dem Walser Feld wieder zu grünen begann, ein Bergmännlein. Es forderte ihn auf, ihm zu folgen. Der Knecht kam nur mit Furcht diesem Verlangen nach. Das Manndl führte ihn auf einen Felsen, von dem aus er das ganze Tal mit Soldaten überfüllt sah. Sie stiegen an eine höhere Stelle und von dieser sah der Knecht das Tal voll Blut. Der Untersberger wies ihn zur höchsten Spitze. Was er von hier erschaut, trieb dem Knecht die Haare zu Berge. Er vertraute es keinem Menschen an und blieb von der Stunde an traurig und niedergeschlagen.[70]

Die Wilden Frauen wissen um die kommende Witterung: Wenn sie Wäsche aufhängen, wie es auch die drei Wilden Frauen am Staufen bei Bad Reichenhall taten, dann sind die Leute im Tal gewiss, dass schönes Wetter kommt.[71] Weil er das drohende Schicksal vorhersieht, verlässt der auf Meeresschiffen lebende hausgeistartige Klabautermann ein Schiff, das untergehen wird.

---

1 Petzoldt 1999: 126.
2 Vgl. z.B. Tuczay 2015: 19.
3 Vgl. z.B. Timm 2003: 232ff.; Göttner-Abendroth 1999: 236–254.
4 Abgeleitet von lat. anima (Seele, Geist).
5 Käser 2004: 20.
6 Piaget 1978.
7 Gemeint ist in diesem Kontext nicht die evolutionistische Lehre des englischen Anthropologen E. B. Tylor (1832–1917) über den Ursprung der Religion aus dem Animismus. Tylor nahm eine stufenmäßige Entwicklung der Religion vom Animismus über den Polytheismus zum Monotheismus an.
8 Freud 1974: 83.
9 Panzer 1956, II: 217, Nr. 367.
10 Peuckert 1963: 22.
11 Freud 1974: 84.
12 Lüthi 1968; 1975.
13 Kriss 1998: 18.
14 Vgl. z.B. Weitnauer 1965: 30.
15 Reiter 2009: 131–174.
16 Vgl. z.B. Muuss 1914; Achterberg 1930.

[17] Muus 1914: 45f.
[18] Vgl. Klingner 1912: 53ff.
[19] Heine 2011.
[20] Petzoldt 1990: 5.
[21] Petzoldt 1999: 157.
[22] Kühn 1994: 200f.
[23] Vernaleken 1858: 99ff., Nr. 86.
[24] Schöppner, II, 1852/53: 123f., Nr. 569.
[25] Nach Harmening 2009: 101.
[26] Nach Petzoldt 1990: 5.
[27] Nach Harmening 2009: 105.
[28] Peuckert 1969: 144.
[29] Heine 2011.
[30] Sittler 1906: 7f.
[31] Büchli 1966: 45ff.
[32] Peuckert 1989: 282ff.
[33] Theodor Storm (1817–1888) thematisiert in der 1863 erschienenen Erzählung »Die Regentrude« den Volksglauben an den Regengeist: In einer Mitte des 18. Jahrhunderts in Norddeutschland angesiedelten Dürreperiode ist der Glaube an den Naturgeist Regentrude weitgehend versunken, auch das Wissen um magische Handlungen, mit denen man seine Hilfe holen kann. Der von der Trockenheit schwer geschädigten Bäuerin Stine und ihrem Sohn Andree gelingt es, die Beschwörungsverse durch eigene Erinnerung und die unfreiwillige Hilfe des die Felder verbrennenden Feuerdämons zu reaktivieren. Damit wird die Regentrude aufgeweckt, und sie schenkt der Gegend die ersehnten Niederschläge.
[34] Der Ostgotenkönig Theoderich (451/56 – 526) war Anhänger der arianischen Lehre, die die Göttlichkeit Jesu bestritt, und galt als Ketzer. Als Dietrich von Bern ging er verehrt in die Heldensage ein. Beiden Zuschreibungen verdankt er wohl seine Führungsaufgabe im Wilden Heer.
[35] Vgl. zur Engelvorstellung Schmidt/Schmidt 1989: 127–192.
[36] Nach Petzoldt 1990: 64f.
[37] Waltinger 1992: 17.
[38] Vgl. z.B. Waltinger 1992: 139f.
[39] Marzell 1968: 184f.
[40] Vgl. Röhrich 1959: 88.
[41] Hinze/Diederichs 1980: 285f.
[42] Panzer 1956, II: 204f., Nr. 357.
[43] Grimm 1929: 37ff.
[44] Panzer 1956, II: 102, Nr. 151.
[45] Lindig 1987: 95.
[46] Kühn 1994: 216.
[47] Marzell 1968: 29ff.
[48] Alpenburg 1977: 174.
[49] Englisch 1994: 92.
[50] Kuthmayer 1928: 102ff., Nr. 79.

51 Kuthmayer 1928: 88, Nr. 71.
52 Schmidt 1989: 378.
53 Grimm 1981: 68f., Nr. 45.
54 Schmidt 1989: 379f.
55 Panzer 1956, II: 103, Nr. 153.
56 Depiny 1932: 51, Nr. 27.
57 Zit. nach Werner 2004: 167.
58 Pollinger 1908: 239f.
59 Philippsen 1911: 26.
60 Klingner 1912: 56ff.
61 Bechstein 1930: 564, Nr. 866.
62 Böck 1983b: 177, Nr. 284.
63 Huber 1907: 16ff., Nr. 28–33.
64 Alpenburg 1977: 76.
65 Schöppner 1852/53, III: 136f., Nr. 1090.
66 Petzoldt 2007: 182.
67 Waltinger 1992: 108.
68 Petzoldt 1990: 111.
69 Prestel 1929a: 17.
70 Eichelmann 1922: 29f.
71 Panzer 1954, I: 9, Nr. 14.

NATURGEISTER – IHR WEITERLEBEN

Mit fortschreitender Christianisierung während des Mittelalters, verstärkt ab der Neuzeit, wurde die Existenz der Naturgeister immer beschwerlicher. Sie versuchten, wenigstens ihr Überleben zu sichern und ein bescheidenes Auskommen zu haben.

VERBORGEN IN ANDEREN GESTALTEN

Die Naturgeister wandten eine Methode an, die sich über lange Zeit bewährte: Sie verbargen sich in anderen Gestalten und ließen diese Naturgeisterfunktionen und -arbeiten ausführen.

Heilige: Als Erben heidnischer Glaubensgestalten sieht der Erzählforscher Leander Petzoldt die Heiligen, die es jedoch nicht vermocht hätten, die vorchristlichen Gestalten restlos zu verdrängen.[1] Zwar werden die Naturgeister durch christliche Symbole vertrieben, dennoch leben sie im Volksglauben, wenn auch oft schwächelnd, fort, wie die vielen Naturgeistersagen zeigen.

Einige christliche Heilige haben das Erbe der Naturgeister angetreten, wobei sie sich insbesondere deren helle, hilfreiche Seite angelegen sein lassen, obwohl auch die dunkle Seite zumindest ansatzweise thematisiert wird. Sie werden als Anführer und Gebieter der Geister angerufen, damit sie vor schädigenden Dämonen schützen. Einerseits verdrängen, vertreiben und vernichten sie die alten Naturgeister, andererseits weisen ihre Patronate und das Brauchtum an den Gedenktagen, die meist auch als Lostage Vorhersagen über die Witterung machen und damit die landwirtschaftliche Arbeit erleichtern, auf die Rolle der Heiligen auch als Naturgeistnachfolger hin. Im Zuge des Zweiten Vatikanischen Konzils (1962–1965) wurden etliche der Heiligen, die als historische Gestalten nicht gesichert sind, im Heiligenkalender der römisch-katholischen Kirche herabgestuft, darunter auch solche, die alte Naturgeisterfunktionen ausüben.[2]

St. Wolfgang hat sich Gepflogenheiten der Riesen (S. 170) zu eigen gemacht. St. Anna und St. Barbara ähneln in Aufgaben und Verhalten den (guten) Bergwerksgeistern (S. 141), St. Johannes, St. Johannes Nepomuk und St. Nikolaus den Wassergeistern (S. 68). St. Gertrud und St. Walpurga übernehmen Aufgaben der Vegetationsgeister (S. 178).

St. Christophorus: Von seinen vielen Patronaten lassen vor allem die der Seeleute, Fährleute, Flößer, Gärtner, Bergleute und Schatzgräber sowie der Schutz der Brücken eine Naturgeistfunktion, insbesondere die der Wasser-, Bergwerks- und Vegetationsgeister, erkennen. Auch seine Hilfe bei Seuchen, Feuer- und Wassergefahren, sein Schutz vor Unwetter, Hagel, Dürre rückt ihn in die Nähe von Naturgeistern. Christophorus ist Herr über die Geister, auch die bösen. Er wurde beim Schatzgraben angerufen, wobei seine Rolle nicht immer eine ganz »saubere« war. Man unterstellte ihm Macht über verborgene Schätze.

St. Georg nimmt als Patron der Bauern und des bäuerlichen Besitzes, der Bergleute, Pferde und Rinder, Aufgaben der Vegetations- und der Bergwerksgeister wahr. Ab seinem Gedenktag, dem 23. April, dürfen bis zum Ende der Nutzzeit im Herbst die Wiesen nur noch auf vorhandenen Wegen betreten werden: »Ist Georgi vorbei, geht die Wiese ins Heu.« So manche mit St. Georg verbundene Bauernregeln treffen Wettervorhersagen, beispielsweise: »Wenn vor Georgi Regen fehlt, wird man nachher damit gequält.« Auch der heilige Georg betätigt sich manchmal als hilfreicher Wassergeist. So sollen in manchen Georgskirchen an der Donau sogenannte St. Jörgenscheiben aufbewahrt worden sein. War ein Mensch in der Donau ertrunken, warf man die Scheibe in den Fluss. Sie trieb, so die Überlieferung, einer Stelle zu, wo sie sich im Kreise drehte und wo man den Körper des ertrunkenen Menschen schließlich fand. Eine solche Scheibe soll einst in der Georgskirche in Weiler (Blaubeuren, Alb-Donau-Kreis) aufbewahrt worden sein.[3]

Teufel: Er hat – neben vielen anderen Aufgaben und Funktionen von Göttern und Geistern – die dunkle Seite der Naturgeister übernommen. Wie diese Dämonen verkraftet er weder Kreuz noch Weihwasser oder Glockenläuten, und er ist ebenfalls auf der Suche nach menschlichen Seelen, wobei er aber meistens scheitert.

Der Reformator Martin Luther (1483–1546) sah in allen Naturgeistern, insbesondere aber den Wassergeistern, Verwandlungs- und Erscheinungsformen des Teufels.[4] Er sprach darüber etwa in seinen Tischreden. Im Januar 1546 weigerte er sich, über die Mulde, einen Nebenfluss der Elbe, zu fahren – wegen des dort lauernden Wasserteufels.[5]

Es gibt viele Sagen, in denen sich der Teufel in eine Gruppe arbeitender, spielender oder tanzender Menschen einschleicht. Meist verhalten sich diese nicht ganz korrekt und verstoßen gegen bestimmte Vorschriften. Irgendwann fällt jemandem in der Gruppe auf, dass einer dabei ist, der zuvor nicht da war. Das Motiv des sogenannten »Überzähligen« ist ein häufiges Teufelssagen-Motiv. Auch an der Donau versuchte der Teufel immer wieder, sich unter die Schiffsleute einzuschleichen, wenn diese die Schiffe mit Pferden donauaufwärts zogen. Bei der sehr mühsamen Arbeit schlugen die rauen Gesellen auf die Pferde ein und fluchten über die Maßen. Manchmal bemerkten sie dann, dass ein Fremder mitritt und fluchte und erkannten voller Entsetzen, wer sich da unter sie gemischt hatte. Der Böse wurde glücklicherweise durch Beten, Glockengeläut oder die am Ufer stehende Johanneskapelle vertrieben.[6] In diesen Sagen gesellt sich der Teufel zu Menschen, wie es die Nixen gern tun und wie sie möchte er inkognito bleiben. Aber kluge Leute erkennen die Nixen an den tropfenden Haaren oder dem nassen Kleidersaum, den Teufel durch seine Attribute, insbesondere den Bocksfuß.

Auch als Baumgeist-Nachfolger tritt der Teufel auf, von dessen Verbundenheit mit Bäumen viele Sagen berichten. Diese zeigte er einst auch am Böhmweg, der alten Salzstraße nach Böhmen, deren bayerischer Teil von Deggendorf nach Bayerisch Eisenstein führt. Sie war zwischen Deggendorf und Bischofsmais oft in schlechtem Zustand, bot zudem wenig Raum zum Ausweichen, und so gab es unter den Fuhrleuten viel Geschrei, Streiten und Fluchen. Dort fühlte sich der Teufel wohl:

Der Taferlbaum

[…]

Sein Lieblingsplatz war auf einer riesigen Buche inmitten der ärgsten Wildnis. Sie steht noch und wird Taferlbaum genannt. Ging da nämlich einmal in stockhagelfinsterer Nacht der Reinhartsmaiser Krämer mit vollbeladener Kraxe von der Stadt heim. Da schrie es ihm aus der grauslichen Finsternis von der Buche herunter zu: »Der Tag ghört Dein; aber die Nacht ghört mein!« Dem Krämer, dem bei Tag und Nacht schon so manches untergekommen war, was andere zum Laufen gebracht hätte, ihm aber nicht nahe ging, kannte sich aus, wen er vor sich hatte und gab dem Schwarzen kurz zur Antwort: »Sand Joseph und Maria mit'n Christkindl a bei da Nacht groast!« Da gab es ein Krachen, als ob der ganze Wald zusammenstürzen wollte. Der Teufel war beim Nennen der hl. Namen schleunigst abgefahren. Zum Danke für seine Rettung hing der Krämer später ein paar geweihte Taferl, Bilder der hl. Familie und des hl. Joseph, an den Baum und hat so für ewige Zeiten den Teufel von diesem Platze »bamt«.[7]

Arme Seelen: Auch in ihr Gewand schlüpften die alten Naturgeister, um sich ein, wenn auch oftmals würdeloses, Überleben zu sichern. Die katholische Lehre vom Fegefeuer entstand aufgrund von Vorstellungen, die bis in die Antike zurückreichen und die Papst Gregor der Große (um 540–604) zu einem System entwickelte. Die Lehre verfestigte sich im Hochmittelalter: Die abgeschiedenen Seelen, die nicht mit so schweren Sünden belastet sind, dass sie der Hölle anheimfallen, büßen ihre Sünden an einem unterirdischen oder luftigen Ort, um schließlich ins Paradies eingehen zu können. Die Qualen der Armen Seelen im Fegefeuer wurden in Visionen geschaut, in Predigten und Schriften drastisch geschildert, auch die Hilfen, die Lebende den Gequälten zukommen lassen können. Gute Werke, Gebete, magische Formeln, verschiedene Opfergaben, das Spenden von Messen können dazu beitragen, die Qualzeit im Fegefeuer für sich im Voraus oder für bereits Verstorbene abzukürzen. Die im Fegefeuer leidenden Armen Seelen können selbst nichts mehr für sich oder andere tun, sondern sind ganz auf barmherzige Menschen angewiesen.

Sagen schildern, wie Arme Seelen die Lebenden um Hilfe zu ihrer Erlösung bitten. Bei vielen Arme-Seelen-Sagen handelt es sich um alte Totengeister-Sagen oder um Naturgeister-Sagen in christlichem Gewand. Fast alle Naturgeister können auch als Arme Seelen auftreten. So treffen wir auf Hehmann, Baumgeister, Kasermandl, Kobolde, Moorgeister (auch Irrlichter), Mühlengeister und andere, die sich bei näherem Kontakt als Arme Seelen outen.

PRÄSENT IM ALLTAG

Im Alltag gibt es Schlupfwinkel für Naturgeister.

Jahreslauf-Brauchtum: Naturgeister und ihr erhofftes Wirken zeigen sich in noch heute geübten Bräuchen. Vielleicht trifft zu, was Michael Frank in der SZ vom 21./22. 2009 vermutet: In der Wiederbelebung von alpenländischen Fastnachtsbräuchen, die der Wiedererweckung der Natur dienen, zeigt sich ein Suchen gerade junger Menschen nach Kontakt zu lange vergessenen Traditionen.

Der Volkskundler Rudolf Kriss erklärt das Jahreslauf-Brauchtum mit magischen Vorstellungen, wonach Ähnliches immer auf Ähnliches folgen muss, und damit zusammenhängend mit Nachahmungszauber, der erwünschte Fakten herbeizwingt: »Das Perchtenlaufen b e w i r k t nunmehr die Fruchtbarkeit der Felder im kommenden Jahr, [...] Winterbegraben und Frühlingseinholen führen den Sommer herbei, Wasservogel und Pfingstl erzwingen den erwünschten Regen, das Überspringen der Sonnwendfeuer durch die jungen Paare bringt Eheglück und Fruchtbarkeit, das Hindurchtreiben des Viehs schützt vor Seuchen.«[8]

Insbesondere Vegetationsgeister, die für Fruchtbarkeit und gute Ernte sorgen sollen, werden im bäuerlichen Jahresbrauchtum dargestellt, das Tun im Brauch soll die Tätigkeit der Naturgeister günstig beeinflussen. Einige Beispiele aus Südbayern:

Buttnmandllaufen: Ursprünglich nur auf die zu Bischofswiesen gehörenden Ortschaften Loipl (1. Adventssonntag) und Winkl (2. Adventssonntag) beschränkt, wird der Brauch des Buttnmandllaufens heute auch in anderen Ortschaften des Berchtesgadener Landes meist am 5. Dezember geübt. Den heiligen Nikolaus begleiten zwölf mit Stroh umhüllte Gestalten, die eine Tiermaske und Kuhglocken um den Leib tragen. In Berchtesgaden und Umgebung sowie im benachbarten Salzburger Land treten mit dem Nikolaus auch die Kramperl auf, fellbekleidete und mit teufelsartigen Masken ausgestattete Gestalten. Nach Rudolf Kriss sind die Buttnmandl Fruchtbarkeitsgeister und vom vorchristlichen germanisch-keltischen Überlieferungskreis bestimmt.[9] Das Butteln = Rütteln der Glocken soll zugleich die bösen Geister vertreiben. Anderen Deutungen zufolge hat der Name mit dem Butz oder dem Butzemann, einer koboldartigen Gestalt, zu tun.[10] Die Buttnmandl sind stets in einer Gruppe von zwölf unterwegs. Nach Gebet und der Besprengung mit Weihwasser – auf dass sich nicht der Teufel als 13., als Überzähliger, einschleiche – zieht der Nikolaus, begleitet von Buttnmandln, den Kramperln, dem Nikoloweibl oder einem Engeldarsteller, von Haus zu Haus, verteilt Lob und Tadel sowie kleine Geschenke. Wenn nach der Bescherung Buttnmandl und Kramperl die Stube ausräumen und die Erwachsenen, insbesondere junge Burschen und Mädchen, ins Freie zerren dürfen, geht es oftmals wild zu. Überliefert sind jahrhundertealte Verbote des Brauchs.

Klausentreiben: Am Abend des 6. Dezember laufen in Oberstdorf (Lkr. Oberallgäu) und einigen anderen Orten im Allgäu mit Fell, Masken und Hirschgeweihen verkleidete, Kuhglocken um den Leib tragende Burschen durch die Straßen. Die Klausen kommen ohne Nikolaus aus, es handelt sich um einen außerhalb kirchlicher Strukturen ablaufenden Brauch.[11] Kein Wunder, dass es auch immer wieder Verbote dieses Treibens gab. Auch der Klausenlauf beruht wohl auf Vorstellungen, die bis in vorchristliche Zeit zurückreichen und ähnlich wie die Buttnmandl dürften die Klausen – auch Rumpelklausen genannt – ursprünglich Vegetationsgeister dargestellt haben.

Der Wasservogel oder Wasservogelsingen genannte, insbesondere in Niederbayern, mancherorts auch in Oberbayern und Schwaben, geübte Pfingstbrauch war bis vor einigen Jahrzehnten vergessen. Derzeit erfreut er sich zunehmender Beliebtheit, beispielsweise im Landkreis Freyung-Grafenau[12], wobei seine Durchführung stark variiert. Eine als Wasservogel bezeichnete Gruppe, mancherorts auch der am ganzen Körper von Birkenlaub oder Stroh umhüllte »Pfingstl« wird beim Heischegang mit Wasser übergossen. In früherer Zeit hat man den jungen Mann, der Wasservogel oder Pfingstl darstellte, in ein Gewässer geworfen. Neben der Funktion, genügend Niederschläge für eine gute Ernte zu erzwingen, könnte auch die Besänftigung der Wassergeister durch symbolhaftes Anbieten eines Menschenopfers Aufgabe und Sinn des Brauchs gewesen sein.[13]

Weitere Beispiele: Perchtenlauf (S. 185), Habergeiß (S. 181).

Gartenzwerge: Sie haben die Diffamierungswelle in den 1960er-Jahren überlebt und grüßen, gestärkt in ihrem Selbstbewusstsein, aus vielen Gärten. (S. 148).

Wappen: Auf manchen Wappen erscheinen Naturgeister. Wappen sind in Europa im Hochmittelalter als Erkennungszeichen des gepanzerten und durch das Helmvisier verborgenen Ritters entstanden und wurden bald zu Zeichen adeliger Personen oder Familien. Später legten sich auch Bürger und Körperschaften Wappen oder Wappensiegel zu oder erhielten sie verliehen. Öffentliche Wappen – in Deutschland Bezirks- und Landkreiswappen sowie Wappen von Kommunen – leiten sich häufig von Familienwappen ab.

Waren ursprünglich rein praktische Erwägungen für die Auswahl der Wappenbilder bestimmend, wurden ab dem Ende des Mittelalters bewusst symbolische Inhalte eingesetzt. So gibt es auch einige Naturgeister in Wappen (Beispiele: Wassermann S. 67, Wasserfrau S. 75, Fischsirene S. 75, Wilder Mann S. 168.

Wörter: Manche Adjektive erinnern durch Vergleich an Naturgeister: elfenhaft, koboldhaft, zwergenhaft, riesengroß, putzig.

Im Altbairischen ist Butzerl die liebevolle Bezeichnung für ein kleines Kind. Im Namen Butzen für einen Berg im Landkreis Deggendorf verbirgt sich vielleicht ebenfalls ein Butz, ein koboldartiges, kleinwüchsiges, allerdings meist unangenehmes Wesen.

Panik und panisch sind vom antiken griechischen Hirtendämon oder -gott Pan abgeleitet. Dieser hatte die Angewohnheit durch sein Erscheinen und sein Geschrei panischen Schrecken zu verbreiten.

Schra(t)ze, Schretzlein etc. sind in Bayern Zwerge. Der Schratzlgang bezeichnet einen Erdstall (S. 138), ein vor allem im südlichen Mitteleuropa verbreitetes, unterirdisches niedriges Gangsystem, dessen Bedeutung und Funktion noch immer rätselhaft erscheinen.

Die Sirene als Gerät zur Erzeugung von Signaltönen ist von der verlockenden und gefährlichen weiblichen mythischen Gestalt abgeleitet.

Der Holzfuchs war wohl ursprünglich ein Waldgeist, der später zu einer Kinderschreckgestalt abgesunken ist. Ein »zahnerter Holzfuchs« bezeichnet im Bairischen einen verschlagenen Menschen.

Wildfang und (bairisch) Fankerl als Bezeichnungen für ausgelassene Menschen (v. a. Kinder) dürfte von den wilden Waldgeistern, den Fanggen, Fanken oder Fänggen abgeleitet sein. Sparifankerl ist ein Name für den Teufel.

Personennamen: In den Vornamen Alfred und Elfriede verstecken sich Elfen. Hulda ist abgeleitet vom althochdeutschen Holda (guter weiblicher Geist). Berta, Berchtold, Bertold usw. mag mit der Percht und deren Namen zusammenhängen.

Es gibt eine ganze Reihe von Familiennamen, die auf Naturgeister weisen können. Entstanden sind sie aus Übernamen für eine Person. Einige Beispiele, wie man sie – auch in allerlei Zusammensetzungen – im Telefonbuch für Deutschland findet:

Berchtold, Perchtl;
Bilmes, Bilweiß, Pilwis;
Elfe, Elflein, Elfmann, Elfner;
Fank, Fenk;
Fee;
Hemann, Hehmann, Hoimann, Huimann;
Heinzelmann, Hinzelmann;
Holle;
Kobold;
Nix, Neck;
Poppel, Pöppel, Pöpl, Bobbel, Bobbele;
Putz, Butz;
Riese;
Schratt, Schratz, Schretz;
Wicht, Wichtel, Wichtl;
Wildmann;
Zwerg, Zwerger, Zwergl.

Allerdings gibt es für viele dieser Namen noch andere, keinen Zusammenhang mit Naturgeistern herstellende Deutungen.

Zeitgenössische Volkssagen: Auch in der Gegenwart entstehen Sagen und werden weiterverbreitet. Wie in vielen traditionellen Sagen geht es auch in zeitgenössischen Sagen (»urban legends«) oft um den Einbruch des Jenseitigen,

Unheimlichen in eine Alltagswelt. Auch wenn die Volkssage Grundbedürfnissen des Menschen entspringt und sich die psychischen Grundgegebenheiten, die hinter jeder Sagenbildung stehen, bis zur Gegenwart nur wenig gewandelt haben[14], äußern sich diese heute durch Inhalte und Bilder aus der veränderten Lebenswelt, zu der die Natur kaum mehr gehört. Unsere heutige Alltagswelt in der Stadt, zunehmend auch in ländlichen Gegenden, sieht anders aus als frühere Alltagswelten, und deshalb haben sich auch die Sageninhalte verändert. So kann es kaum verwundern, dass in zeitgenössischen Sagen Naturgeister nur noch selten vorkommen.

In Struktur und Motiven entsprechen die aktuellen Sagen jedoch weitgehend den traditionellen Sagen. Oft handelt es sich, wie man bei genauerem Hinsehen erkennt, gar nicht um wirklich neue Sagen, sondern um an das moderne Leben angepasste und mit den entsprechenden Attributen versehene traditionelle Sagen. Bei wenigen zeitgenössischen Sagen scheinen noch die alten Naturgeister und ihr Treiben durch. Beispiele aus Rolf Wilhelm Brednichs Sammlung zeitgenössischer Sagen (1994) sind »Verschwunden am Untersberg«, »Lebensbaum« oder »Die Milchschlange«.

Volkslied/Kinderlied: In einigen aus Bayern stammenden oder anderswo entstandenen und auch hier verbreiteten Volksliedern und Kinderliedern tauchen Naturgeister auf, etwa:

»Donaustrudel« mit dem Liedanfang »Als wir jüngst in Regensburg waren«: Vermutlich als Scherzlied um 1750 in Österreich entstanden, Verortung des besungenen Ereignisses in Regensburg erstmals 1843 belegt.[15] Ein großer Nix schleppt das Fräulein Kunigund auf den Grund des Donaustrudels.

Zwei Lied-Versionen über das Motiv der Wassermann-Frau-Ehe sind auch in Bayern bekannt: »Die schöne Lilofee« kehrt aus dem Wasser in die Welt der Menschen zurück, würde gern dort bleiben, verzichtet aber, weil sie ihre Kinder im tiefen See nicht verlassen will. »Die schöne Dorothee« allerdings weigert sich, mit dem Wassermann in den See zurückzukehren, trotz der sieben Kinder, die dort auf sie warten, worauf sie der Wassermann tötet. Die Lieder, die beide mit »Es freit ein wilder Wassermann« beginnen, lassen ihren Ursprung weder zeitlich noch regional genau festlegen.

»Das Bucklige Männlein« ist in der Abteilung »Kinderlieder« der 1805–1808 erschienenen und von Achim von Arnim und Clemens Brentano herausgegebenen Liedersammlung »Des Knaben Wunderhorn« enthalten.[16] Ein koboldartiger Geist, der von manchen Autoren auch als unerwünschter Freier interpretiert wird, ist äußerst lästig und bittet um Erlösung durch Gebet. »›S bunkad Manderl« erschien in der Volksliedsammlung von Franz Ziska und

J. M. Schottky (Niederösterreich, 1819); es beschäftigt sich mit ähnlicher Thematik und wurde durch Wastl Fanderl (1915–1991) als Kinderlied in Oberbayern verbreitet.[17]

»D' Untersberger Mandl«, aufgeschrieben von Wastl Fanderl, thematisiert die Untersberg-Zwerge als Bierbeschaffer für Kaiser Karl.

»Es tanzt ein Bi-ba-Butzemann« ist ein noch immer beliebter Kinderlied-Klassiker um einen kobold- oder zwergenartigen Geist. Das Lied basiert auf einem Text in der Abteilung »Kinderlieder« in »Des Knaben Wunderhorn«[18].

WIRKEND IN BILDERN

Naturgeister können auch in Bildern – in der Außenwelt präsentierten und im Inneren des Menschen nachwirkenden oder neu entstehenden – wirken.

Kinderbücher: In Kinderbüchern (-filmen, -tonaufnahmen) haben manche Naturgeister oder naturgeistartige Gestalten Zufluchtsorte gefunden, wo ihnen noch Achtung, Vertrauen und Zuneigung geschenkt werden.

Beispiele für Kinderbuch-Klassiker, die sich mit Naturgeistern befassen und auch in Bayern beliebt sind: »Etwas von den Wurzelkindern« von Sibylle von Olfers (1881–1916), »Das alte Haus« von Wilhelm Matthießen (1891–1965), »Der kleine Wassermann« von Otfried Preußler (1923–2013), »Die Wawuschels mit den grünen Haaren« von Irina Korschunow (1925–2013) oder »Der kleine Hobbit« von J. R. R. Tolkien (1892–1973). Das von Gerdt von Bassewitz (1878–1923) als Märchenspiel mit Musik 1912 herausgebrachte »Peterchens Mondfahrt« erschien 1915 als Buch mit Illustrationen von Hans Baluschek (1870–1935). Neben Gestalten wie dem Abend- und dem Morgenstern agieren darin auch Naturgeister wie die Nachtfee, Frau Holle, der Sturmriese oder der Wassermann. In »Puzi und Muzi, die zwei lustigen Teddybären« (1948), verfasst von Hermann Kissener und illustriert von Alfred Fiedler, spielen zwei Zwerge eine wichtige Rolle. Ida Bohatta (1900–1992) illustrierte und verfasste Bücher mit Zwergen, Elfen und Blumenkindern. Fleißbildchen mit diesen Gestalten erhielten bis in die 1970er-Jahre brave und fleißige Schulkinder. Noch immer beliebt ist »Pumuckl«, der kleine rothaarige Kobold, erschaffen 1961 von Ellis Kaut (1920–2015) für eine Hörspielreihe beim Bayerischen Rundfunk, der seither in Büchern, Tonaufnahmen und Filmen seine Streiche verübt.

Die Kinder schätzen auch neuere Gestalten wie die Erdmännchen in »Kleiner König Kalle Wirsch« (Tilde Michels), »Petronella Apfelmus« (Sabine Städing), die Tulle-Zwerge in »Die Abenteuer der Tulle-Zwerge« (Paul Biegel),

»Die Moorgeister« (Angela Sommer-Boden) und die »Schlümpfe«, die sich auch als Spiel- und Sammelfiguren in Kinderzimmern aufhalten.

Kunst: Naturgeister haben Künstler zu allen Zeiten inspiriert. Wurden in Mittelalter, Renaissance und Barockzeit in der bildenden Kunst insbesondere die Naturgeister der Antike wie Nymphen oder Silene dargestellt, kamen mit der Romantik im deutschsprachigen Raum auch die Gestalten des Volksglaubens zu Ehren. »Heimische« Naturgeister blicken uns von so manchen Werken an, die in Bayern arbeitende Künstler geschaffen haben oder die man in bayerischen Museen betrachten kann, beispielsweise auch in der Sammlung Schack und der Neuen Pinakothek in München. Von der mittelhochdeutschen Zeit bis in die Gegenwart erscheinen Naturgeister in sämtlichen Literaturgattungen. Sie tummeln sich in Opern und in Gedicht-Vertonungen. In der Gegenwart werden Naturgeister eher selten durch Künstler thematisiert.

Tiefenpsychologische Deutungen von Märchen und Träumen beziehen sich auf Begründer psychotherapeutischer Schulen wie Sigmund Freud (1856–1939) oder Alfred Adler (1870–1937) sowie deren Schüler und Nachfolger. Besonders produktiv war und ist dabei die jungianische Schule, die auf Arbeiten Carl Gustav Jungs (1875–1961) und seiner Schüler basiert. In diesen Deutungen werden der mythische und der tiefenpsychologische Aspekt vereinigt: Die Gestalten und Motive des Märchens repräsentieren vorgeschichtlichen Mythos und sind zugleich Teilaspekte der Seele, Repräsentanten kollektiver und individueller Seelenzustände. Auch in Märchen und Träumen erscheinende Naturgeister sind Gegenstand von Deutungen.

Sagen mit ihren vielschichtigen Themen und Motiven bleiben häufig unbeachtet, obgleich sie wohl nicht weniger über die Verfasstheit des Menschen und sein Unbewusstes berichten als Märchen. Möglicherweise lassen sich die Forscher durch die Einfachheit von Form und Sprache täuschen, und vermutlich erweist sich die Sage aufgrund ihrer pessimistischen Weltsicht als therapeutisch weniger ergiebig als das in der Regel optimistisch gestimmte Märchen. Während die Sagen eine schier unübersehbare Menge verschiedener Gestalten und Erscheinungen bieten, ist das Naturgeister-Personal unserer Märchen ziemlich begrenzt. Sie kommen dort als Zwerge (Wichtel, Erdmännlein, Haulemännlein), Riesen, Weise Frau (Fee), Nixe, Schwanenfrau vor. Die tiefenpsychologisch geschulten Märchendeuter ordnen ihnen je nach Schule und persönlicher Einstellung oft sehr unterschiedliche Bedeutungen zu. Beispielsweise symbolisiert für Eugen Drewermann (1991) der unfreundliche Zwerg in »Schneeweißchen und Rosenrot« (KHM 161) das den Weg zum Erwachsenwerden hindernde und zu überwindende Kindergewissen, für Carl-Heinz Mallet (1982) dagegen die rohe Seite des Mannes und seiner Sexualität.

Schon lange Zeit vor der tiefenpsychologischen Beschäftigung mit Träumen und Traumbildern haben sich die Menschen über diese Phänomene Gedanken gemacht. Traumbücher haben eine lange Tradition. Die tiefenpsychologisch arbeitenden Traumdeuter sehen diese Bücher kritisch und argumentieren, dass es keine allgemeingültige Bedeutung und Deutung von Träumen und den darin vorkommenden Symbolen geben könne, da diese abhängig seien vom Träumer, seiner Situation und Umgebung. Ungeachtet dieser wohl berechtigten Kritik können solche Bücher zumindest Anregungen für eine individuelle Deutung bieten. Auch in neueren Traumbüchern finden sich noch einige Naturgeister wie Elfe, Fee, Nixe, Riese, Zwerg.

Das Äußere stellt das Innere dar, wenn Naturgeister als Teilaspekte der Seele oder Repräsentanten eigener Seelenzustände aufgefasst werden. Damit ist aber nur eine von mehreren Ebenen der Naturgeister-Symbolik beleuchtet, in der auch die Natur und die soziale Welt gespiegelt werden.

Esoterik: Ihre Anhänger weisen Naturgeistern – häufig als Elementarwesen oder Naturwesen benannt – große Bedeutung zu. Ursprünglich bezeichnet der Begriff Esoterik eine philosophische Lehre, die nur einem ausgewählten Personenkreis zugänglich ist. Im heutigen wissenschaftlichen Sprachgebrauch gibt es keine allgemeingültige Definition. Anhänger der Esoterik fühlen sich als Eingeweihte durch geheimes Wissen. Durch Riten und Gebräuche sind sie miteinander verbunden und erstreben auf spirituellem Weg, mit Hilfe von Kräften außerhalb der naturwissenschaftlichen Weltsicht, Erkenntnis und Erleuchtung über sich und den Kosmos.

In der Esoterik geht man von der realen Existenz von Naturgeistern aus. Die Kenntnis ihrer äußeren Gestalt und ihres Tuns beruht auf den Aussagen von Personen, die nach ihrer eigenen Einschätzung und der ihrer Anhänger Naturgeister sehen und mit ihnen sprechen können,[19] sowie auf den Schriften des Paracelsus und den Äußerungen Rudolf Steiners. Es gibt Übungen und Anleitungen für eine Kontaktaufnahme mit Naturgeistern.[20] Besondere Beachtung finden auch hierzulande Elfen und Feen, obwohl sie im Volksglauben Mitteleuropas kaum eine Rolle spielen und ihre Traditionen vor allem im irisch-angelsächsischen Kulturkreis haben.

Ähnlich wie unter anderen Jean Jacques Rousseau (1712–1778) Vertreter der fern der westlichen Zivilisation lebenden Gesellschaften als »edle Wilde« hervorhob, erscheinen in der Esoterik die Naturgeister als edle Naturwesen, die der verdorbenen Zivilisation gegenüberstehen und denen man zuschreibt, was im modernen Leben vermisst wird wie Naturverbundenheit, Ehrlichkeit, Freisein von Habsucht, liebevolles und hilfsbereites Wesen.

Während in kulturgeschichtlicher Forschung und Sagenforschung das Phänomen der Naturgeister bislang nur wenig beachtet wurde, erscheint es in der Esoterik als wesentlicher Bereich der Lehre.

Anthroposophie: Diese spirituelle und esoterische Weltanschauung wurde von Rudolf Steiner (1861–1925) begründet. Sie umfasst Erkenntnismethoden, Erkenntnisinhalte und Lebensformen. Der als einseitig materialistisch und technokratisch gesehenen abendländischen Kultur und Zivilisation wird ein erweiterter Wirklichkeits- und Wissenschaftsbegriff entgegengesetzt, der sich auf vorneuzeitliches Wissen beruft und die Wirklichkeit des Seelisch-Geistigen betont.

Naturgeister haben in der anthroposophischen Welt einen festen Platz. Rudolf Steiner legte in drei Vorträgen im November 1923 seine Vorstellungen über Naturgeister dar.[21] Er übernimmt von Paracelsus die Einteilung in Gnomen (Erdgeister), Undinen (Wassergeister), Sylphen (Luftgeister), Salamander (Feuergeister). Diese Wesen sieht Steiner mit allerlei Aufgaben betraut. So vermitteln die Gnomen zwischen Pflanzenwurzel und Erdreich, die Undinen kümmern sich um die Blattentwicklung, die Sylphen tragen das Licht in die Pflanze und die Salamander schaffen die Erdenwärme in sie hinein. Auch zu den Tieren und zu den Engeln haben die Geister ihnen jeweils entsprechende Beziehungen. Sie ermahnen die Menschen, sich weiter zu entwickeln und ermutigen sie auf ihrem Weg. Allerdings gibt es auch bösartige Naturgeister. Hier scheint die für Naturgeister typische Ambivalenz keine Beachtung zu finden.

Auch in der Anthroposophie sind Menschen davon überzeugt, aufgrund einer besonderen Begabung oder Einweihung Naturgeister wahrnehmen und Kontakt mit ihnen aufnehmen zu können. Daraus ergibt sich das Bestreben, dieses Wissen weiterzuvermitteln.[22] Die Anthroposophie betrachtet die Naturgeister als reale Wesen, erkennt ihnen aber darüber hinaus zudem symbolische Bedeutung zu.

NATURGEISTER MIT ZUKUNFT?

Um die Mitte des 20. Jahrhunderts hat Carl Gustav Jung (1875–1961) die Naturferne als Verlust beschrieben:

> *Der Mensch fühlt sich im Kosmos isoliert, weil er nicht mehr mit der Natur verbunden ist und seine emotionale »unbewußte Identität« mit natürlichen Erscheinungen verloren hat. Diese haben allmählich ihren symbolischen Gehalt eingebüßt.* [...] *In keinem Fluß wohnt mehr ein Geist, kein Baum ist das Lebensprinzip eines Mannes, keine Schlange die Verkörperung der Weisheit, keine Gebirgshöhle die Wohnung eines großen Dämons.*[23]

Die Naturgeister ziehen sich zurück – eine Entwicklung, die schon vor längerer Zeit begonnen hat. Je mehr die Natur aus dem Alltag verschwindet, ihre Lebewesen zurückgedrängt oder vernichtet, Lebensräume immer enger oder zerstört werden, je stärker die Natur und ihre Lebewesen im Bewusstsein der Menschen verblassen, desto weniger Platz bleibt auch für Naturgeister. Die früher als selbstverständlich betrachtete und weiterhin vorhandene Abhängigkeit von der Natur nimmt der Mensch der Gegenwart allenfalls noch bei Naturkatastrophen wahr. Natur ist zur Freizeitkulisse geworden und wird entsprechend behandelt.

Dennoch: Phänomene wie die spontane emotionale Verbindung von Kindern zu Naturgeistern, das Interesse für die Thematik bei Vorträgen, Seminaren, Führungen oder in spirituellen Gruppen, die wachsende Freude an älterem oder neuem Naturgeister-Brauchtum, die Beschäftigung mancher Künstler mit dem Thema deuten auf eine immer noch oder wieder bestehende Sehnsucht nach der Natur und auch auf die Bereitschaft, ihrer Symbolisierung und Verdichtung in Naturgeistern neu zu begegnen.

Einige Thesen zur aktuellen Bedeutung der Naturgeister für Individuum und Gesellschaft:

Die Naturgeister

- hatten in der Welt unserer Vorfahren einen festen Platz auch im Alltagsleben, wie uns die vielen Naturgeister-Sagen zeigen. Naturgeister sind Teil der Kulturgeschichte Bayerns, ganz Mitteleuropas und Europas.
- haben durch die Zeiten und verstärkt im 19. Jahrhundert Künstler in Bayern und in anderen (mittel-) europäischen Regionen inspiriert und sie zur Auseinandersetzung mit der Thematik angeregt. Wissen über Naturgeister ist hilfreich für das Verständnis mancher Werke.
- richten den Blick auf die Natur und ihre Lebewesen und fördern das Interesse daran.
- zeigen, dass Achtung vor der belebten Natur segensreich, ihre Nichtbeachtung, Geringachtung oder Vernichtung negative Folgen haben kann.
- sind ambivalent, wenden sich damit gegen zu stark vereinfachendes Schwarz-Weiß-Denken und warnen davor.
- haben Mittlerfunktionen – zwischen Mensch und Göttlichem, zwischen Mensch und Natur, zwischen Natur und Kultur – und machen das Fremde und ganz Andere ein wenig vertrauter. Sie zeigen, dass es außer unserer Welt, der Welt der Menschen, andere Welten gibt und fordern Achtung vor diesen.
- haben psychische Funktionen. Sie können Gefühle, auch unbewusste Gefühle, abbilden, konkretisieren und aus dem Inneren ins Äußere verlagern. Sie bieten eine Projektionsfläche für diese Inhalte, was den Umgang damit erleichtern kann.
- verdeutlichen, dass der Mensch Teil der Natur und untrennbar mit ihr verbunden ist.

---

1 Petzoldt 2011: 59.
2 Vgl. Regionalkalender der römisch-katholischen Kirche für den deutschen Sprachraum (Deutsches Liturgisches Institut, Trier).
3 Ebermann 1927: 27f., Nr. 12.
4 Petzoldt 1999: 168; Klingner 1912.
5 Klingner 1912: 53ff.
6 Vgl. z.B. Kainz 1996: 60.
7 Waltinger 1932: 62ff.
8 Kriss 1998: 18.
9 Kriss 1998: 41.
10 Gschlößl 2017: 18.
11 Gschlößl 2017: 19.
12 »Ordentlich nass gemacht«. In: Passauer Neue Presse (05.06.2017).

[13] Rattelmüller 1985: 206f.
[14] Petzoldt 1999: 58f.
[15] Universität Freiburg: Historisch-kritisches Liederlexikon (www.liederlexikon.de/lieder/als_wir_juengst_in_regensburg_waren). (29.06.2017)
[16] Des Knaben Wunderhorn 2007: 136f.
[17] In: Volksmusikarchiv des Bezirks Oberbayern (Hrsg.): Wenn der Vater mit der Mutter auf die Kirchweih geht. 4. Aufl. 2008.
[18] Des Knaben Wunderhorn 2007: 1157.
[19] Vgl. z. B. Pogačnik2009.
[20] Vgl. z. B. Cerny 2004.
[21] Steiner 2009.
[22] Vgl. z. B. Weirauch u. a. 2004.
[23] Jung 2013: 106.

DIE NATURGEISTER IN IHREN BAYERISCHEN LEBENSRÄUMEN

Die wilden Leute, Fenken, Wassermänner, Bergzwerge, Grubengeister, Hauskobolde, Korndämonen, Nebelriesen sind aufs engste mit der Landschaft verbunden, in der sie leben; sie scheinen aus ihr hervorzutreten und tragen ihre Zeichen an sich.[1]

Der Literaturwissenschaftler und Märchenforscher Max Lüthi (1909–1991) weist auf die enge Bindung der Naturgeister an Naturräume und Landschaft hin. In Bayern wie in ganz Mitteleuropa gibt es kaum Naturlandschaften. Fast sämtliche Landschaften sind vom Menschen mehr oder weniger stark beeinflusst, sind Kulturlandschaften, und deshalb tragen die Naturgeister als vom Geist des Menschen geschaffene Wesen auch und insbesondere die Zeichen des wohnenden und wirtschaftenden Menschen.

In sieben Kapiteln werden Lebensräume[2] – Gewässer, Wald, Moor, unterirdische Lebensräume, Gebirge, Agrarlandschaft, Siedlungslandschaft – und darin wohnende und wirkende Naturgeister vorgestellt. Neben innerhalb der heutigen Grenzen Bayerns beheimateten Naturgeistern erscheinen – ergänzend, um Verbindungen herzustellen sowie auf Ähnlichkeiten oder Unterschiede hinzuweisen – auch manche in anderen (mittel-) europäischen Regionen wirkende Vertreter.

Naturgeister als wilde, eigenwillige Wesen fügen sich ungern menschlichen Ordnungsbemühungen. So lassen sie sich nicht strikt auf ihren gewählten Lebensraum beschränken, sondern wechseln nach Belieben auch in andere Lebensräume. Sind Geister waldreicher Bergregionen Waldgeister oder eher Berggeister? Auch bei den Gestalten selbst gibt es unscharfe Trennungen, Vermischungen und fließende Übergänge, beispielsweise zwischen den Zwergen, Kobolden, Hauswichteln oder den Wildfrauen, Saligen, Fanggen, Holzweiblein. Hinzu kommt, dass sich die Bezeichnungen mancher Gestalten lokal und regional unterscheiden, wie beispielsweise Dagmar Linhart für die Hausgeister in Franken gezeigt hat.[3] So gilt Heinrich Heines Erkenntnis: »Den Volksglauben selbst in ein System bringen, wie Manche beabsichtigen, ist aber eben so unthunlich, als wollte man die vorüberziehenden Wolken in Rahmen fassen. Höchstens kann man unter bestimmten Rubriken das Ähnliche zusammentragen.«[4] Dies soll für die Naturgeister und ihre Lebensräume versucht werden.

---

1 Lüthi 1975: 34.

2 Informationen zu den Lebensräumen u. a.: Bayerisches Staatsministerium für Landesentwicklung und Umweltfragen (Hrsg.): Sehen und schätzen lernen. Naturnahe Biotope in Bayern. 2. Aufl. München 1995.

3 Linhart 1986: 410–422.

4 Heine 2011: 9.

WASSERGEISTER

Also ist jedes Ding in sein Element hineingeschaffen, darin zu wandeln. Die Undinen z. B., daß sie im Wasser wohnen. Das Wasser ist ihnen gleichermaßen gegeben wie uns die Luft; und wie wir uns verwundern, daß sie im Wasser leben sollen, so verwundern sie sich über uns, daß wir in der Luft leben.

Theophrastus Bombastus von Hohenheim, genannt Paracelsus (1493–1541), Okkulte Schriften[1]

GEWÄSSER[2]

Die Gewässer in Bayern sind fließende oder stehende (stille) Binnengewässer.

Fließgewässer

Sie nehmen ihren Ursprung von einer Quelle und haben eine mehr oder weniger starke Strömung. Vom Ursprung bis zur Mündung können Regionen unterschieden werden: Bachregion, Fluss-Mittellauf, Fluss-Unterlauf, oder nach den typischen Fischen: Forellen-, Äschen-, Barben-, Brachsen-Region.

An *Quellen* tritt Grundwasser aus dem Boden und fließt oberirdisch ab. Nach der Art des Wasseraustritts werden verschiedene Quellen – Sturzquelle, Tümpelquelle, Sickerquelle – unterschieden. Quellwasser hat charakteristische Eigenschaften wie: im Jahresverlauf gleichbleibende niedrige Wassertemperatur, geringe Wasserströmung, niedriger Sauerstoffgehalt, Nährstoffarmut. Als nährstoffarme Standorte haben Quellen große Bedeutung für bestimmte Arten. Als *Bach* bezeichnet man häufig Fließgewässer mit einer unter fünf Metern liegenden Breite. *Ströme* sind *Flüsse*, die ins Meer münden. Die Strömung von Fließgewässern nimmt während des Laufs vom Bach zum Fluss und zum Strom ab. Von der Strömung hängen die Gewässerfaktoren Sauerstoffgehalt, Temperatur, Beschaffenheit des Untergrunds ab.

In Bayern liegen Quellengebiete größerer Flüsse: Main, Moldau, Saale, Eger, Altmühl, Naab, Ammer-Amper, Iller, Wertach. Bayern durchfließen Flüsse mit außerbayerischem Ursprung: Donau, Inn, Isar, Lech, Salzach, Regen.

Stillgewässer

Stillgewässer (stehende Gewässer) haben im Allgemeinen keine Strömung, manche werden aber von einem Fließgewässer durchströmt.

Seen sind so tief, dass die Sonnenstrahlen den Gewässergrund nicht erreichen. Man unterscheidet die Lebensräume der Bodenzone (Benthal), der Zone des freien Wassers (Pelagial) und der Grenzzone zwischen Wasser und Luft (Pleustal). Die Bodenzone umfasst die mit Pflanzen bewachsene Uferzone (Litoral) und den Tiefenbereich (Profundal). Die Uferzone wird von vielen Pflanzen besiedelt, die vielen Tieren Wohn- und Nahrungsmöglichkeiten bieten. Im (tieferen) Tiefenbereich können aufgrund des fehlenden Sonnenlichts keine Pflanzen mehr existieren. Dort lebende Tiere ernähren sich von abgestorbenen, nach unten gesunkenen Lebewesen des freien Wassers oder der

Uferzone. Im freien Wasser des Sees leben Organismen wie Algen, Wasserflöhe, Hüpferlinge, Rädertiere, Wassermilben, Fische.

Nährstoffarme (oligotrophe) Seen produzieren wenig organische Substanz und sind artenreich. Nährstoffreiche (eutrophe) Seen produzieren viel organische Substanz, sind aber artenarm. In ihrer Tiefe kann der Sauerstoff völlig fehlen, sodass Tiere und Pflanzen ohne Sauerstoff abgebaut werden.

Speicherseen und Flussstaue sind künstliche Seen. Die natürlichen Seen Bayerns, beim Rückzug der eiszeitlichen Gletscher entstanden, verlanden fortschreitend. Die Mehrzahl der größeren Seen (über 1 km^2) liegen im oberbayerischen und schwäbischen Voralpenland. Durch Verlandung von Seen können Moore entstehen.

Tümpel sind nur temporär bestehende Gewässer, etwa Pfützen, Schmelzwassertümpel oder Tümpel, die nach Überschwemmungen zurückbleiben.

Weiher und *Teiche* sind Dauergewässer mit meist weniger als zwei Metern Tiefe. Weiher sind natürlich entstandene Gewässer, Teiche für bestimmte Zwecke angelegt (z. B. Fischteich, Löschteich, Gartenteich) und haben einen regulierbaren Zu- und Abfluss. Anders als bei Seen können in Weihern und Teichen aufgrund der geringen Tiefe die Sonnenstrahlen bis auf den Gewässerboden dringen. Dieser ist daher von Pflanzen besiedelt, die Lebensgrundlagen für viele Tiere bieten.

Gewässer und Mensch

Für den Menschen bergen die Gewässer Nutzen und Gefahren. Gewässer spenden das lebensnotwendige Wasser sowie Nahrung, wirken ausgleichend auf das Klima und können Schutz vor Feinden bieten. Seit alten Zeiten haben sich Menschen an Flüssen und Seen angesiedelt. Reste von Pfahlbauten aus der Jungsteinzeit und der Urnenfelderzeit haben sich in den Seen des Voralpen- und Alpenraums erhalten. Sie geben durch Funde, beispielsweise von Nahrungsresten, wertvolle Hinweise auf das Leben der Menschen in damaliger Zeit. Gewässer dienen dem Warentransport und der Fortbewegung des Menschen. Flüssen werden mit Furten, Fähren oder Brücken überschritten. Seit jeher haben Kinder an Gewässern gespielt, während das Baden und Schwimmen in weiten Bevölkerungskreisen erst in jüngerer Zeit als Freizeit- und Urlaubsbeschäftigung üblich geworden ist.

Seit Menschen siedeln, führen sie Eingriffe an Gewässern, den Wasserbau, durch, um Trinkwasser zu gewinnen, die Schifffahrt zu fördern, Hochwasserschutz zu betreiben oder die Wasserkraft zu nutzen. Im Zuge von Industrialisierung und Bevölkerungswachstum sind seit etwa 200 Jahren die anthropogenen Einflüsse auf die Gewässer gewachsen. Seit der Mitte des 20. Jahrhunderts hat sich diese Entwicklung deutlich verstärkt und beschleunigt. Einige Belastungen allerdings konnten reduziert oder ausgeschaltet werden, beispielsweise durch Kläranlagen.

Die Nutzung der Wasserkraft in Bayern begann an kleineren Fließgewässern bereits im Mittelalter. Seit dem 19. Jahrhundert, und besonders seit den 1920er-Jahren des 20. Jahrhunderts, wurden viele Fließgewässer gravierend verändert. Begradigungen des Flussbetts, Kanalisierung, Verrohrung, Grundwasserabsenkungen, Uferverbauungen, Einbau von Sohlschwellen, Wehren und Schleusen, Hochwasserfreilegung sind nur einige der Eingriffe, denen die Fließgewässer ausgesetzt waren und sind. Auch die angrenzenden Flächen wie Auwälder und Feuchtwiesen werden umgewandelt, häufig auch bebaut.

Die Fließgewässer sind insbesondere belastet durch Abwässer, Abwärme-Einleitungen, eingeschwemmte Düngestoffe und Pestizide aus den angrenzenden landwirtschaftlichen Flächen, durch Bodenerosion auf diesen Flächen und dadurch hervorgerufene Verschlammung. Quellen sind unter anderem gefährdet durch Grundwasserabsenkung, Grundwasserverunreinigung, Ablagern von Müll, Beweidung von Quellsümpfen.

Die Belastungen behindern die Funktionen der Fließgewässer, u. a. Bewässerung der Landschaft, Verteilung von Mineral- und Nährstoffen, Bereitstellung von Lebensraum für Tiere und Pflanzen.

Die Stillgewässer sind natürliche Wasserspeicher und Lebensraum vieler Tiere und Pflanzen. Sie werden beeinträchtigt durch Nährstoffeinträge, den Ansturm Erholungssuchender, Uferverbauungen, Veränderung des Wasserspiegels, Kanalisierung der Zuflüsse; Kleingewässer sind zudem durch Auffüllung bedroht.

Gewässer bergen Gefahren für die Menschen – nicht nur bei Hochwasser und Überschwemmungen. Sie gelten aber auch als heilbringend und heilig. Quellenheiligtümer gibt es seit Jahrtausenden. Zwar sind viele der einst verehrten Quellen und Brunnen verschwunden (Grundwasserabsenkungen, Zuschüttung, Überbauung), aber noch immer existieren in Bayern viele Wallfahrtsorte mit lebendigem Quellenkult, beispielsweise Albanibrünnl (Taubenbach), Amorsbrunn (Amorbach), Annabrunn (Obertaufkirchen), Frauenbründl (Glonn), Heilbrünnl (Roding), Heiligenbrunn (Fürstenzell), Maria Bründl (Saldenburg), Maria Brünnlein (Wemding), Mechthildisbrünnlein (Dießen a. Ammersee), Moritzbrünnlein (Leutenbach), Ottilienquelle (Hemmersheim).

GESTALTEN

Die Wassergeister mit ihrer ausgeprägten Ambivalenz verkörpern das Segensreiche und das Bedrohliche der Gewässer für den Menschen. Man opferte den Wassergeistern an bestimmten Tagen, besonders an Johanni (24. Juni), um sie günstig zu stimmen und Unheil wie Überschwemmungen oder Tod durch Ertrinken zu verhindern. In Walchensee, Ammersee und See am Dreisesselberg soll man zu ihrer Beschwichtigung Goldringe geworfen haben.[3] In der Zeit von Johanni bis Peter-und-Pauli-Tag (29. Juni), so hieß es einst in Würzburg, dürfe man nicht im Main baden, da sich der Flussgott in dieser Zeit alljährlich ein Opfer hole.[4] Das mancherorts in Bayern geübte Brauchtum des Wasservogels (S. 48) symbolisiert möglicherweise ein Opfer für die Wassergeister.

Manche Wassergeister sind auf einen bestimmten Gewässertyp beschränkt, wie etwa die Brunnennixe im Märchen »Die Wassernixe« der Brüder Grimm (KHM 79). Meist aber können die Wassergeister verschiedene Gewässertypen bewohnen und auch in Land-Lebensräume wechseln.

Wassermann

Der Wassermann, auch Nix, Nöck oder Neck genannt, bewohnt Fließgewässer und Stillgewässer. Sein Aussehen ist variabel, bisweilen wird von grünen Haaren und Zähnen berichtet, häufig von einem grünen Gewand. Wenn etwas Wasser aus der Kleidung tropft, so werden nur aufmerksame Menschen das bemerken und nur Kundige richtig zu deuten wissen. Anders als die lieblichen und betörenden Wasserfrauen erfreut sich der Wassermann meist keines attraktiven Aussehens, selten erscheint er als schöner Jüngling. Auch in Tiergestalt kann der Nix auftreten, etwa als Hund, Hase, Ziegenbock, Kalb oder Pferd.

Bei den männlichen Wassergeistern überwiegt der bösartige und tückische Wesenszug. Auch der slawische Wassermann[5], beispielsweise in Polen Wodnik, in Russland Vodjanoj – ihm opferte man an Johanni lebende Tiere, Fische, Brot, Salz und anderes – ist ein böser und gefährlicher Geist. Er lockt oder zieht gern Menschen, darunter auch Kinder, ins Wasser und hinunter in sein nasses Reich. Dieser Tätigkeit widmen sich auch die Wassermänner bayerischer Regionen, wie der in Eslarn (Lkr. Neustadt a. d. Waldnaab, Oberpfalz) beheimatete:

Tod durch den Wassermann.
Eine Frau ging einmal in später Abendstunde am Pfrentschweiher vorüber. Hier sah sie den Wassermann. Er saß auf einem Steine und stützte den Kopf in die Hand. Er hatte lange Haare und einen großen Hut auf dem Kopfe. Sein Gewand

war von grasgrüner Farbe. Als er die Frau bemerkte, erhob er sich langsam. Er trat hinter einen Erlenbusch, wo er verschwand. Von dort her vernahm die Frau Töne, welche einer Menschenstimme ähnlich waren. »Duck, duck!« glaubte sie zu verstehen. Sie kümmerte sich nicht weiter um den Vorgang, sondern ging ruhig ihres Weges weiter. Zwei Tage darauf hörte sie, daß ein Kind im Weiher ertrunken war. Der Wassermann hatte es zum Spiele angelockt und es dann tückisch in den Grund gezogen.[6]

Besonders auf junge Frauen und Mädchen hat es der Wassermann abgesehen. Wie die Brüder Grimm in ihren Deutschen Sagen erzählen, zeigte sich das beispielsweise einst in Laibach (Ljubljana, Slowenien), wo im gleichnamigen Fluss ein Wassermann wohnte. Im Jahr 1547 fand am ersten Julisonntag auf dem alten Markt bei einer Linde ein Fest mit Tanz statt. Ein schöner und gut gekleideter Jüngling gesellte sich nach einiger Zeit zur Festgesellschaft:

Tanz mit dem Wassermann

[…]

Er grüßte die ganze Versammlung höflich und bot jedem Anwesenden freundlich die Hand, welche aber ganz weich und eiskalt war und bei der Berührung jedem ein seltsames Grauen erregte. Hernach zog er ein wohlaufgeschmücktes und schöngebildetes, aber frisches und freches Mägdlein, von leichtfertigem Wandel, das Ursula Schäferin hieß, zum Tanze auf, die sich in seine Weise auch meisterlich zu fügen und in alle lustige Possen zu schicken wusste. Nachdem sie eine Zeitlang miteinander wild getanzt, schweiften sie von dem Platz, der den Reigen zu umschränken pflegte, immer weiter aus, von jenem Lindenbaum nach dem Sitticher Hofe zu, daran vorbei, bis zu der Laibach, wo er in Gegenwart vieler Schiffleute mit ihr hineinsprang, und beide vor ihren Augen verschwanden. […].[7]

Wassermänner gehen gern sexuelle Beziehungen mit Menschenfrauen ein. Im Volkslied werden Ehen des Wassermanns mit einer Frau sowie von ihm geübter Frauenraub thematisiert (S. 50).

Auch Kinderraub ist beliebt. In einer Böhmerwaldsage aus Bergreichenstein (Kašperské Hory) versucht ein Wassermann trickreich das Kind einer Wöchnerin zu rauben. Als Fremder mit breitkrempigem Hut tritt er zu Mutter und Kind in die Stube und behauptet, die Kühe im Stall seien los. Die Frau lässt sich nicht beeindrucken und schickt den Mann mit barschen Worten weg.[8] Frauen- und Kinderraub werden auch, in christlicher Sicht, als Bemühen des Wassermanns um eine unsterbliche Seele, interpretiert. Echte oder vermeintliche Kränkungen bestraft der Wassermann oft mit unverhältnismäßig erscheinender Härte (S. 33).

Auch außerhalb ehelicher Beziehungen leben manche Wassermänner sehr eng mit Menschen zusammen, einige machen sich sogar als Hausgeister nützlich wie der in der Nähe von Ostende (Belgien) auf einem Bauernhof arbeitende Flerus. Er half allen, konnte sich sogar in ein Pferd verwandeln und in dieser Gestalt für drei Pferde arbeiten. Als ihm dumme Mägde Knoblauch statt Zucker in seine Milch taten, verschwand Flerus für immer.[9]

Wassermann, Wappen der Gemeinde Blindheim (Lkr. Dillingen a. d. Donau).

In Haidmühle (Lkr. Freyung-Grafenau) schätzte ein Wassermann ebenfalls das Zusammenleben mit Menschen, allerdings ohne sich nützlich zu machen. Der am ganzen Körper behaarte Nix hielt sich tagsüber in der Wasserstube (Wasserräderhaus) auf, nachts schlief er in der Küche auf dem Backofen. Obwohl er ein gutmütiger Geselle war, sah man ihn nicht so gern, weil er immer Wasser in die Küche mit sich hereinbrachte. Einmal bat ein Bärentreiber um Nachtquartier in der Mühle, und der Müller wies Mann und Bär auf den Backofen. Nachts geriet der Wassermann an den schlaftrunkenen Bären, der ihm mit der Tatze über Gesicht und Schulter fuhr und ihn verletzte. Der Wassermann blickte in zwei unheimlich funkelnde Augen und zog sich gekränkt in die Wasserstube zurück. Nach einiger Zeit fragte er den Müller, ob die schwarze Katze noch immer in der Küche sei und erhielt die Antwort, dass sie ständig auf dem Backofen liege. Dies verdross den Wassermann und er legte sich draußen im Torf in die Sonne. Dort schlief er ein, und von ihm blieb nur eine tiefe Lacke im Torf.[10]

Das Wappen der Gemeinde Blindheim (Lkr. Dillingen) zeigt einen Wassermann.

Die *Tritonen* sind Gestalten der antiken Mythologie: vom Meergott Triton abgeleitete männliche Naturgeister und wie er mit menschlichem Oberkörper und fischartigem, geschwänztem Unterleib ausgestattet.

Heilige als Nachfolger männlicher Wassergeister

St. Johannes der Täufer (Gedenktag: 24. Juni) nimmt neben anderen Patronaten auch die der Bauern, Hirten und Winzer wahr. Im Volksglauben ist er ein großer Helfer, aber gerade bei ihm erscheint deutlich eine dunkle Seite. Er steht in der Nachfolge des Wassermanns. Sein Gedenktag ist mit der Sommersonnenwende und allerlei magischen Handlungen verbunden, um Glück und Gesundheit zu sichern (z. B. Johannisfeuer, Kräutersammeln), aber vielerorts heißt es auch, dass Johannes an diesem Tag ein Opfer haben will. Deshalb durfte man an Johanni nicht in die Nähe mancher Gewässer kommen oder darin baden. Man besänftigte den Heiligen an seinem Gedenktag etwa mit Tier- oder Brotopfern. So gab in Rottenburg am Neckar das Spital ein Brotopfer, damit der Fluss nicht wild und einen Menschen verschlingen würde.[11]

St. Johannes von Nepomuk (Gedenktag: 16. Mai) wurde 1393 auf Befehl König Wenzels IV. in der Moldau ertränkt. Hintergrund war ein Streit zwischen dem König und Erzbischof Johann von Jenzenstein, dessen Generalvikar Johannes Nepomuk war. Nach der Legende hat sich Johannes von Nepomuk als Beichtvater der Königin geweigert, das Beichtgeheimnis zu brechen. Als Helfer bei Wassergefahr, Patron der Schiffer und Brückenheiliger verkörpert er die helle Seite des Wassermannes. Rudolf Kriss berichtet von Gebeten der Königssee-Schiffer vor der Statue des hl. Nepomuk auf der Insel Christlieger am Vorabend seines Gedenktags.[12]

An vielen Brücken in Bayern, Österreich und Tschechien stehen Nepomuk-Statuen. Nach Nepomuk benannte Brücken gibt es z. B. in Bogen (Lkr. Straubing-Bogen), Dießen am Ammersee (Lkr. Landsberg am Lech), Dormitz (Lkr. Forchheim), Pleinfeld (Lkr. Weißenburg-Gunzenhausen), Weiler-Simmerberg (Lkr. Lindau / Bodensee).

St. Nikolaus (Gedenktag: 6. Dezember) hat eine umfangreiche Patronatsliste, auf der sich auch die Seeleute und Fischer, die Korn- und Samenhändler befinden. Wenn er und seine vermutlich dem vorchristlichen Überlieferungskreis entstammenden Begleiter am Vorabend seines Gedenktages die Kinder besuchen, handelte es sich wohl ursprünglich um Vegetationskult.

Der Heilige kümmert sich auch um die Abwehr von Wassergefahren und gebietet den heidnischen Wassergeistern. Eine niederösterreichische Sage erzählt von einem jungen, unterhalb der Burg Kreuzenstein arbeitenden und den heiligen Nikolaus verehrenden Donaufischer. Als er an einem Frühlingsabend in einem Seitenarm der Donau träumerisch ins Wasser schaute, sah er auf dessen Grund ein Schloss. Eine liebliche Nixe tauchte aus den Fluten und bat den jungen Mann, ihr auf seiner Flöte vorzuspielen. Der Fischer flötete, die Nixe tanzte über die Flut. Schließlich setzte sie sich auf den Rand des Nachens und gab dem Fischer einen Edelstein. Der Mann steckte den Stein in seine Rocktasche und fing wieder an zu spielen. Plötzlich umarmte die Nixe den Fischer und versuchte, ihn unter Wasser zu ziehen. Verzweifelt rief der aus dem Zauber Erwachte: »Heiliger Nikolaus, hilf!« Da läutete es vom Turm der Burgkapelle her, und mit wehmütigem Blick verschwand die Nixe im Wasser. Der Fischer ruderte ans Ufer und eilte den Burgberg hinauf, um dem Läuter der Glocke zu danken. Aber oben war das Kapellentor verschlossen und niemand zu sehen oder zu hören. Der junge Mann, nun überzeugt, dass St. Nikolaus selbst das Glöcklein geläutet hatte, um seinen Schützling vor dem ewigen Verderben zu bewahren, verehrte fortan den Heiligen noch mehr und war ihm zeitlebens dankbar. Die Donaunixe aber sah er nie wieder.[13]

St. Nikolaus geweihte Kirchen stehen an Flüssen in ganz Europa, in Bayern beispielsweise: Altfraunhofen (Vils), Bad Reichenhall (Saalach), Baiersdorf (Regnitz), Kempten (Iller), Landshut (Isar), Marktschellenberg (Berchtesgadener Ache), Mühldorf am Inn (Inn), Oberndorf am Lech (Lech), Pfatter (Donau), Wörth am Main (Main), Zwiesel (Regen).

Wassermann in der Kunst

Bildende Kunst

Arnold Böcklin, 1827–1901, *Im Spiel der Wellen,* 1883, Öl auf Leinwand, München, Neue Pinakothek. *Triton und Nereide*, 1873/74, Öl auf Leinwand, München, Sammlung Schack. (s. S. 122)

Ernst Josephson, 1851–1906, *Der Nix,* 1882, Öl auf Leinwand, Göteborg, Kunstmuseum. (Gemälde unvollendet)

Doris Autenrieth, *1948, *Wassergeist*, 2013, Acrylfarbe auf Holz, Zeichnung mit Graphitstift, Holzapplikation: Schwemmholz unbearbeitet, München, Privatbesitz. (s. S. 123)

Literatur / Musik

August Kopisch, 1799–1853, *Der Nöck*, Ballade. Vertont von Carl Löwe, 1796–1879, op. 129,2.

Wasserfrau

In Bayern wie in anderen deutschsprachigen Regionen Mitteleuropas werden die weiblichen Wassergeister meist Wasserfrau oder Nixe genannt. Ursprünglich Meergeister bezeichnen Namen wie Meerfrau, Meerweib, Seeweib, doch diese können auch in Binnengewässern leben. Besondere Wasserfrauen sind die Fischsirenen und Schwanenjungfrauen. Anders als ihr männlicher Gegenpart, der Wassermann oder Nöck, ist die Wasserfrau meist schön, anmutig und betörend. Ihr Gewand ist oft grün, das Haar blond.

Die Wasserfrauen sind ambivalent. In der Donau, bei Jochenstein (Lkr. Passau), wohnte einst Frau Isa, eine schöne Nixe. Manchmal warnte sie gutmütig Fischer und Schiffer vor Unwetter und Stürmen, dann wieder, wenn sie sich gekränkt fühlte oder weil sie die Verbindung mit einem Menschenmann wünschte, verführte sie mit Schönheit und Gesang und holte den Betörten hinab in ihr Schloss unter dem Jochenstein. Nachdem die Mutter eines von der Nixe verführten und entführten jungen Mannes ein Kreuz hatte aufstellen lassen, wurde Frau Isa nie mehr gesehen.[14] Die Jochensteiner Donaunixe könnte nach dem Vorbild des in Aussehen und Wesen ähnlich beschriebenen oberösterreichischen Donauweibchens entstanden sein, denn dieses erscheint bereits 1884 in »Oberösterreichische Volkssagen« von Kajetan Alois Gloning. Die Nixe Isa zeigt sich in »Donaugeister« (Neumann / Koser-Michaëls 1943) und im Heimatbuch »Der Landkreis Wegscheid« (Miller 1952).

Weniger ernst mit der Verführung nimmt es diese Nixe:

Schlitzöhrchen.
Mündlich
Von der Saalnixe, welche unter dem Namen »Spitz- oder Schlitzöhrchen« den Bewohnern des nördlichen Frankens wohlbekannt ist, geht die Sage, daß sie im Saal- und Streugrunde, von Mellrichstadt bis nach Neustadt hinunter, wohl auch noch weiter den Thalgrund entlang, gesehen werde, indem sie neckisch und schadenfroh den Wanderer bald in dieser, bald in jener Truggestalt irrezuführen suche.
Einmal zog ein junger Mann Abends spät seines Weges entlang der Saale. Als der Mond aufgegangen war und der Wanderer ein Weilchen ausruhte, tauchte plötzlich die Saalnixe als ein junges, schönes Mägdlein aus dem Wasser empor und erweckte in ihm so große Liebesglut, daß er Alles vergaß und nur die holde Nixe zu erreichen strebte. Während er ihr aber nachzog, war es Morgen geworden. Da verschwand sie plötzlich in den Fluten. Der irregeleitete Wandersmann erkannte zu spät, wie weit ihn die Nixe vom Wege abgeführt hatte.[15]

Die Wasserfrauen sind besonders angetan von Kindern, deshalb beschenken sie die Kleinen gern. Aber sie entführen sie auch, ziehen sie ins Wasser und in ihr Reich hinunter. Überhaupt suchen die Wasserfrauen den Kontakt mit Menschen. Sie kaufen in Geschäften ein, mischen sich bei Festen unter die Tanzenden, verdingen sich manchmal auch als Mägde. Dabei versuchen sie, ihre Identität zu verbergen. Kundige Menschen erkennen die Wasserfrauen am feuchten Saum ihrer Gewänder, laut Heinrich Heine zudem »[...] an dem feinen Gespinste ihrer Schleier und an der vornehmen Zierlichkeit ihres geheimnisvollen Wesens«.[16] Es heißt auch, sie würden sich wieder ins Wasser zurückziehen, sobald ihre Haare zu tropfen beginnen.

In mehreren Sagen erscheint das Motiv der zu spät von einem Fest ins Wasser zurückkehrenden und dafür mit dem Tod bestraften Nixen. In einer Sage aus Castell (Lkr. Kitzingen) nehmen Quell-Nixen aus dem Gründlesloch am Menschentanz teil und kehren erst nach dem Hahnenschrei wieder ins Wasser zurück. Dieser Ungehorsam bringt ihnen den Tod, was beobachtenden Menschen durch im Wasser aufsteigendes Blut angezeigt wird.[17]

Die Wassernixe im gleichnamigen Märchen (KHM 79) ist nicht ambivalent, sondern eindeutig böse: Bruder und Schwester spielen an einem Brunnen und fallen hinein. Die Brunnennixe lässt die Kinder für sich arbeiten. Als eines Sonntags die Wasserfrau in der Kirche ist, entfliehen die beiden. Mit Hilfe von Bürste, Kamm und Spiegel, die sie hinter sich werfen und die sich jeweils in große Berge verwandeln, können die Kinder Hindernisse für die sie verfolgende Nixe aufbauen. So gelingt es den Geschwistern zu entkommen. Die Nixe muss wieder zurück in ihren Brunnen.

Die Rusalki der slawischen Mythologie ähneln in Aussehen, Wesen und Verhalten den deutschsprachigen Nixen.[18] In der Oper »Rusalka« von Antonin Dvořák (1841–1904) liebt die Nixe Rusalka einen Prinzen und möchte mit ihm, trotz der Warnungen des Wassermanns, in menschlicher Gestalt vereint sein. Eine Hexe verhilft ihr zum Erwünschten, allerdings um einen hohen Preis. Rusalka bleibt stumm, der Prinz wird ihr untreu, sie streift verzweifelt als todbringendes Irrlicht umher. Der von Reue geplagte Prinz findet sie und in ihrem Kuss den Tod.

Wasserfrau in der Kunst

Bildende Kunst

MORITZ VON SCHWIND, 1804–1870, *Ritter auf nächtlicher Wasserfahrt,* um 1865, Malerei auf Zinkblech, beim Brand des Münchener Glaspalasts (1931) zerstört. *Nixen an der Waldquelle,* 1846. *Der Mittag,* um 1860. Beide: Öl auf Leinwand, München, Sammlung Schack.

CARL SPITZWEG, 1808–1885, *Junger Mann, von Nixe überrascht,* 1847/1850, Öl auf Papier, Schweinfurt, Museum Georg Schäfer. *Nixenfang,* um 1875, Öl auf Malpappe, Schweinfurt, Museum Georg Schäfer.

HANS THOMA, 1839–1924, *Drei Meerweiber,* 1879, Öl auf Leinwand, Frankfurt am Main, Städel Museum.

FRANZ VON STUCK, 1863–1926, *Faun und Nixe,* 1918, Öl auf Leinwand, Privatbesitz. (s.S. 124)

GUSTAV KLIMT, 1862–1918, *Fischblut,* 1898, Tuschzeichnung. In: Ver Sacrum, 1898, H. 3. *Nixen (Silberfische),* um 1899, Öl auf Leinwand, Wien, Bank Austria Kunstforum.

PAUL KLEE, 1879–1940, *Sumpf wasser nixe,* 1924, Ölpause und Aquarell auf Papier und Karton. Pasadena, The Blue Four Galka Scheyer Collection. (s. S. 125)

Literatur (Gedichte)

JOHANN WOLFGANG VON GOETHE, 1749–1832, *Der Fischer.*

EDUARD MÖRIKE, 1804–1875, *Nixe Binsefuß.* Vertont von Hugo Wolf, 1860–1903, Mörike-Lieder Nr. 45.

JOSEPH VON EICHENDORFF, 1788–1857, *Der stille Grund.*

HEINRICH HEINE, 1788–1857, *Der Abend kommt gezogen.*

GOTTFRIED KELLER, 1819–1890, *Nixe im Grundquell.*

PETER HUCHEL, 1903–1981, *Der Knabenteich. Die schilfige Nymphe.*

Musik

ANTONIN DVOŘÁK, 1841–1904, *Rusalka,* Lyrisches Märchen in drei Akten v. Jaroslaw Kvapil, deutsch v. J. Will. Uraufführung 1901 in Prag, deutsche Erstaufführung 1929 in Stuttgart.

Gestalten der antiken Mythologie: *Najaden* sind Wasser- und Quellnymphen, *Neréiden* leben in Süßgewässern und im Meer. Hier wohnen als Töchter des Titanenpaares Okeanos und Thetys die *Okeaniden*.

Die antiken Wasserfrauen waren beliebtes Thema in der europäischen Kunst und auch die in Bayern tätigen Künstler haben sich mit größerer Begeisterung den antiken Wasserfrauen gewidmet als den heimischen.

Antike Wasserfrauen in der Kunst

Bildende Kunst

LUCAS CRANACH D. Ä., 1472–1553, *Ruhende Quellnymphe*, um 1525, Öl auf Rotbuchenholz, Coburg, Kunstsammlungen der Veste Coburg. (s. S. 122)

LUDWIG SCHWANTHALER, 1802–1848, *Quellnymphe*, um 1845, Gips gegossen und bemalt, München, Bayerisches Nationalmuseum. *Quellnymphe*, 1852/53, Bronzeguss, München, Nymphenbrunnen im Hofgarten. Die Figur entstand nach einer in den 1840er-Jahren von Schwanthaler gefertigten Marmorstatue.

CARL SPITZWEG, 1808–1885, *Badende Nymphe*, 1855, Öl auf Leinwand, Privatsammlung.

ARNOLD BÖCKLIN, 1827–1901, *Das Spiel der Najaden*, 1886, Öl auf Leinwand, Basel, Kunstmuseum.

ANSELM FEUERBACH, 1829–1880, *Ruhende Nymphe*, 1870, Öl auf Leinwand, Nürnberg, Germanisches Nationalmuseum.

Literatur

GOTTFRIED AUGUST BÜRGER, 1747–1794, *An die Nymphe des Negenborns*, Gedicht.

MICHAEL KÖHLMEIER, *1949, *Kalypso*, 1997, Roman.

Fischsirene

Die Sirenen sind Gestalten aus der antiken Mythologie. Homer schildert in der »Odyssee« die Begegnung des Odysseus mit diesen durch Gesang ins Verderben stürzenden Geisterwesen. In der Antike meist Mischwesen zwischen Mensch und Vogel, werden sie später auch als verführerisch schöne Menschenfrau mit meist nacktem Oberkörper dargestellt, deren Unterleib in einem, häufig zwei

»Von den merwundern«, Holzschnitt in: Konrad von Megenberg, Buch der Natur, Augsburg 1475.

Fischschwänzen ausläuft. Bezeichnet werden sie als Meerweib, Seeweibchen, Fischweibchen, Nixe, bisweilen auch als Melusine.

Die mittelalterlichen Bestiarien würdigen auch die Sirenen. Im »Physiologus«, der auf antiker neuplatonischer Überlieferung basiert, werden Vogelsirenen beschrieben. Der Geistliche und Gelehrte Konrad von Megenberg (1309–1374), geboren in Mäbenberg bei Nürnberg, gestorben 1374 in Regensburg widmet den Fischsirenen in seinem »Buch der Natur« ein Kapitel:

Von den Merweiben.

Sirene sint merwunder gar wol gestimmet, sam Aristoteles spricht. die mügent ze däutsch merweip haizen, wan sie habent oben von dem haupt unz an den nabel ainr frawen gestalt und habent ain edel groezen und gar ain graussam antlütz. [...].[19]

In der mittelalterlichen Ikonographie kommen Fischsirenen häufiger vor als Vogelsirenen. Die romanische Bauplastik ist reich an solchen Gestalten, deren Bedeutung nicht immer klar ist. Während die Sirenen der Antike als göttliche Wesen verehrt wurden, erlebten die Fischsirenen bereits im frühen Christentum eine Umdeutung zum Schlechteren. Dennoch scheinen die Gestalten nicht in jedem Fall nur Negatives vermitteln zu wollen, und die romanischen Sirenen mögen nicht nur Symbole der Sünde, sondern manchmal auch von Lebensfreude und Fruchtbarkeit sein.

Angeregt von der die Fischsirenen schätzenden Kunst der italienischen Renaissance gestalteten Künstler des Symbolismus die Sirene als Verkörperung der Femme fatale.

Auch als Brunnenfiguren, auf Haushaltsgegenständen und in Wappen erscheinen solche weiblichen Wassergeister. Melusine soll einst Wappenbild der Fürstenfamilie Lusignan gewesen sein. Diese sah ihr Geschlecht aus der ehelichen Verbindung eines Lusignan mit der Wasserfrau Melusine (S. 80), also in einer Martenehe, begründet.

In Bayern zeigt sich die einschwänzige Meerjungfrau in den Wappen der Gemeinden Weißenbrunn (Lkr. Kronach) und Diebach (Lkr. Ansbach). Die Gemeinde Zusamaltheim (Lkr. Dillingen) und der Markt Isen (Lkr. Erding) haben in ihren Wappen Meerjungfrauen, die ihre zwei Fischschwänze empor-

Nixe mit Schuppenschwanz, Wappen von Weißenbrunn.

Doppelschwänzige Sirene, Wappen des Marktes Isen.

halten. Isen wurde mit dem Marktrecht (1541, erneuert 1548) durch Kaiser Karl V. auch das Wappen mit dem Bild einer bekleideten Meerfrau, Sirene genannt, verliehen.[20]

Im Volksglauben spielten Sirenen eine geringere Rolle als in gelehrten Abhandlungen und künstlerischen Gestaltungen.

Fischsirene in der Kunst

Bildende Kunst

Romanische doppelschwänzige Fischsirene, Steinreliefs: Stiftskirche Berchtesgaden, Kreuzgang (Ende 12. Jahrhundert). (s. S. 126)

St. Jakob Regensburg, Nordportal (Schottentor). Martinskirche Stuttgart-Plieningen.

Max Klinger, 1857–1920, *Die Sirene*, 1895, Öl auf Leinwand, Florenz, Sammlung Villa Romana. (s. S. 125)

Literatur

Dieter Wellershoff, *1925, *Die Sirene*, Roman.

Schwanenjungfrau

Schwan(en)jungfrauen, manchmal ebenfalls Meerfrauen genannt, können in Frauen- und in Schwanengestalt auftreten. Die Verwandlung geschieht durch Ablegen beziehungsweise Überstreifen des Schwanenhemdes.

Schwanenjungfrauen erscheinen als Walküren in der nordgermanischen Mythologie. Im Dienste Odins bringen sie die gefallenen Helden nach Walhall. Ähnlich den Nornen sind sie Schicksalsfrauen. In Schwanengestalt bewegen sie sich auf dem Wasser und in den Lüften. Durch Raub des Schwanenhemds bringt der Raubende die Walküre in seine Gewalt.

Im Wölundlied der Lieder-Edda wird berichtet: Drei Brüder begegneten am Meeresstrand drei Frauen, die ihre Schwanenhemden abgelegt hatten und Leinen spannen. Die Brüder nahmen die Hemden an sich und machten so die Schwanenjungfrauen zu ihren Ehefrauen. Sieben Winter dauerte das Glück, dann überwog bei den Schwanenfrauen die Sehnsucht und sie flogen davon.[21]

Auch im Nibelungenlied[22], entstanden um 1200 im Umkreis des Bischofs Wolfger von Passau, kommen Schwanenjungfrauen vor: Nachdem Brünhild von Kriemhild erfahren hatte, dass es nicht ihr Gemahl, der Burgunderkönig Gunther war, der sie im Kampfspiel besiegt hatte, sondern an seiner Stelle der durch

Schwanenjungfrau im Königssee, Buchillustration von Bernhard Wenig, 1922.

eine Tarnkappe unsichtbare Siegfried, bat die Gekränkte Hagen von Tronje, Siegfried zu töten. Kriemhild trauerte 13 Jahre um ihren Gemahl Siegfried und nahm dann die Werbung des Hunnenkönigs Etzel an, weil sie hoffte, sich mit Hilfe von dessen Macht an ihren Brüdern und an Hagen rächen zu können. Nach einigen Jahren drängte sie ihren Gemahl Etzel, ihre Brüder Gunther, Gernot und Giselher sowie ihren Onkel Hagen einzuladen. Obwohl Hagen von der Reise abriet, wurde sie dennoch mit großem Gefolge unter Führung Hagens unternommen, da dieser die Völkerstraßen kannte. Als der Zug an die Donau kam – vielleicht beim heutigen Großmehring – war der Fluss über die Ufer getreten. Bei der Suche nach einem Fährmann traf Hagen auf zwei in einem Brunnen badende Meerfrauen, die ihre Schwanengewänder abgelegt hatten. Hagen nahm diese an sich und zwang so die Naturgeister zur Weissagung. Da versprach die Meerfrau

Hadburg, die Burgunden würden zu großer Ehre in dem Land kommen, in das sie unterwegs seien. Hagen gab den Frauen darauf ihre Gewänder zurück und nun gestand Winelind, die andere Schwanenjungfrau, dass Hadburg um der Kleider willen gelogen habe. Winelind prophezeite nun richtig, dass keiner aus dem großen Heer über die Donau zurückkehren würde, nur des Königs Kaplan.[23]

In den Volkssagen finden sich nur spärliche Spuren der Schwanenjungfrau. Sie ist offenbar keine Gestalt des Volksglaubens. Eine Sage berichtet über Swanhilde, eine schöne und wohltätige Schwanenjungfrau am Königssee bei Berchtesgaden.[24]

Auch in einer Schweizer Sage (»Die weißen Vögel vom Arpsee«), die märchenhafte Züge trägt, erscheinen Schwanenjungfrauen.[25] Vielleicht ließ damalige Germanenbegeisterung solche Sagen entstehen.

In dem Märchen »Der Trommler« (KHM 193) sieht ein junger Trommler an einem Seeufer drei Stückchen weiße Leinwand liegen, von denen er eines in die Tasche steckt. In der Nacht schwebt eine Gestalt vor seinem Bett und bittet ihn um Rückgabe ihres Hemdchens, da sie sonst nicht wieder fortfliegen könne. Diese Schwanenjungfrau ist eine von einer bösen Hexe verzauberte und gefangene Königstochter und der Trommler erlöst sie, indem er den Glasberg bezwingt und die Hexe besiegt. Wie so oft in den Märchen ist das Sein als Tier oder als Tier-Mensch-Wesen kein natürlicher Zustand mehr, sondern qualvolles Verfluchtsein, aus dem Erlösung gesucht wird.

Schwanenjungfrau in der Kunst

Bildende Kunst

Walter Crane, 1845–1915, *The Swan Maidens* (Die Schwanenjungfrauen), 1894, Öl auf Papier, London, New Gallery.

Musik

Carl Loewe, 1796–1869, *Die Schwanenjungfrau*, op. 129,3. Vertonung der gleichnamigen Ballade von Johann Nepomuk Vogl (1802–1866).

Pjotr Iljitsch Tschaikowsky, 1840–1893, *Schwanensee*, Ballettmusik. Uraufführung 1877 in Moskau.

Lokale Wassergeister

Neben den häufig, vielerorts, in vielerlei Gestalt und mit unterschiedlichen Namen auftretenden Wassermännern und Wasserfrauen treiben sich in und an Gewässern lokale Gestalten herum.

Als *Fischherrin* zeigte sich am Zauberweiher bei Brückelsdorf (Wackersdorf, Lkr. Schwandorf) eine gelbwangige und rotäugige Frau. Die Fischer waren gerade dabei, den Weiher abzulassen und die Fische herauszuholen, als die fremde Frau in den Schlamm trat und den größten Fisch herausholte. Auf den Protest eines der Fischer rief sie mit zorniger Stimme, dass der Weiher ab sofort ihr gehöre und dass die Fischer nie mehr einen einzigen Fisch herausholen würden. Seither sieht man im Weiher die Fische schwimmen, aber sobald das Wasser abgelassen wird, ist der Grund leer.[26] Tierherrinnen und Tierherren beschützen und nutzen die ihnen Anvertrauten, wie beispielsweise auch die Wildfrauen oder andere Gebirgsgeister der Alpen tun (S. 164).

Ein geisterhafter *Krebs*, groß, schwarz und scheußlich aussehend, der in einem Brunnen bei Finsing (Lkr. Erding, Oberbayern) lebte, soll Ursache für die Entstehung des nördlich des Orts gelegenen Krebsenbergs gewesen sein. Um den teuflischen Geist am Verlassen des Brunnens zu hindern, beschlossen die Bauern der Gegend, dass jedes Brautpaar nach der Trauung eine Fuhre Erde auf den Brunnen werfen solle. So entstand der Krebsenberg.[27]

Das unsichtbare *Tutlipfeiferl* ist nur zu hören:

Tutlipfeiferl.
Mündlich
In den Isarauen südwärts von München, zwischen Thalkirchen und Harlaching, hat sich sonst auch ein Geist umgetrieben, der das Tutlipfeiferl genannt wurde. Er pfiff auf einmal grell neben dem einsamen Wanderer und im gleichen Augenblick wieder in weiter Entfernung überm Wasser drüben. Bald ließ er sich auf einer der kleinen Inseln und Sandbänke, bald mitten im Fluß hören.[28]

Wassergeister in der Seetiefe: Sie zeigen sich nur, dann allerdings unangenehm, wenn ein Mensch ihr Wohngewässer näher erkunden will. So erging es einem Mann, der die Tiefe des Schrecken- oder Wildsees im Hintersteiner Tal (Oberallgäu) mit Hilfe eines an eine Schnur gebundenen Steins messen wollte. Da tauchte aus dem Wasser ein schreckliches Ungeheuer auf, das aussah wie ein enthäutetes Pferd, und rief: »Ergründst du mich, so fress ich dich.« Der Mann ließ die Schnur los und floh. Den See wollte er seit diesem Erlebnis nicht mehr ergründen.[29] Am oberbayerischen Walchensee ließ man zur See-Erkundung einmal einen Mann in einer Art Taucherglocke in die Tiefe. Er berichtete, dass unten ein Geist ihm mit Verschlingen gedroht habe, sollte er sich noch weiter hinabwagen.[30]

Der *Seestier*, ein stiergestaltiger gewaltiger und gefährlicher Wassergeist, lebt auf dem Grund von Seen in den Bayern benachbarten Ländern Vorarlberg und

Baden-Württemberg. Man erkennt seine Anwesenheit durch aufsteigende Blasen und wenn er im Winter unter dem Eis brüllt. Wirft jemand Steine oder anderes ins Wasser oder schmäht ihn, dann kommt der Geist aus dem See heraus und bedroht den Frevler, wie es eine Sage vom Sünser See (Vorarlberg) erzählt.[31] Der in einer Quelle bei Zwiefalten (Lkr. Reutlingen) lebende Seestier mischt sich gern unter die Rinderherde am Seeufer. Einmal fasste ein vorwitziger Student im Vorübergehen den Schwanz des Stiers und dieser lief seiner Quelle, dem »Kessel« zu. Der Student konnte die Hand nicht mehr loslassen, verschwand mit dem Seestier im Wasser und wurde nie mehr gesehen.[32]

Das *Pferd* im Heidweiher bei Amberg in der Oberpfalz war dagegen eher harmlos. Nachts, wenn der Hirt am Heidweiher vorbeiging, stieg der tiergestaltige Geist aus dem Wasser und begleitete den Mann bis zum Lichteneckweiher, in dem er verschwand.[33]

Exkurs: Außerbayerische »literarische« Wasserfrauen

Die schönen und verführerischen Wasserfrauen haben anregend auf Dichter und Schriftsteller gewirkt. Ein namentliches Denkmal wurde einigen dieser Naturgeister in der außerbayerischen Literatur gesetzt. Wegen ihrer Bedeutung insbesondere für die Kunst, auch in Bayern, sollen sie erwähnt werden.

Meerfrau Melusine

Von der Sage über diese schöne Meerfee oder Meerfrau sind verschiedene Fassungen bekannt. Die älteste literarische Fassung des mündlich überlieferten Stoffs entstand zu Beginn des 13. Jahrhunderts in »Otia imperialia« (Kaiserliche Mußestunden) des Gervasius von Tilbury (um 1150-um 1235). Es folgten französische Fassungen von Jean d'Arras (um 1390) und Couldrette (1403), in denen die Meerfrau mit dem Namen Melusine benannt und als Stammmutter mit dem Adelsgeschlecht der Lusignan verbunden wurde. Thüring von Ringoltingen aus Bern arbeitete Couldrettes Versepos in eine deutsche Prosafassung (1456) um. Der Nürnberger Dichter Hans Sachs (1494–1576) schrieb das Drama »Die Melusina« (1556). Ludwig Tieck (1773–1853) veröffentlichte 1807 die »Sehr wunderbare Historie von der Melusina«:

Reymund, der jüngste Sohn des Grafen von Forst, trifft bei einem Brunnen im Wald die liebreizende Melusina und verliebt sich in sie. Als Bedingung für eine Heirat verlangt sie von Reymund, sie an jedem Samstag ganz sich selbst zu überlassen. Halte er sich an diese Vereinbarung, wolle sie ihn weise, reich und mächtig machen, andernfalls würde er alles und auch sie verlieren. Die glück-

Reymund belauscht Melusina als Meerfrau im Bade, Holzschnitt von Ludwig Richter.

Melusina fliegt als Meefrau um das Schloss, Holzschnitt von Ludwig Richter.

liche Ehe ist mit zehn Söhnen gesegnet. Reymund hat Melusina eine Kammer bauen lassen, in die sie sich jeden Samstag zurückzieht und die er gemäß seinem Schwur niemals betritt.

Eines Samstags ist Reymunds Bruder zu Gast. Er warnt vor Gerede im Land wegen Melusinas samstäglicher Abwesenheit und bittet Reymund, die Wahrheit herauszufinden. Reymund wird wütend auf Melusina und stürmt mit dem Schwert in der Hand zu ihrer verschlossenen Geheimkammer. Er bohrt ein Loch in die Tür, sieht die vom Nabel abwärts als Schlange gestaltete singende und weinende Melusina im Bad.

Reymund ist tief bewegt, er bereut den Bruch des Versprechens und fürchtet um sein Glück. Er verstopft das Loch und verweist seinen Bruder des Hauses. Melusina erwähnt den Tabubruch nicht. Nach weiterer glücklicher Zeit erfährt das Paar, dass Sohn Geoffrey das Kloster, in dem sein Bruder Freymund als Mönch lebt, angezündet hat und alle Mönche verbrannt sind. Als Melusina den außer sich vor Schmerz rasenden Reymund zu trösten versucht, beschimpft er sie als Schlange, deren Kinder unweigerlich Bösewichter werden. Melusina klagt laut, dass sie nun von Reymund scheiden müsse, dass auch dessen Glück nun zu Ende sei, weil er diesmal vor Zeugen – anders als damals vor der Badezimmertür – sein Versprechen gebrochen habe. Sie schwingt sich zum Fenster hinaus, wird in der Luft von der Hüfte ab wieder zur Schlange, umfliegt das Schloss und verschwindet.

Nixe schöne Lau

Die schöne Lau wurde durch Eduard Mörike (1804–1875) bekannt, der die sagenhafte Geschichte in seine Erzählung »Das Stuttgarter Hutzelmännlein« (1853) einbettete. Lau ist die Tochter einer Menschenfrau und eines Wassermanns. Ihr königlicher Gemahl, ein Donaunix aus dem Schwarzen Meer, hat Lau wegen mehrerer Totgeburten in den Blautopf[34] verbannt. Die Schwiegermutter hat Lau geweissagt, sie werde erst dann ein gesundes Kind gebären, wenn sie fünfmal gelacht habe. Kammerzofen, Mägde, Tiere und ein Zwerg, die mit ihrer Herrin im Blautopf leben, bemühen sich nach Kräften, aber vergebens, Lau zum Lachen zu bringen.

Gegen die Menschen ist die Nixe gut, manchmal auch böse, wenn sie mit Überschwemmungen schreckt. Eines Tages erscheint die schöne Lau im offenen Brunnen im Keller des Gasthofs »Nonnenhof« und überreicht der Wirtin Bertha ein Geschenk. Es entsteht eine Freundschaft zwischen Lau und der Wirtin samt ihrer Familie. Die Nixe mischt sich immer wieder unter die Menschen und lernt von ihnen so allerlei, insbesondere auch das Lachen. Nachdem sie fünfmal gelacht hat, holt ihr Gemahl sie ab. Lau bedankt sich mit Geschenken bei ihren Freunden und zieht mit ihm nach Hause.

Nixe Undine

Die Geschichte dieser Nixe, erschienen 1811, schrieb der romantische Dichter Friedrich de la Motte Fouqué (1777–1843). Der Ritter Huldbrand von der an den Donauquellen liegenden Burg Ringstetten lernt in der Reichsstadt Bertalda, die Pflegetochter eines Herzogspaares, kennen. Als Liebes- und Mutbeweis durchreitet Huldbrand den nahe der Reichsstadt gelegenen dunklen, von Geistern bewohnten Wald und gelangt zu einem einsam gelegenen Fischerhaus. Undine, die Pflegetochter der Fischerleute, und Huldbrand verlieben sich ineinander und heiraten. Am Tag nach der Trauung offenbart die junge Frau ihrem Mann: Sie ist ein Wassergeist, eine Undine, und mithin seelenlos. Ihr Vater, ein mächtiger Wasserfürst im Mittelmeer, möchte aber seiner einzigen Tochter eine Seele verschaffen, was nur durch die liebende Vereinigung mit einem Menschen möglich sei. Der etwas konsternierte, aber verliebte Huldbrand schwört ewige Treue.

In der Reichsstadt treffen die beiden Bertalda, die zunächst gegen Undine ablehnend ist, aber schließlich das junge Paar nach Burg Ringstetten begleitet. Dort ist Huldbrand in seiner Neigung zwischen den beiden Frauen hin- und hergerissen. Undine bittet ihn, auf dem Wasser oder in dessen Nähe sich ihr gegenüber niemals feindlich zu verhalten, da sie sonst, auf Befehl ihrer Verwandten, von ihm scheiden müsse. Eine Reise auf der Donau bis Wien beginnt für das Trio zunächst angenehm, leidet dann aber durch Störmanöver, die Kühleborn, Undines Oheim, inszeniert. Huldbrand beschimpft seine Frau schließlich als Gauklerin. Ehe Undine wehklagend in den Fluten der Donau verschwindet, beschwört sie Huldbrand, ihr treu zu bleiben, denn nur dann könne sie die rächenden Wassergeister von ihm abwehren. Huldbrand ist von Trauer überwältigt, Bertalda weint mit ihm, aber nach einiger Zeit wird doch die Hochzeit beschlossen. Noch in der Hochzeitsnacht erscheint Undine und tötet den untreuen Huldbrand unter vielen Tränen in der Umarmung.

Nixe Loreley

Loreley heißt ein Schieferfelsen bei St. Goarshausen am östlichen Rheinufer. Nach ihm ist die auf dem Felsen sitzende, die Schiffer verwirrende und ins Unglück stürzende Nixe Loreley, auch Lore-Ley, Lorelei, Lorlei, Lurlei, benannt.

Die Loreley geht auf Clemens Brentano (1778–1842) zurück. Er schrieb die Ballade »Lore Lay«, die in seinem Roman »Godwi, oder das steinerne Bild der Mutter« (1802) erschien. Populär wurde die Vorstellung von der zauberischen Nixe durch Heinrich Heines Gedicht »Loreley«.

Die »literarischen« Wasserfrauen in der Kunst

Bildende Kunst

HEINRICH VOGELER, 1872–1942, *Melusine* (Triptychon), 1912, Öl auf Leinwand, Worpswede, Barkenhoff, Heinrich-Vogeler-Museum.

MORITZ VON SCHWIND, 1804–1871, *Die schöne Lau*, Entwürfe (unvollendet) für Illustrationen zu Eduard Mörikes »Historie von der schönen Lau«.

HENRI FANTIN-LATOUR, 1836–1904, *Ondine*, 1880, Öl auf Karton, auf Leinwand aufgezogen, London, Kunsthandel Sothebys.

JOHN WILLIAM WATERHOUSE, 1804–1875, *Undine*, 1872, Öl auf Leinwand, Aufbewahrungsort unbekannt.

PHILIPP VON FOLTZ (1805–1877): *Die Loreley*, 1850, Öl auf Leinwand, Speyer, Historisches Museum der Pfalz.

MORITZ VON SCHWIND, 1804–1871, *Loreley*, 1857, Bleistift und Pinsel in Sepia, Weimar, Staatliche Kunstsammlungen.

EDWARD JAKOB VON STEINLE, 1810–1886, *Loreley*, 1864, Öl auf Leinwand, München, Sammlung Schack.

Literatur

GEORG TRAKL, 1887–1914, *Melusine*, Gedicht.

JEAN GIRAUDOUX, 1882–1944, *Ondine*, Drama.

PETER HUCHEL, 1903–1981, *Undine*, Gedicht.

INGEBORG BACHMANN, 1926–1973, *Undine geht*, Erzählung.

JOSEPH VON EICHENDORFF, 1788–1857, *Waldgespräch*, Gedicht (zu Loreley). Vertont von Robert Schumann, 1810–1856, Liederkreis op. 39.

ERICH KÄSTNER, 1899–1974, *Der Handstand auf der Loreley*, Gedicht.

KARL VALENTIN, 1882–1848, *Die Loreley*, Parodie.

Musik

ARIBERT REIMANN, *1936, *Melusine*, Oper in vier Akten nach dem gleichnamigen Schauspiel von Ivan Goll, Libretto von Claus H. Henneberg. Uraufführung 1971 in Schwetzingen.

E. T. A. HOFFMANN, 1776–1822, *Undine*, Romantische Zauberoper in drei Akten, Libretto von Friedrich de la Motte Fouqué. Uraufführung 1816 in Berlin.

Albert Lortzing, 1801–1851, *Undine*, Romantische Zauberoper in vier Akten nach der Erzählung von Friedrich de la Motte Fouqué. Uraufführung 1845 in Magdeburg.

Max Bruch, 1838–1920, *Die Loreley*, Große Romantische Oper in drei Akten, Libretto von Emanuel Geibel. Uraufführung 1863 in Mannheim.

---

1 Zit. nach Werner 2004: 160.

2 Informationen u. a.: Herbert W. Ludwig: Tiere und Pflanzen unserer Gewässer. München 2003.

3 HdA, Bd. 9: 181. (Panzer: Wassergeister)

4 Schöppner 1852/53, III: 58f., Nr. 995.

5 Reiter 2009: 169ff.

6 Sittler 1906: 77.

7 Grimm 1981: 74f., Nr. 51.

8 Englisch 1994: 60f.

9 Bechstein 1930: 123f., Nr. 152.

10 Neubauer/Praxl 2015: 159f.

11 Wörterbuch der deutschen Volkskunde 1981: 415.

12 Kriss 1998: 118.

13 Aus Österreichs Sagenwelt 1950: 50ff.

14 Miller 1952: 97ff.

15 Schöppner 1852/53, III: 79f., Nr. 1021.

16 Heine 2011: 26f.

17 Schöppner 1852/53, I: 227f., Nr. 235.

18 Reiter 2009: 152ff.

19 Konrad von Megenberg 1994: 240.

20 Härtel, Reinold: Das Isener Marktwappen. In: Isener Marktbote. März 2006. Mail-Informationen (Mai 2017) von Franz Wenhardt.

21 Die Edda 1981: 186ff.

22 Das Nibelungenlied stammt aus dem bairisch-österreichischen Raum. Seine Ursprünge reichen bis in die Völkerwanderungszeit zurück; um 1200 wurde es von einem unbekannten österreichischen Dichter vermutlich im Umkreis des Bischofs Wolfger von Passau nach älteren Quellen als Dichtung niedergeschrieben. Es enthält mythische und märchenhafte Züge.

23 Das Nibelungenlied 1992, 25. Abenteuer: 234ff.

24 Altbayerische Sagen 1928: 88ff.

25 Jegerlehner 1913: 179ff., Nr. 68.

26 Panzer 1954, I: 105, Nr. 152.

27 Wimmer 2004: 90f., Nr. 79.

28 Schöppner 1852/1853, III: 226f., Nr. 1213.

29 Petzoldt 2007: 215, Nr. 364.

30 Kapfhammer 1992: 38.

31 Vonbun 1889: 88, Nr. 45.

32 Birlinger / Buck 1861: 130, Nr. 196.

33 Panzer 1956, II: 93, Nr. 140.

34 Der Blautopf ist eine Karstquelle in Blaubeuren, am Ostrand der Schwäbischen Alb. Hier entspringt die Blau, die nach wenigen Kilometern in die Donau mündet. http://www.historisches-lexikon-bayerns.de/Lexikon/Landwirtschaft (Spätmittelalter/Frühe Neuzeit). http://www.historisches-lexikon-bayerns.de/Lexikon/Getreidebau (bis 1800). http://www.historisches-lexikon-bayerns.de/Lexikon/Landwirtschaft (Spätmittelalter/Frühe Neuzeit). J. B. Rieder: Grünlandbewirtschaftung in Süddeutschland – ein Blick in die Vergangenheit (TriticumSecale<http://www.historisches-lexikon-bayerns.de/Lexikon/Landwirtschaft (19./20. Jahrhundert)><http://www.historisches-lexikon-bayerns.de/Lexikon/Bauernhäuser (Spätmittelalter)>

WALDGEISTER

Da grinste der Zwerg und sagte, er habe eigentlich keinen Namen; er wäre der Geist des Waldes selbst, und was da lebe und webe, wär von seinem Wesen und ihm untertan.

Otto Reuther (1890–1973), Der Goggolore[1]

WÄLDER[2]

Über die Zeiten hat sich das Bild des Waldes in Bayern gewandelt. Aber auch heute noch gilt: Mitteleuropa – und Bayern darin – ist Waldland und wäre ohne Einwirkung des Menschen fast vollständig von Wald bedeckt. Endet auf einer Fläche diese Einwirkung, dann kommt es hierzulande im Allgemeinen zu einer selbständigen Wiederbewaldung.

Waldland Bayern

Als vor etwa 10 000 Jahren das Eis abgeschmolzen war, wanderten die Waldbäume wieder ein. Kiefern, Birken und Hasel waren die Pioniere. Eichenmischwälder mit Linden, Esche, Ulmen, Ahorn breiteten sich in der Jungsteinzeit (5500–1900 v. Chr.) aus. Seit der Bronzezeit (1900–800 v. Chr.) wurde die Rotbuche zum beherrschenden Laubbaum, schattige Buchenwälder ersetzten vielfach die lichten Eichenmischwälder.

Bayern mit einer Waldfläche von ca. 2,6 Mio. ha (rund 37% der Landesfläche) ist das waldreichste Bundesland. Fast ein Viertel der deutschen Wälder befindet sich in Bayern. Verteilung der Baumarten[3]: 41,8% Fichte, 17,1% Kiefer, 2,1% Lärche, 0,8% Douglasie, 2,4% Tanne, 6,8% Eiche, 13,9% Buche, 15,0% sonstige Laubbäume. Größere Waldgebiete liegen in den Alpen und in den Mittelgebirgen wie Bayerischer Wald, Spessart, Frankenwald, Steigerwald.

Die bayerischen Wälder sind aufgrund forstlicher Nutzung und anderer Eingriffe meist stark verändert. Nur noch selten sind natürliche Wälder erhalten, manche nähern sich sekundär wieder einem natürlichen Zustand an. Heute werden viele Waldflächen naturnah bewirtschaftet, so dass sie sich weitgehend zu einem am jeweiligen Standort natürlich vorkommenden Wald entwickeln können.

Aufgrund unterschiedlicher Standortbedingungen (Böden, Höhenlagen, Klima) gibt es unterschiedliche Waldtypen – früher in größerer Zahl als heute – mit der jeweils charakteristischen Vegetation, beispielsweise: Eichenmischwälder waren früher in Bayern häufig. Die weit verbreiteten Eichen-Hainbuchenwälder wurden weitgehend durch Fichtenforste ersetzt. Eichen-Kiefern-Wälder gibt es vor allem in den trockenen sandigen Gegenden Nordbayerns, wo aber heute häufig reine Kiefernforste dominieren. Rotbuchenwälder haben ihr Hauptverbreitungsgebiet in den niederschlagsreichen Regionen der Mittelgebirge und des Voralpengebiets, in tieferen Lagen meist als reine Rotbuchenbestände, in höheren Lagen vermischt mit Weißtanne und Fichte. Nur in den Hochlagen der ostbayerischen Mittelgebirge und in den

Alpen kommen natürliche Fichtenwälder vor. Die Fichte, in der Vergangenheit gefördert durch die Forstwirtschaft, ist auch heute noch gebietsweise auf den unterschiedlichsten Standorten vorherrschend. Natürliche Kiefernwälder gibt es auf nährstoffarmen, sehr trockenen (Nordbayern) oder auf sehr feuchten Böden (Alpentäler). Bruchwälder aus Schwarzerlen in Verlandungsbereichen von Seen und entlang langsam fließender Gewässer waren früher in Bayern weit verbreitet, sind aber heute durch Rodung und Entwässerung sehr selten geworden. Auwälder sind als unmittelbar am Gewässer liegende Weichholzaue mit verschiedenen Weiden- und Erlenarten und als Hartholzaue mit Eschen, Ulmen und Eichen typische Begleitvegetation von Flüssen.

Wald und Mensch

Ab der Jungsteinzeit begann der Mensch in Mitteleuropa das natürliche Waldbild zu beeinflussen. Trotzdem war Mitteleuropa vor 2000 Jahren noch weitgehend von Wald bedeckt. Im frühen Mittelalter und insbesondere vom 11. bis 13. Jahrhundert fanden großflächige Rodungen statt. Der Wald wurde ab dem Mittelalter zunehmend und vielfältig genutzt und dabei übernutzt. Pflegemaßnahmen waren die Ausnahme. Eine natürliche Waldverjüngung wurde unter anderem verhindert durch große Kahlschläge, Waldweide, Waldfuttergewinnung, Streunutzung. Der hohe, für die Jagd der Feudalherren gehaltene Wildbestand führte durch Verbiss zu Waldschäden. Holz verbrauchte man in früheren Jahrhunderten in großen Mengen, nicht nur als Brennholz oder Bauholz, sondern auch in der Köhlerei, der Eisenverhüttung (vor allem in der Oberpfalz), zur Salzgewinnung durch Verdampfen der Sole (in Berchtesgaden), in der Glasmacherei (beispielsweise im Bayerischen Wald). Durch die Übernutzung kam es ab dem 17. und 18. Jahrhundert zur Holznot. Erste Regeln für die Waldwirtschaft wie die Bayerische Forstordnung (1568) gab es in Bayern bereits vor etwa 400 Jahren. Aber erst zu Beginn des 19. Jahrhunderts begann man landesweit mit konsequenter Aufbauarbeit. Die ehemaligen, stark aufgelichteten Laubwälder wurden zu Forsten, die vor allem aus den Nadelhölzern Kiefer und Fichte bestanden. Heute erfolgt zunehmend ein Umbau zu naturnah bewirtschafteten, stabilen und standortangepassten Mischwäldern.

Der Wald liefert neben Holz für die Energiegewinnung, zum Bauen oder für die Herstellung von Geräten etwa auch Nahrung und Heilmittel. Wälder sind unersetzliche Lebensräume für viele Arten und erfüllen viele Funktionen. Dazu gehören: ausgleichende Wirkung auf das Klima, Wasserspeicherung, Filtern von Schadstoffen, Produktion von Sauerstoff, Schutz gegen Lawinen und Muren, Erholungsraum. Gefährdet sind die Wälder insbesondere durch Flächenverluste, Einbringung nicht heimischer Baumarten, zu hohen Wildbestand, Luftschadstoffe, starke Erholungsnutzung, Aufschüttungen und Fichtenaufforstungen, Umwandlung von Auwäldern.

Für die Menschen früherer Jahrhunderte war der Aufenthalt im Wald nicht Vergnügen, sondern Notwendigkeit. Reisende mussten zu Fuß oder mit Fahrzeugen oft große Waldgebiete durchqueren. Die große Bedeutung des Waldes für die Menschen zeigt sich beispielsweise auch in den Märchen der Brüder Grimm, wo der Wald fast allgegenwärtig ist. Der Froschkönig (KHM 1) haust in einem Brunnen im dunklen Wald. Hänsel und Gretel (KHM 15) werden von den Eltern in den Wald geführt und treffen dort auf die böse Hexe. Rotkäppchen (KHM 26) begegnet auf dem Weg durch den Wald dem Wolf. Rapunzel (KHM 12) wird von der Zauberin in einen Turm im Wald gesperrt. Sneewittchen (KHM 53) trifft, auf der Flucht vor der bösen Stiefmutter, auf das im Wald stehende Haus der sieben Zwerge. Schneeweißchen und Rosenrot (KHM 161), die oft im Wald unterwegs sind, freunden sich mit dem aus dem Wald in das Häuschen der Familie gekommenen Bären an. Der Eisenhans (KHM 136) lebt in einem Pfuhl, der in einem großen Wald liegt. Auch in weniger bekannten Märchen wie etwa »Der wunderliche Spielmann« (KHM 8), »Die drei Männlein im Walde« (KHM 13), »Jorinde und Joringel« (KHM 69) »Die Raben« (KHM 93), »Hans mein Igel« (KHM 108), »Die sechs Schwäne«(KHM 49) oder »Die Alte im Walde« (KHM 123) ist der Wald Schauplatz. Diese starke Präsenz des Waldes in den Märchen entspricht seiner bedeutsamen Symbolik, aber ebenso einer realen Lebenswelt früherer Zeiten.

Erst im 18. und vor allem im 19. Jahrhundert änderte sich die Einstellung zum Wald. In der Romantik erscheint er als lieblicher oder geheimnisvoll-unheimlicher, in jedem Fall attraktiver Ort. Diese neue Attraktivität galt vor allem für das Bürgertum und die Künstler, wohl kaum für die dort mühsam Arbeitenden. Die Hinwendung zur Natur ist für Dichter des 19. Jahrhunderts, wie den Romantiker Joseph von Eichendorff (1788–1857) oder dem noch teilweise der Romantik nahestehenden Adalbert Stifter (1805–1868), vor allem mit dem Wald verbunden, der einschließlich der darin lebenden Naturgeister ein bevorzugtes stark symbolhaftes Thema wird.

GESTALTEN

Die Waldgeister in Bayern haben die schlechten Zeiten für den Wald in früheren Jahrhunderten einigermaßen überlebt und auch die bis in die 1970er-Jahre verbreitete naturferne Waldbewirtschaftung mit der Bevorzugung plantagenartiger Nadelholzreinbestände. In den heute vielerorts entstehenden naturnahen Mischwäldern könnten sich auch die Naturgeister wieder wohl fühlen.

Die Waldgeister sind unterschiedlich stark an den Wald gebunden. Bei Hehmann und Holzweiblein sieht man eine starke Bevorzugung dieses Lebensraums, während Elfen und Feen auch auf Wiesen oder anderswo auftauchen, die Fanggen auch als Berggeister bezeichnet werden können. Baumgeister und antike Nymphen bewohnen Bäume auch außerhalb des Waldes.

Baumgeist

In vorchristlicher Zeit wurden Bäume und die darin wohnenden göttlichen oder geisterhaften Wesen verehrt. Nach der Einführung des Christentums ließ sich der vorchristliche Baumkult, ebenso wie die Verehrung von Quellen und Steinen, nicht einfach auslöschen. Synoden und Konzilien forderten immer wieder die Bestrafung von Menschen, die an Bäumen, Quellen und Steinen beteten. Karl der Große verbot in seinen Kapitularien (789) bei Bäumen, Steinen und Quellen kultische Handlungen vorzunehmen. Noch im Hochmittelalter war offenbar das Thema aktuell, denn auf der Provinzialsynode von Trier (1227) untersagte man das Anbeten von Bäumen und Quellen.

Trotz dieser alten und bis fast in die Gegenwart reichenden Baumverehrung in Volksbrauch und Volksglauben gibt es in Bayern offenbar nur wenige Baumgeist-Sagen. Eine Allgäuer Sage erzählt vom »Dannama«, einer uralten Wettertanne, die am Weg von Rehbichel (Pfronten) nach Schweinegg (Eisenberg) stand. In manchen Nächten verwandelte sie sich in einen riesigen Mann, der sich bewegte, aber auf der Stelle blieb. Ein Mutiger wollte eines Tages die Tanne umschlagen, da drang Blut aus der Axtwunde und er ließ von seinem Vorhaben ab.[4]

Ein Mann aus Holzgau in Tirol, einem Nachbarort von Oberstdorf in Bayern, hatte im Wald einen Baum gefällt. Da hörte er Weinen und eine Stimme, die über die verlorene Wohnung klagte. Der Mann versprach dem unsichtbaren Baumgeist, dass er in seinem Haus unter der Stiege wohnen, aber keinen Schaden anrichten dürfe. Als der Mann nach Hause kam, berichtete ihm seine aufgebrachte Frau, dass Schüsseln und Teller herumgeworfen würden. Da vernagelte der Mann den Raum unter der Stiege mit Brettern. Seitdem war vom Geist nichts mehr zu hören oder zu sehen.[5]

Baumkult und Marienverehrung

Die heidnische Baumverehrung wandelte sich durch Verehrung der Gottesmutter Maria im Baum. Es gibt viele Wallfahrtsorte in Bayern, die sich auf ein im Baum gefundenes Marienbild zurückführen lassen.

In der Legende des niederbayerischen Wallfahrtsortes Kösslarn erscheint Maria im Wacholder. Die Legende ist auf zwei spätbarocken Tafelbildern im Innern der Kirche und auf deren Kopien außen an der Kirchenwand dargestellt. Berichtet wird von einem Ereignis, das einem Grafen von Ortenburg und seinem Diener im Jahr 1364 hier widerfuhr: »und siehe! beide erblickten in der Kronwettstaude voll himmlischen Glanzes ein Mutter Gottes Bild mit dem Kinde Jesu auf dem rechten Arme.« Es ist zwar von einem Bild die Rede, aber in der Darstellung erscheint Maria selbst im Baum.

Legenden berichten von Bäumen, in denen ein Marienbild gefunden wurde, beispielsweise: Fichte in Maria Feichten (Feichten, Lkr. Altötting), Eiche in Maria Eich (Planegg, Lkr. München), Kiefer in Pfarrkirchen (Lkr. Rottal-Inn), Schwarzer Holunder in Schneeberg (Lkr. Miltenberg), Birnbaum in Maria Birnbaum (Sielenbach, Lkr. Aichach-Friedberg).

Ein Beispiel für einen Baumwallfahrts-Ort im nordwestlichen Mitteleuropa ist das niederrheinische Marienbaum (Xanten), dessen Legende von einer Eiche mit treppenförmigem Stamm und einer Muttergottesstatue im Astwerk erzählt.[6]

Baumgeist in der Kunst

Bildende Kunst

Odilon Redon, 1840–1916, *L'Homme arbre* (Baumgeist), um 1895, Kohle auf Papier. New York, Pierpont Morgan Library.

Doris Autenrieth, *1948, *Baumfrau*, 2013, Acrylfarbe auf Holz, Zeichnung mit Graphitstift, Holzapplikation: Wurzel unbearbeitet, München, Privatbesitz. (s. S. 127)

Die *Baumnymphen* sind wie alle Nymphen Gestalten des antiken Kulturkreises, wobei ihre Wurzeln sicher älter sind. Dryaden oder Hamadryaden heißen die Eichennymphen. Diese schönen weiblichen Wesen wohnen in Bäumen, sind Teil des Baums und müssen mit dessen Tod sterben. Die Eschennymphen, Meliai, waren mächtigere Gestalten. Als Ammen nährten sie in Kreta den neugeborenen Gott Zeus.

Johann Karl August Musäus (1736–1787) beruft sich auf ältere Quellen und erzählt in »Libussa« (enthalten in »Volksmärchen der Deutschen«): Libuše oder

Libussa, die sagenhafte Gründerin von Prag, ist die Tochter des Fürsten Krokus und der Baumnymphe Krokowka, die mit ihrem Baum stirbt. Nach dem Tod des Fürsten wird Libussa vom Volk zur Regentin gewählt und zeichnet sich durch Klugheit, Weisheit und Gerechtigkeit aus.

Ähnlich den antiken Baumnymphen sind die südslawischen Baumvilen, weibliche Baumgeister, die zeitweilig aus ihrem Baum heraustreten können.[7]

Obwohl Baumnymphen keine Gestalten des mitteleuropäischen Volksglaubens sind, haben sie Künstler in Mitteleuropa und auch Bayern inspiriert.

Baumnymphe in der Kunst

Bildende Kunst

Moritz von Schwind, 1804–1871, *Die Nymphe Krokowa*, 1831/35, Öl auf Pappe, Wuppertal, Von der Heydt-Museum. *König Krokus und die Waldnymphe*, um 1860, Öl auf Leinwand, München, Sammlung Schack.

Wilhelm Trübner, 1851–1917, *Waldnymphe*, 1898, Öl auf Pappe, Galerie der Stadt Sindelfingen.

John William Waterhouse, 1849–1917, *A Hamadryad*, 1893, Öl auf Leinwand, Plymouth, Museum and Art Gallery.

Emile-René Ménard, 1862–1930, *Les Dryades*, 1913, Pastell auf Leinwand, London, Stair Sainty Gallery.

Pablo Picasso, 1861–1973, *Dryade*, 1908, Öl auf Leinwand, St. Petersburg, Eremitage.

Heinrich Vogeler, 1872–1942, *Nymphe*, 1907, Radierung, Hamburg, Kunstmuseum.

Literatur

Clemens Brentano, 1778–1842, *Die Gründung Prags*, 1812, Drama.

Franz Grillparzer, 1791–1872, *Libussa*, 1848, Tragödie.

Musik

Conradin Kreutzer, 1780–1849, *Libussa*, Oper, Libretto von Joseph Carl Bernhard. Uraufführung 1822 in Wien.

Bedřich Smetana, 1824–1884, *Libuše*, Oper, Libretto von Josef Wenzig. Uraufführung 1881 in Prag.

Allerlei Waldgeister

Der Wald als geheimnisvoller Ort beherbergt in Bayern neben den unten in eigenen Porträts vorgestellten Waldgeistern noch viele andere – männliche, weibliche, tiergestaltige. Von einigen, früher wohl stärker präsenten Waldgeistern finden sich heute nur noch schwache Spuren. Andere kommen nur in einem eng umgrenzten Gebiet oder einem bestimmten Ort vor. Selbstverständlich gibt es auch als Waldgeist auftretende Arme Seelen.

Unter den *männlichen Waldgeistern* ist der einzeln auftretende Waldschratt (Schratt, Schrat, althochdeutsch scrat oder scrato) eine ziemlich verschwommene, blasse Gestalt. Ursprünglich war er ein Waldgeist, wandelte sich aber im Lauf der Zeit zum Druckgeist. Bisweilen zeigt er sich als hässliches Männlein, manchmal als schwarze Katze, meist aber bleibt er für die Menschen unsichtbar. Besonders gefürchtet war der Schratt im Stall, wo er Pferde und Rinder plagt. Durch ein Schrattlgatterl suchte man ihn von dort fernzuhalten. Die in Bayern anzutreffenden Schraze(l)n sind im Allgemeinen den Zwergen gleichzusetzen. In slawischen Ländern gibt es den polnischen skrzak, skrzot, skrzok, einen zwergenhaften Hausgeist, den tschechischen škrátek, ebenfalls ein Hausgeist, aber auch eine Bezeichnung für Teufel oder Missgeburt oder den slowenischen škrát, unter dem ein zwergenhaftes, in hohlen Bäumen lebendes Wesen zu verstehen ist.[8]

Im Bannholz bei Sulzschneid (Marktoberdorf, Lkr. Ostallgäu) erschreckte die Waldarbeiter nach dem Gebetläuten ein geisterhafter Jäger, der plötzlich dastand und in einer fremden Sprache redete. Als ihm einmal ein Bauer einen geweihten Rosenkranz hinhielt, fing der Geist zu schwitzen und zu zittern an und verschwand. Nach einiger Zeit erschien er allerdings wieder.[9]

Schrattgatterl von Fritz Quidenus.

Ein Waldmännlein mit einem gelben Höslein und einem grünen spitzen Hütchen tanzte früher oft an einem Waldhang zwischen Wiesenacker und Deusmauer (beide Velburg, Lkr. Neumarkt i. d. Oberpfalz). Erblickte das Männlein einen Wanderer, dann warf es sein Hütl in die Luft und befahl mit krächzender Stimme, die Kopfbedeckung aufzuheben. Das wagte niemand. Doch eines Tages kam ein Hüterbub, der langte hin zum

Spitzhütl – und hatte ein Sackerl voller alter Silbermünzen in der Hand. Als der Bub dem Männlein danken wollte, war es verschwunden.[10]

Der Goggolore[11] ist eine altbayerische Sagengestalt, die vor allem durch Otto Reuther (1890–1973) weiteren Kreisen bekannt geworden ist. Seine Erzählung »Der Goggolore«[12] ist im Ammerseegebiet lokalisiert. Bei Reuther ist der Goggolore ein Waldgeist, bezeichnet mit Hutzelmann, Waldseel, Erdmännlein, der als segenbringender, aber auch schädigender, vielgestaltiger Hausgeist wirkt und schließlich in einem Berg verschwindet. Reuther erklärt im Geleitwort, dass die Geschichten getreue Nacherzählungen von Mitteilungen aus seiner Kindheit seien. Für die Oper »Der Goggolori« (1985) schrieb Michael Ende (1929–1995) das an Reuthers Buch orientierte Libretto. In Carl Orffs (1895–1982) Bühnenwerk »Astutuli« (1953) tritt der Goggolori auf.

Weibliche Waldgeister mit einem ebenfalls engen Lebens- und Wirkkreis sind das Kanzelweible und das Holzweible. Das Kanzelweible hauste in einem Waldstück »Auf der Kanzel« bei Frankenhofen (Kaltental, Lkr. Oberallgäu). Es trug eine Soldatenkappe und Stiefel. In der Nacht erschien es den verirrten Wanderern, versprach ihnen den Weg zu zeigen und führte sie dann an den Lech oder die Wertach. Ein unerschrockener Bursche band das Weible einmal mit einem Strick an einen Baum. Am Morgen war der Strick verkohlt und der Baum dort, wo das Kanzelweible mit dem Rücken gestanden hatte, völlig verbrannt. Das Weible war verschwunden und ließ sich nie mehr sehen.

Das Holzweible – klein, dick, eine Schnürkappe mit weißen Spitzen auf dem Kopf – erschien nachts im Wald bei Rentershofen (Röthenbach, Lkr. Lindau). Obwohl von ihm keine unangenehmen Handlungen überliefert sind, war es wegen seines unheimlichen Aussehens gefürchtet.[13]

Auch das Birgweibl, ein Wald-und Totengeist, ist als Arme Seele nur lokal tätig und zwar im altem Siedlungsgebiet am Hochufer der Isar zwischen Baierbrunn und Schäftlarn (Lkr. München). Dort sind im Wald die Reste einer ausgedehnten Befestigungsanlage, der sogenannten Birg, zu sehen. Das Bodendenkmal wird in seiner letzten Ausbaustufe als frühmittelalterliche Fliehburg interpretiert, was nicht gegen frühere Besiedlungen und Anlagen spricht.

Die Birg bei Baierbrunn.

[…]

Das Birgweibl erscheint öfter in schlechter Kleidung; sie ist klein, trägt einen Strohhut, einen Stock in der Hand und einen Korb. Ging sie von der Birg weg und begegnete ihr Jemand, so fragte sie jedesmal, wo der Weg nach Baierbrunn geht; ging sie aber gegen die Birg, so fragte sie nach dem Wege nach Schäftlarn; allein sie kam nie ganz nach Baierbrunn, und nie ganz nach Schäftlarn, denn sie ist in die Grenzen der Birg gebannt und kann über diese nicht hinaus.[14]

Die Sage berichtet auch, dass die Erscheinung auf eine alte Frau aus Baierbrunn zurückgehe, die bei einer Belagerung der Burg den Belagerern einen erfolgreichen Rat zur Auffindung der die Burg mit Wasser versorgenden Quelle erteilt habe.

In *Tiergestalt* erscheinen Waldgeister eher selten. Dem Holzfuchs begegnet man nur noch in Redensarten: Jemand »zahnt wie ein Holzfuchs«; ein »zahnerter Holzfuchs« bezeichnet einen verschlagenen Menschen.

Ein riesiger Hund mit feurigen Augen zeigte sich früher oft Wanderern am Banklberg, im damals dichten Wald zwischen Hienheim und Kelheim und zwar an einer Wegkreuzung – am Bankl. Als einmal ein junger Bauer mit seinem Pferdegespann um Mitternacht zum Banklberg kam, gingen die Tiere keinen Schritt mehr weiter, wieherten und stiegen in die Höhe. Vom Banklberg leuchteten die großen Augen des Hundes herunter. Erst um 1 Uhr verschwand die Erscheinung und die Pferde gingen weiter.[15]

Waldgeister in der Kunst

Bildende Kunst

MORITZ VON SCHWIND, 1804–1871, *Erscheinung im Walde*, um 1858, Öl auf Holz, Frankfurt am Main, Städel Museum.

WOLF E. SCHULTZ, *1940, *Waldgeister*, Vernissage 2015, Fotoserie (Wanderausstellung).

DORIS AUTENRIETH, *1948, *Waldgeister*, 2013, Acrylfarbe auf Holz, Zeichnung mit Graphitstift, Holzapplikation: Lindenholzschnitzerei, München, Privatbesitz. (s. S. 128)

Literatur

OTTO REUTHER, 1890–1973, *Der Goggolore*, 1985, Erzählung.

Musik

WILFRIED HILLER, *1941, *Der Goggolori*, Eine bairische Mär mit Musik in 8 Bildern, Libretto von Michael Ende, 1929–1995. Uraufführung 1985 in München.

Satyrn, Silene, Faune sind männliche Waldgeister der antiken Mythologie, die sich auch auf Feldern und Weiden herumtreiben. Die Satyrn sind Mischgestalten aus Mensch und Ziege, die Silene aus Mensch und Pferd. Beide gehören zum Gefolge des Weingottes Dionysos, treten aber auch unabhängig von ihm auf. Diese lüsternen und lustigen Wesen stellen gern den Nymphen nach. Ovid berichtet in seinen »Metamorphosen«, dass sich Jupiter in der Gestalt eines Satyrn der Antiope näherte. Faune, ebenfalls Mischwesen zwischen Mensch und Ziege, gehören zur römischen Mythologie; sie gelten auch als Söhne des Waldgotts Faunus.

Obwohl Satyrn, Silene und Faune den Menschen gegenüber meist eher feindlich eingestellt sind, erfreuen sie sich der Zuneigung der Künstler, bieten sie doch, unter Vorgabe der Auseinandersetzung mit klassischen Bildungsinhalten, die Möglichkeit zu erotischen Darstellungen.

Satyrn, Silene, Faune in der Kunst

ALBRECHT DÜRER, 1471–1528, *Die Satyrfamilie*, 1505, Kupferstich, New York, Metropolitan Museum of Art. (s. S. 129)

ALBRECHT ALTDORFER, um 1480–1538, *Landschaft mit Satyrfamilie*, 1507, Öl auf Holz, Berlin, Gemäldegalerie.

ANTHONIS VAN DYCK, 1599–1641, *Jupiter als Satyr bei Antiope*, um 1620, Öl auf Leinwand, Köln, Wallraf-Richartz-Museum.

CHRISTIAN BENJAMIN RAUSCHNER, 1725–1793, *Schlafende Nymphe mit Satyren*, um 1760, farbiges Wachsrelief, Hamburg, Museum für Kunst und Gewerbe.

ANSELM FEUERBACH, 1829–1880, *Silen, Doppelaulos spielend, mit schlafendem Bacchusknaben*, 1848, Öl auf Leinwand, Karlsruhe, Staatliche Kunsthalle.

FRANZ VON STUCK, 1863–1926, *Syrinxblasender Faun am Meer*, um 1914, Öl auf Holz, Zürich, Sammlung Katharina Büttiker. *Faun und Nixe*, 1918, Öl auf Leinwand. Privatbesitz.

PABLO PICASSO, 1881–1973, *Concert des faunes* (Konzert der Faune), 1946, Bleistift und Aquarell auf Papier. Privatsammlung.

Musik

CLAUDE DEBUSSY, 1862–1918, *Prélude à l'après-midi d'un faune* (Vorspiel zum Nachmittag eines Fauns), Sinfonische Dichtung. Uraufführung 1894 in Paris.

Holzweiblein

Diese weiblichen Dämonen, die auch Namen wie Holzfräulein, Waldfräulein, Waldfrauerl, Moosfräulein oder –weiblein tragen, sind klein und von meist anmutiger Gestalt. Den west- und nordeuropäischen Elfen und Feen entsprechen in ihrer Schönheit und ihrem freundlichen Wesen die mitteleuropäischen Holzweiblein (wie auch die Saligen Frauen). In Bayern trifft man insbesondere in der Oberpfalz und in Franken auf diese Gestalten. Viel seltener als die Weiblein treten Holzmännlein auf.

Mit ihrer Kleidung aus Moos, Flechten, Gras oder Flachs und ihren Wohnungen in Höhlen oder hohlen Bäumen haben sie wohl ein hohes kulturgeschichtliches Alter. Ähnlich wie den Zwergen ist diesen Wesen ihre lange Geschichte bewusst: So hat sich einmal bei Bärnau (Lkr. Tirschenreuth) ein Holzweiblein verwundert, als es zwei Köhler sah, die wegen der Kälte »zwiegstöß« in einem Sack schliefen, wobei der eine den Kopf oben, der andere unten herausstreckte. Das Weiblein, das gerade auf einem mit drei Kreuzen versehenen Baumstock saß, schlug die Hände zusammen und rief, dass es doch schon so alt sei, dass es den Böhmerwald neunmal als Wiese und Feld und neunmal als Wald gesehen habe, aber noch nie so ein sonderbares Tier mit zwei Köpfen und ohne Füße. Das müsse es gleich der Mutter erzählen, die sei noch einmal so alt.[16]

Den Menschen sind die Holzweiblein zugetan und hilfreich. Sie unterstützen sie bei der Haus- und Feldarbeit, aber auch bei Krankheiten, denn die Holzfräulein kennen sich mit heilkräftigen Kräutern aus (S. 29). Für ihre Hilfe verlangen die Weiblein wenig: Essen und die Beachtung einiger Tabus. Im Schallholz bei Merkendorf (Lkr. Ansbach) wohnten Holzweiblein. Auf vielerlei Weise, etwa beim Heuen, halfen sie den Menschen. Aber diese verdross es, dass sich ihre Helferinnen ein paar Klöße und Brote nahmen. Um die Holzweiblein loszuwerden, legte ihnen der Müller, dem sie so treu geholfen hatten, neue Kleider hin. Andere buken Kümmel ins Brot oder bestreuten es damit. Da verschwanden die Holzweiblein klagend. Den Leuten ist es danach nie mehr so gut gegangen wie zuvor.[17] Ähnlich geschah es auch in Wilhelmsdorf in Thüringen, wo ein Waldfräulein einer Bäuerin im Haus fleißig half, sodass diese zu Wohlstand gelangte, und dafür stets nur ein Stückchen Brot ohne Kümmel erbat. Eines Tages buk die Bäuerin Kümmel ins Brot. Nachdem das Waldfräulein davon gegessen hatte, verließ es traurig das Haus, und die Bäuerin verarmte.[18]

Auch Brot, das, wie früher oft üblich, mit einem Kreuzzeichen versehen war, können die kleinen Dämonen nicht essen. Zwar wurde dieses Tabu in einem

Haushalt in Neuenhammer (Lkr. Neustadt a. d. Waldnaab) beachtet, doch ließ die dankbare, aber unwissende Bäuerin ein schönes Kitterl für das Holzfrauerl machen. Leider sind die Menschen schlecht beraten, wenn sie aus Dankbarkeit den Moosfräulein Kleidung machen lassen. Denn dieses Geschenk kommt, wie auch bei Zwergen und anderen Naturgeistern, nicht gut an und hat meist den Weggang der hilfreichen Wesen zur Folge. So geschah es auch in Neuenhammer – das Holzfrauerl verschwand.[19]

Die Holzfräulein erfüllten auch die Funktion von Vegetationsgeistern. So hatten sie nichts dagegen, wenn sie bei der Ernte auf Feldern oder Wiesen bedacht wurden. Man ließ etwa in Windischeschenbach (Lkr. Neustadt a. d. Waldnaab) auf den Fruchtfeldern und Flachsäckern Büschel für sie stehen oder liegen, ebenfalls geschah dies in der Gegend von Kulmbach beim Heuen und Fruchtschneiden.[20]

Angetan zeigen sich die Holzweiblein auch von anderen kleinen Gefälligkeiten. Ein armes Mädchen, dessen Mutter an Fieber erkrankt war, ging in den Wald am Hengstberg (Lkr. Wunsiedel im Fichtelgebirge), um Beeren und Haselnüsse zu sammeln. Da sah es ein Moosmütterlein vor sich stehen, das um einige Nüsse und Beeren bat, die ihm das Mädchen bereitwillig gab. Als das Kind daheim die Beeren und Nüsse auf den Tisch schüttete, waren sie von Gold, und die armen Leute mussten fortan keine Not mehr leiden.[21] Geschenke, die Moosfräulein zum Dank überreichen, sehen oft gering aus, sind aber in Wirklichkeit sehr kostbar: etwa ein Knäuel Garn, das nicht abnimmt, solange das Geheimnis niemandem verraten wird oder ein Stück Baumrinde, das sich später als aus purem Gold erweist.

Oft werden die Holzweiblein vom Wilden Jäger verfolgt und getötet. Viele Sagen erzählen, wie vorwitzige Menschen, die vom Wilden Jäger einen Anteil an dessen Jagderfolg verlangen, Teile eines toten Holzweibleins erhalten:

Wilder Jäger jagt das Waldfräulein.
Königstein in der Oberpfalz: Einst jagte der Wilde Jäger mit seinem Heere über eine Pferchhütte, in welcher der Schäfer lag. Dieser rief ihm nach: »Hast g'hört du, bring mir mein Teil auch mit!« Bald brauste der Wilde Jäger wieder über die Pferchhütte, ließ auf dieselbe einen Schenkel eines Waldfräuleins herabfallen und rief mit fürchterlicher Stimme: »Hast g'hört du, da hast dein Teil!« Nun hatte der Wilde Jäger auch Macht über den Schäfer und nahm ihn das andere Jahr mit sich fort.[22]

Einer christlichen Sagenschicht entspricht es, wenn wohlgesinnte Holzarbeiter in einen Baumstock drei Kreuze einhauen. Dort sind die Weiblein vor dem

Verfolger sicher. Manchmal heißt es, das Einhauen der Kreuze auf dem Stock müsse geschehen, ehe der fallende Baumstamm den Boden erreicht. Nahe dem niederbayerischen Passau, im oberösterreichischen Sauwald, waren die Moosweiblein baumgeistartige Wesen, deren Leben, ähnlich wie das der Nymphen, an einen bestimmten Baum gebunden war. Die freundlichen Wesen halfen den Holzknechten bei der Arbeit und beschenkten sie mit goldenen Tannenzapfen. Vor dem Wilden Jäger mussten sie sich ständig in Acht nehmen, weil der sie jagte und zerriss, wann immer er sie erwischte. Ein Weiblein bat einst einen Holzknecht, in die gefällten Bäume mit der Axt drei Kreuze zu schlagen. Der Mann erfüllte die Bitte, das Holzweiblein brachte sich in Sicherheit und der Holzknecht erreichte Wohlstand sowie ein gutes und langes Leben.[23]

Im mittelalterlichen Sagenkreis um Dietrich von Bern wird ein Waldfräulein vom Riesen Fasolt verfolgt und von Dietrich gerettet.

Hehmann

Der Hehmann, der auch als Hemann, Homann, Hoimann, Huimann, Höttehött umherstreift, ist ein meist unerfreulicher Waldgeist, der mit seinen He-, Ho-, Hoi- , Huya-, Hott- oder Höttrufen im Wald arbeitende Menschen oder nächtliche Wanderer erschreckt. Die Solitärgestalt tummelt sich gern im Osten Mitteleuropas: in Böhmen (böhmisch: Hejkadlo), Schlesien, im Vogtland. In Bayern findet man ihn bevorzugt in der Oberpfalz, aber er verschmäht es keineswegs, auch in anderen Landesteilen aufzutreten.

Die Gestalt dieses Waldgeists ist sehr variabel – oft riesig, manchmal ein kleines graues Männchen oder ein schwarzer Mann – wobei Verwandlungen vor den Augen der entsetzten Menschen geschehen können. Bei Wertingen (Lkr. Dillingen) pflegte der Hoimann als Zwerg zu erscheinen oder als junger Mann mit dunkelrotem Mantel und einem großen Hut mit zurückgeschlagener Krempe, manchmal als große, schlanke Gestalt, einen grauen Mantel lässig über die Schulter gehängt.[24]

Der Erzählforscher Leander Petzoldt bezeichnet den Hehmann als Herrn und Hüter des Waldes.[25] Der Waldgeist mag sich nicht verspotten lassen, und wer seinen Ruf nachahmt, an dem rächt er sich, ähnlich wie die Habergeiß, unbarmherzig. So geschah es einer vorwitzigen Magd in Thronhofen (Lkr. Kelheim, Niederbayern), die einmal um Mitternacht die beim Teugner Bachgraben auf- und abgehenden Hehmänner verspottete, indem sie ihre Rufe nachahmte. Am anderen Morgen lag sie tot auf der Gred.[26] Ausnahmsweise erscheint hier das Solitärwesen Hehmann im Kollektiv.

Als mildere Strafe führt der Waldgeist Spötter in die Irre, wie beispielsweise in einer Sage aus der Oberpfalz erzählt wird:

Der Bauer und der Hoimann.
Bei Ursulapoppenricht am linken Ufer der Vils befindet sich ein Wald, welcher der Mülhoy heißt. Hier holte einmal spät abends ein Bauer eine Fuhr Streu. Als er aufgeladen hatte, setzte sich seine Frau, die bei der Arbeit mitgeholfen, auf den Wagen. Da hörte man wie von weiter Ferne her den Ruf des Hoimanns. Die Frau rief, obgleich der Mann ihr wehrte, ihm nach. Da ging blauer Dampf über den Bäumen weg und vor dem Wagen stand, so groß wie eine Tanne, der Hoimann. Der Bauer trieb seine Pferde zu raschem Gange an. Aber er kam vom rechten Wege ab. Statt heimwärts fuhr er in entgegengesetzter Richtung weiter. Erst am nächsten Morgen machten ihn Holzhauer, die ihm begegneten, auf seinen Irrtum aufmerksam.[27]

Manchmal springt der Hoimann als Aufhocker-Geist dem nachahmenden Rufer auf den Rücken und lässt sich mittragen. In Kronau (Pullenreuth, Lkr. Tirschenreuth) hörte ein Bauer, der bei Nacht durch einen Wald vom Wirtshaus nach Hause ging, den Hoihoi-Ruf. In seiner Trunkenheit rief er übermütig zurück, und schon sprang der Hoihoi-Ma auf seinen Rücken und ließ sich bis Tagesanbruch mitschleppen. Der erschöpfte Bauer lag mehrere Tage krank darnieder, und noch vier Wochen nach seinem Abenteuer hatte er auf dem Rücken schwarzblaue Finger- und Knieabdrücke.[28]

Aber auch Menschen, die ihn nicht gereizt haben, kann es geschehen, dass der Geist sie irreführt, wie in einer Sage aus Iphofen (Lkr. Kitzingen) über den Höttehött erzählt wird. Dieser erschien einem Knecht aus Birklingen – auf einem übergroßen Schimmel mit feueratmenden Nüstern sitzend und laut rufend. Der entsetzte Knecht lief davon, fand sich beim Morgengrauen in fremder Gegend und musste mühsam einen Heimweg suchen. Er war längere Zeit krank und erholte sich nie mehr vollständig.[29] Die Begegnung mit dem Waldgeist lässt den Sterblichen gezeichnet zurück – ein Motiv, das sich auch im Kontext mit anderen Naturgeistern zeigt.

Der Hehmann kümmert sich bisweilen um die Einhaltung sozialer Regeln. So wurden einst zwei Männer aus Bärnau (Lkr. Tirschenreuth) beim Holzstehlen durch das Auftauchen des Hehmanns erschreckt, der sich ihnen so groß wie eine hohe Fichte zeigte. Erschrocken ließen die beiden ab von ihrem unrechten Tun.[30]

In christlicher Sagenschicht kann der Teufel als Hehmann imponieren. So hörte einst in der Nacht ein Fuhrmann bei Ebnath (Lkr. Tirschenreuth) den

Ruf des Hehmanns. Der Mann gab Antwort, weil er glaubte, einem Verirrten helfen zu müssen. Aber es erschien ein grüner Jäger. Als der Fuhrmann den Geißfuß erblickte, fuhr er rasch davon – und ließ den enttäuschten Teufel zurück.[31]

Auch ins Gewand Armer Seelen schlüpft der Waldgeist, wie er es in einer Gegend im heutigen oberbayerischen Lkr. Fürstenfeldbruck tat:

Der Hoimann zwischen Kothgeisering und Jesenwang.
Mündlich
Auf einer Wiese zwischen dem Dorfe Jesenwang und Kothgeisering trieb sich vor Zeiten ein Mann herum, welcher ausrief: »Hoi! hoi! hoi! Wo soll ich ihn hinthun! wo soll ich ihn hinthun?« Diese Erscheinung fand besonders in heiligen Zeiten, zumeist in der Oktav des Allerseelenfestes statt. Ein Trunkenbold ging eines Abends von Jesenwang nach Kothgeisering, und hörte, als er zur Wiese kam, den Ruf des Hoimanns. Der Betrunkene schrie dem Hoimann entgegen: »Hoi! hoi! wo mußt du ihn hinthun? Wo du ihn hergenommen hast.« Kaum hatte er dieses gesagt, so stand statt des Hoimanns eine weiße Gestalt vor ihm, welche ihn anredete: »Vergelt's Gott, daß du mich erlöst hast. Ich habe, als ich auf Erden lebte, den Markpfahl verrückt, und wurde dazu verurtheilt, so lange hier umzugehen, bis einer mir antwortete wie du. Nun gehe ich schon zweihundert Jahre um und harrte vergebens auf Erlösung, bis du gekommen bist. Du hast mich erlöst; Gott vergelt's dir!« Die Sage setzt hinzu, daß der Betrunkene nüchtern geworden und nach Hause geeilt sei, um diesen sonderbaren Vorfall bekannt zu machen.[32]

Elben, Elfen

Im Volksglauben Mitteleuropas spielen diese Wesen eine geringe Rolle. Die Bezeichnung für den Druckgeist Alp ist über das gesamte deutsche Sprachgebiet verbreitet, die seltenen Elben gibt es im Norden und in der Mitte Deutschlands.[33] Eine sehr lange Elfen-Tradition (altenglisch: ælf, neuenglisch: elf) besteht in Skandinavien und England. William Shakespeare (1564–1616) hat in der Komödie »Ein Sommernachtstraum« die nordeuropäischen Elfen ins antike Griechenland versetzt und zeigt, dass auch der Elfenkönig Oberon und seine Gemahlin Titania gefährlichen Liebesverirrungen und -verwirrungen ausgesetzt sind. Die Elfen (Lehnwort aus dem Englischen) als liebliche zwergenhafte Geister gelangten im 18. Jahrhundert, vermittelt durch Dichter wie Christoph Martin Wieland (1733–1813) und Johann Gottfried Herder (1744–1803), in die Kunst Mitteleuropas. Maler wie Moritz von Schwind (1804–

1871) und ein bildungsbürgerliches Publikum verhalfen ihnen zu Popularität, die sich im 19. und frühen 20. Jahrhundert auch in den beliebten Elfenreigen-Schlafzimmerbildern zeigte.

Die in bayerischen Sagensammlungen meist fehlenden Elben beschreibt zu Beginn des 20. Jahrhunderts Nepomuk Sittler als in der Oberpfalz vorkommende Gestalten. Vielleicht sind sie aus weiter nördlichen Gegenden eingewandert und vielleicht haben sich verschiedene Quellen und Vorstellungen vermischt?

> *Elben.*
> *Die Elben (Elfen) sind gefallene Engel, welche bei Vollmondscheine auf Waldwiesen und Auen tanzen. Aber es können auch die Seelen Verstorbener sein, die für ihre Sünden noch zu büßen haben. Sie unterscheiden sich in gute und böse Geister. Die guten Elben treten beim Tanze bloß die Spitzen des Grases ein, die bösen aber drücken es in den Boden, wo es verdorrt und nie mehr nachwächst. Der Tanz der guten Elben ist von lieblichem Gesange, der Tanz der bösen von lärmender Musik begleitet.*
> *Die Seelen Verstorbener, welche noch nicht rein sind, tanzen in Menschengestalt mit Vorliebe auf Kreuzwegen. Um sie her ist alles stumm. Sie tragen weiße Kleidchen mit schwarzen Flecken, die mit einem Gürtel zusammengehalten werden. Die Flecken in den Kleidern verblassen mit der Zeit und sind sie einmal verschwunden, so ziehen die Seelen gereinigt in den Himmel ein.*[34]

Zur Gefährlichkeit der Elben bringt derselbe Autor eine in Runding (Lkr. Cham) lokalisierte Sage (»Der Bauernbursche und die Elben«), deren Authentizität hier nicht bewertet werden kann: Ein Bauernbursche, der in einer Vollmondnacht vom Jahrmarkt heimging und auf seinem Weg an einer Waldwiese vorbeikam, sah dort dunkel gekleidete, zu Musik tanzende Mädchen. Nach dem dritten Reigen winkte eine der Tänzerinnen dem Burschen und dieser tanzte mit dem Mädchen bis er ohnmächtig zu Boden stürzte. Am Morgen fand man ihn tot auf der Wiese, deren Gras in die Erde getreten war.[35]

Als schädliche Dämonen erscheinen Elben vereinzelt in den Hexenprozess-Akten der frühen Neuzeit.[36]

Elfenreigen auf der Waldwiese, »Schlafzimmerbild«, um 1900.

Elfen in der Kunst

Bildende Kunst

Johannes Heinrich Füssli, 1741–1825, *Das Erwachen der Elfenkönigin Titania*, 1785, Öl auf Leinwand, Winterthur, Kunstmuseum.

Moritz von Schwind, 1804–1871, *Elfentanz im Erlenhain*, um 1860, Öl auf Eichenholz, München, Sammlung Schack.

Anna Klein, 1883–1941, *Elfenkinder*, Linolschnitt, Dachau, Gemäldegalerie. (s. S. 130)

Literatur

Christoph Martin Wieland, 1733–1813, *Oberon*, 1780, Märchenepos.

Joseph von Eichendorff, 1788–1857, *Elfe*, Gedicht.

Eduard Mörike, 1804–1875, *Elfenlied*, Gedicht.

Ludwig Tieck, 1773–1853, *Die Elfen*, 1811, Erzählung.

Heinrich Heine, 1797–1856, *Dämmernd liegt der Sommerabend*, Gedicht.

Anastasius Grün, 1808–1876, *Elfe und Kobold*, Gedicht.

Musik

Carl Maria von Weber, 1786–1826, *Oberon, König der Elfen*, Romantische Oper in drei Akten von James Robinson Planché. Uraufführung 1826 in London, deutsche Erstaufführung 1826 in Leipzig.

Goethes Erlkönig

Verführerisch und todbringend ist in Johann Wolfgang von Goethes (1749–1832) Ballade der Erlkönig (1782), der eigentlich ein Elfenkönig ist. Um ihn und seine Tochter geht es in einer dänischen Volksballade, die 1778/79 Johann Gottfried Herder (1744–1803) aus dem Dänischen ins Deutsche übertragen und dabei – irrtümlich oder bewusst – Elverkonge als Erlkönig statt als Elfenkönig übersetzt hat. Von der übersetzten Ballade hat sich Goethe zu seiner Dichtung inspirieren lassen. Die berühmtesten Vertonungen stammen von Franz Schubert (1821) und Carl Löwe (1824).

Viele bildende Künstler illustrierten die Ballade. In Münchener Museen befinden sich beispielsweise:

Ludwig Ferdinand Schnorr Von Carolsfeld, 1788–1853, *Erlkönig*, um 1833, Öl auf Leinwand, München, Sammlung Schack.
Moritz von Schwind, 1804–1871, *Erlkönig*, 1828, Bleistift, Feder, braune Tusche, München, Staatliche Graphische Sammlung. *Erlkönig*, um 1860, Ölfarbe auf Holz, München, Sammlung Schack. (s. S. 131)
Eugen Napoleon Neureuther, 1806–1882, *Erlkönig*, 1829, Feder, graue Tusche, München, Staatliche Graphische Sammlung.

Fee

Im Volksglauben Mitteleuropas kommt die Fee nicht vor. Dennoch lebt sie in der deutschen Sprache im Wort »gefeit«: Feen oder Feien machen durch ihre Zauberkräfte unverletzlich und unverwundbar. Hierzulande wirken den schönen Feen ähnliche Gestalten, sie heißen Wildfrauen, Fräulein, Jungfrauen. Die Saligen Frauen erinnern in ihrem Aussehen und ihrem Wesen an die Feen, auch die Holzfräulein sind feenähnlich. In einigen Sagen werden solche heimischen Gestalten als Feen bezeichnet und auch der oben erwähnte Nepomuk Sittler beschreibt Feen für die Oberpfalz.[37]

Beheimatet sind Feen in Ländern mit länger bewahrter keltischer Tradition wie England und Frankreich. Große Bedeutung hatten sie insbesondere bei den Inselkelten. Heinrich Heine geht bei den mittelalterlichen französischen Feenerzählungen von einer Vermischung des keltischen Elfenglaubens mit dem Feenglauben des Morgenlands aus. Über Frankreich gelangte die Fee auch in unsere Märchen wie »Dornröschen« (KHM Nr. 50).

Im Sagenkreis um den keltisch-britannischen König Artus, einer historisch schwer fassbaren keltischen Sagengestalt, der vielleicht um 500 n. Chr. regierte und sein Volk erfolgreich gegen die eindringenden Sachsen verteidigte, tummeln sich Feen. Des Königs Halbschwester Morgane, ist gefährlich und bösartig, gehört aber zu den drei Feen, die den im Kampf mit seinem Neffen Mordred schwer verwundeten Artus nach der Anderswelt-Insel Avalon bringen und ihn dort pflegen. Artus' Ziehvater und Berater, der weise Zauberer Merlin kann sich am Ende gegen die Listen der Fee Viviane, nach anderer Überlieferung Nimue, nicht wehren. Sie entlockt ihm seine Zaubergeheimnisse und bannt ihn in einen von einem Weißdornstrauch überwachsenen Felsen.

Fee in der Kunst

Bildende Kunst

JOHANN HEINRICH FÜSSLI, 1741–1826, *Die Feenkönigin erscheint Prinz Arthur*, 1788, Öl auf Leinwand, Basel, Kunstmuseum. (Illustration zu Edmund Spencers »The Faerie Queene«).

EDWARD BURNE-JONES, 1833–1898, *Die Verzauberung Merlins*, 1877, Öl auf Leinwand, Liverpool, Lady Lever Art Gallery.

Literatur

CHRISTOPH MARTIN WIELAND, 1733–1813, *Die Abenteuer des Don Sylvio von Rosalva*, 1764, Roman.

E. T. A. HOFFMANN, 1776–1822, *Klein Zaches, genannt Zinnober*, 1819, Kunstmärchen.

WILHELM HAUFF, 1802–1827, *Der Zwerg Nase*, 1826, Kunstmärchen.

JOACHIM RINGELNATZ, 1883–1934, *Nervosipopel*, 1924, Sammlung von elf Grotesken.

Musik

FERDINAND RAIMUND, 1790–1836, *Das Mädchen aus der Feenwelt oder Der Bauer als Millionär*, 1826, Romantisches Zaubermärchen mit Gesang.

JOHANN NESTROY, 1801–1862, *Lumpazivagabundus oder Das liederliche Kleeblatt*, 1833, Zauberposse mit Gesang.

Exkurs: Fanggen

Die Fanggen, Fänggen, Fanken oder Fänken sind meist riesengroße, schrecklich anzuschauende Geister waldreicher Alpenregionen im alemannischen Sprachraum oder an dessen Rand. Dazu gehören Vorarlberg, Liechtenstein, Teile Tirols, die deutschsprachige Schweiz und in Bayern Teile des Allgäus. Vor allem aus Tirol und Vorarlberg sind Sagen zu Fanggen überliefert. Es gibt auch männliche Fanggen (insbesondere in Vorarlberg), aber die weiblichen Gestalten, die auch Fanggin oder Fanga heißen können, überwiegen. Fließend sind die Grenzen zu den Wilden Frauen, den Saligen und den Holzweiblein.

Gekleidet sind die Fanggen in Rinden, Bartflechten und Fellen von wilden Tieren. Sie sind an ihren Wald gebunden und müssen sterben, sobald der vernichtet wird. Das Geläut von Kirchenglocken vertreibt diese Naturgeister.

Fanggen können auch als Tierherrinnen auftreten und ähnlich den Saligen Frauen Gämsen als Haustiere halten.

Zum Kinderschreck sind die Fanggen herabgesunken, wenn es heißt, sie würden Buben packen und durch die Nase aufschnupfen oder an dürren Bäumen zu Staub zerreiben, wie in einer Sage aus Tirol über eine Fanggin berichtet wird.[38]

Die Fanggen-Sagen enthalten oft sehr alte Motive. So erinnert eine Sage aus Arzl im Pitztal (Bezirk Imst, Tirol) an das Niemand-Motiv in der Odyssee[39]:

Saltthon.

Ein Bauer von Arzl im Oberinntal ging einmal in den Wald, um Kienholz zu machen. Dort fand er aber einen so harten Zunderstock, dass es ihn viele Mühe kostete, ihn zu klieben. Als er mit dieser Arbeit beschäftigt war, kam eine Fanga daher und fragte den Bauer: »Wie heißest du?« Da antwortete der Bauer dem Waldweibe: »Saltthon«. Da sprach die Frau freudig: »Jetzt bekomm ich einmal Menschenfleisch, das soll mir schmecken.« Darauf sagte der Bauer, der ein pfiffiger Kauz war: »Du wirst mich aber nicht roh essen, wenn das Fleisch schmecken soll, muss es gebraten sein.« Nun fragte die Fanga: »Wie geht denn das?« Da erwiderte der Bauer: »Du musst zuerst diesen Zunderstamm klieben, ihn dann anzünden und dann kannst mich am Feuer braten. Fahr nur mit deinen starken Händen hinein und reiß den Stock auseinander.« Der Bauer zog aber stracks den hineingeschlagenen Keil heraus und die Fanga war nun eingeklemmt. Wie sie sich so überlistet und gefangen sah, fing sie an zu schreien und um Hilfe zu rufen. Da kam der Waldmann so herabgetümmelt (gelärmt), dass noch heutzutage der Ort Timmels heißt und rief: »Wer hat dir ein Leides getan?« Antwortete die Fanga: »Saltthon.« Als der Waldmann dies hörte, war er unwillig und rief: »Saltthon, saltg'litten!« Dann lief er davon und ließ die Fanga im Stiche. Der Bauer kam nun mit heiler Haut nach Hause, wagte sich aber nie mehr so hoch in den Wald hinauf.[40]

Ein weiteres aus der Antike stammendes und in mitteleuropäischen Sagen im Kontext mit Naturgeistern erscheinendes Motiv ist das der Mitteilung vom Tod des großen Pan (S. 188), worüber der griechische Geschichtsschreiber Plutarch (um 45–um 125) berichtet: Auf einer Schiffsreise von Griechenland nach Italien habe plötzlich eine Stimme den Namen des Steuermanns Thamus gerufen. Als Thamus nach dem dritten Anruf antwortete, hörte er: »Wenn du nach Palodes kommst, melde, dass der große Pan tot ist.« Als Thamus tat, wie ihm die Stimme geheißen, erhob sich am Ufer ein großes Seufzen.[41]

Das Motiv der Todesbotschaft[42] kommt in alpenländischen Sagen bevorzugt im Kontext mit Fanggen vor (in Norddeutschland mit Zwergen): Ein Mann mit einer Last auf dem Rücken ging einst durch einen Wald bei Stams (Tirol), als ihm eine Stimme zurief, er solle der Florinde sagen, dass Heringingele gestorben sei. Der Mann, dem diese Namen völlig unbekannt waren, rastete am Ende des Waldes in einem Gasthaus und erzählte dort sein merkwürdiges Erlebnis. Eine in der Stube anwesende Magd schrie laut auf und stürzte sich durch das verschlossene Fenster hinaus, ohne sich zu verletzen. Am anderen Tag fand man die Magd an einem Baumast im Wald aufgehängt, da, wo die Stimme erschollen war. Sie war Florinde, das Kind einer Fangg oder einer Saligen, das wahrscheinlich der Riese erwischt und umgebracht hatte.[43] In dieser Sage gibt es ein zweites, christlicher Schicht entstammendes Motiv: Ein männlicher Geist – Riese, Wodan, Wilder Jäger – hetzt den weiblichen Dämon, so wie es auch den Holzweiblein immer wieder geschieht.

In einer Fassung der mittelalterlichen Dichtungen um Wolfdietrich erscheint diesem Helden eine Art Fangge, ein bärenartiges Waldweib: Rauchelse oder Raue Else begehrt, von Wolfdietrich geehelicht zu werden. Als er sich weigert, beraubt sie ihn zauberisch seiner Kräfte. Auf ihre erneute Bitte, sie durch seine Liebe zu erlösen, äußert Wolfdietrich Abscheu vor der rauen Haut. Da verwandelt sich das Ungeheuer in eine schöne Frau und Königin mit Namen Sigeminne.

---

1 Reuther 1985: 19f.
2 Informationen u. a.: Bayerisches Staatsministerium für Ernährung, Landwirtschaft und Forsten (Florian Weber); Bayerischer Waldbesitzerverband e. V. (www.bayer-waldbesitzerverband.de).
3 Angaben: Bayerische Forstverwaltung (www.stmelf.bayern.de/wald/forstpolitik/wald-in-zahlen). (06. 07. 2017)
4 Endrös/Weitnauer 1981: 246.
5 Petzoldt 2007: 180, Nr. 300.
6 Hohmann 1993.
7 Reiter 2009: 144.
8 Reiter 2009: 169.
9 Endrös /Weitnauer 1981: 246.
10 Prestel 1929a: 12.
11 „Goggolori“ heißt eine Zeitschrift, die jeweils zusammen mit den Heften des Bayerischen Wörterbuchs erscheint.
12 Reuther 1985.
13 Endrös/Weitnauer 1981: 224.
14 Schöppner 1853/53, III: 335f., Nr. 1356.
15 Listl u. a. 1962: 10.
16 Prestel 1929a: 17f.

[17] Bechstein 1930: 378, Nr. 547.
[18] Perger 1864: 201.
[19] Prestel 1929a: 15.
[20] Panzer 1956, II: 162f., Nr. 255, 259.
[21] Schöppner 1852/53, III: 133f., Nr. 1086.
[22] Panzer 1956, II: 70, Nr. 95.
[23] Pöttinger 1932: 42f.
[24] Schmidt 1989: 104f.
[25] Petzoldt 1990: 94.
[26] Erhöhte und meist gepflasterte schmale Fläche vor der Haustür. Böck 1983b: 126, Nr. 188.
[27] Sittler 1906: 30.
[28] Böck 1986: 347f, Nr. 581.
[29] Prestel 1929b: 6.
[30] Prestel 1929a: 14.
[31] Prestel 1929a: 13f.
[32] Schöppner 1852/53, III: 343, Nr. 1363.
[33] HdA, Bd. 2: 758. (Bäschlin: Elben)
[34] Sittler 1906: 18f.
[35] Sittler 1906: 19.
[36] HdA, Bd. 2: 759. (Bäschlin: Elben)
[37] Sittler 1906: 23ff.
[38] Petzoldt 1990: 68f.
[39] Odysseus verletzt Polyphem, nachdem er sich diesem Zyklopen als „Niemand" vorgestellt hat. Die von Polyphem herbeigerufenen anderen Zyklopen fragen nach dem Namen des Übeltäters und Polyphem antwortet „Niemand". Die Zyklopen fühlen sich genarrt und verweigern ihre Hilfe.
[40] Zingerle 1969: 134f., Nr. 218.
[41] Petzoldt 1999: 159.
[42] Vgl. Peuckert 1969: 162f.
[43] Alpenburg 1977: 166.

MOORGEISTER

Am Moor
Flackernd lösen sich vom Sumpf
ungewisse Schemen …
Nach der alten Weide Stumpf
sieh den Weg sie nehmen.
Auf dem Stumpfe sitzt der Tod:
Dumpfe Fiedel lockt und droht
mit verworrnen Themen.
[…].

Christian Morgenstern (1871–1914)

MOORE

Moore sind dauernd durchfeuchtete Gelände. Die Feuchtigkeit kann durch Grundwasser, Hangwasser oder Niederschläge verursacht sein.

Niedermoore, Hochmoore

Als Haupttypen werden Niedermoor und Hochmoor unterschieden. Das Zwischenmoor entspricht einem Übergangsstadium. In Bayern liegen Hochmoore überwiegend am Alpenrand und in Mittelgebirgen wie dem Bayerischen Wald, die Niedermoore im Alpenvorland bis zur Donau.

Moore, insbesondere Hochmoore, können große Wassermengen aufnehmen und speichern, wodurch sie regulierend auf Wasserhaushalt und Klima wirken. Der Verlust von Mooren bedingt auch einen Verlust von Tier- und Pflanzenarten, die an diese besonderen Lebensräume angepasst sind.

Niedermoore, auch Flachmoore, altbayerisch Möser, schwäbisch Rieder genannt, entwickeln sich meist aus verlandenden Seen oder Teichen. Grundwasser, Quellen oder Seen speisen die Niedermoore. Abgestorbene Pflanzen werden im nassen Boden nur unvollständig zersetzt, es bildet sich Torf. Niedermoore wurden extensiv genutzt. Die in ihnen siedelnden Sauergräser haben nur geringen Futterwert und wurden als Einstreu im Stall genutzt. Die artenreichen Streuwiesen mähte man nur einmal im Jahr. Diese Nutzung verhinderte eine Wiederbewaldung.

Hochmoore, in Altbayern auch Filzen, in Schwaben Moos genannt, haben keinen Kontakt zum Grundwasser und zum Mineralboden. Ihr Wachstum hängt ausschließlich vom Niederschlagswasser ab. Sie entstehen häufig aus Niedermooren, können sich aber auch an anderen nährstoffarmen Stellen entwickeln. Der mächtiger werdende Torf trennt die oberen Bodenschichten vom Grundwasser ab. Weil Nährstoffe und Kalk knapp werden, versauert der Boden. Das Moor wird immer stärker von Torfmoos-Arten besiedelt. Sie wachsen in die Höhe und sterben in ihren unteren Bereichen ab. Da die Torfmoose im Inneren des Moors stärker wachsen als am Rand, entsteht die typische uhrenglasartige Wölbung des Hochmoors.

Moor und Mensch

Wenn möglich mieden die Menschen die Moorgebiete, aber: Moore mussten manchmal durchquert werden, um von einem Ort zu einem anderen zu gelangen. Man arbeitete im Moor beim Torfabbau, holte Nahrung aus dem Moor, etwa Preiselbeeren und Moosbeeren, auch manche Vögel und ihre Eier.

Noch im 19. Jahrhundert waren die Moorflächen in Bayern wesentlich ausgedehnter als heute. Durch Torfabbau und Trockenlegung für landwirtschaftliche Zwecke sowie den Siedlungsbau sind große Flächen verloren gegangen, die Reste sind teilweise durch menschliche Einwirkung stark verändert. Umfangreiche Trockenlegungen von Mooren fanden in Bayern im 18./19. Jahrhundert statt, beispielsweise des Donaumooses zwischen Ingolstadt, Neuburg an der Donau und Pöttmes, das ursprünglich das größte bayerische Niedermoor war. Das Erdinger Moos im Nordosten von München und andere Moorflächen wurden im 19./20. Jahrhundert trockengelegt.

Erst als die Moorflächen kleiner wurden, haben Künstler die ästhetische Bedeutung der Moorlandschaften entdeckt. Im 19. und bis in die ersten Jahrzehnte des 20. Jahrhunderts zog es Maler gerade in Moorgegenden. Es entstanden Künstlerkolonien, beispielsweise in Dachau (Dachauer Moos) oder Murnau (Murnauer Moos). Auch in der Dichtung wurde das unheimliche und gefährliche Moor thematisiert.

Die in Bayern noch verbliebenen Moorflächen sind durch Eingriffe wie Intensivierung der Nutzung, Düngung, Aufforstung, Verfüllung, Entwässerung, Trittschäden oder Torfabbau bedroht. Große Bereiche der in Bayern noch erhaltenen Moorflächen sind unter Schutz gestellt, beispielsweise das Murnauer Moos, Königsauer Moos, Dattenhauser Ried, Häuselloh-Moor, Brombachmoor, Schwarzes Moor. Moor-Renaturierungen dienen dem vorbeugenden Hochwasserschutz und tragen zum Klimaschutz bei.

GESTALTEN

Moore als vom Menschen möglichst gemiedene Gebiete sind offenbar auch bei den Naturgeistern nicht besonders beliebt, und mit dem Schwund der Moore dürften auch Gestalten verschwunden sein. Es gibt nur verhältnismäßig wenige Moorgeister und diese bleiben eher unbestimmt und blass. Gerade Arme Seelen halten sich gern in Moorgebieten auf.

Irrlicht

Irrlicht oder Irrwisch heißen nächtliche Lichterscheinungen, die häufig als blaue, vom Boden aufsteigende und über ihn hin wandelnde Flämmchen beschrieben werden und die sich vor allem in Moorgegenden, bisweilen auch auf Friedhöfen, in Wiesen oder Wald zeigen. Sie können solitär oder kollektiv auftreten. Als natürliche Ursache gelten leicht brennbare Gase, die beim Abbau organischer Substanzen entstehen. Im Volksglauben sind manche dieser Moorgeister hilfreich, indem sie den rechten Weg erleuchten, andere legen es darauf an, die Menschen in die Irre zu locken, im Extremfall in den Tod im Moor.

Ein fahrender Krämer und seine Frau zogen an einem späten Herbstabend mit ihrem Karren von Uttenbühl (Oy-Mittelberg) durchs Batzhainzenmoos nach Wertach (beide Lkr. Oberallgäu). Der Weg war aufgeweicht, und als noch die Wagenlaterne erlosch, war man ratlos. Da erschien vor den Krämern ein weißes Licht; sie dachten, dass einer auf demselben Weg sei und riefen laut um Hilfe. Da erhielt der Krämer eine so heftige Maulschelle, dass er unter dem Karren landete. Bald tauchten mehrere weiße Lichter auf, umtanzten den umgestürzten Karren und schließlich erschien ein rotes Licht. Die Krämerleute ließen den Karren liegen und wollten nur noch heil aus dem Moor kommen. Das rote Licht ging scheinbar freundlich vor ihnen her, sie wanderten und wunderten sich, dass sie nicht ans Ziel kamen. Plötzlich wurde aus dem roten Licht eine turmhohe Flamme, die bald erlosch. Die Krämer merkten, dass das Licht sie im Kreis geführt hatte. Erschöpft und voll Grauen erwarteten sie neben einem Strauch den Morgen.[1]

In christlicher Schicht handelt es sich bei Irrlichtern um Arme Seelen, insbesondere um die Geister von Ertrunkenen, Selbstmördern, Grenzsteinversetzern und ungetauft verstorbenen Kindern. Viele, denen sie erscheinen, verstehen nicht die stumme Bitte um Erlösungshilfe durch Lebende. Aber manche Irrlichter bleiben hartnäckig: Einmal ging ein Holzhändler nachts vom Jahrmarkt heim nach Velburg (Oberpfalz). Als ihn sein Weg an einem Moor vorbeiführte, sah er bläuliche Lichter leuchten, drei von ihnen ganz nah. Der angetrunkene Mann versprach jedem der Lichter einen Taler als Lohn fürs Heimleuchten. Die Lichter hüpften den Weg vor ihm her, sodass der Mann glücklich in die Nähe seines Hauses kam. Aber sie ließen sich nicht wegschicken und stellten sich vor seinem Bett auf. Wenn er aus unruhigem Schlaf erwachte, schienen ihm die Lichtlein hell ins Gesicht. Sie verschwanden erst am Morgen und waren am Abend wieder da, und so ging es Nacht für Nacht. Der Mann betete und streute Taler auf den Boden, an denen jedoch die beleidigten Lichtlein kein Interesse mehr zeigten. Für immer verschwanden sie erst, als der Holzhändler eine Kapelle bauen ließ und ein ewiges Licht stiftete.[2]

Martin Luther wies den Glauben zurück, Irrlichter seien Arme Seelen. Er deutete diese Leuchtphänomene als Erscheinungsformen des Teufels.[3]

Die von Feuer erleuchteten Feurigen Männer können nachts im Moor und an anderen Orten begegnen. Sie betätigen sich in ähnlicher Weise wie die Irrlichter, scheinen aber noch stärker von Fegefeuer- und Arme-Seelen-Vorstellungen dominiert zu sein.

Irrlicht in der Kunst

Irrlichter erscheinen als Symbol der Verlockung, des Bösen, der Verführung und Täuschung.

Bildende Kunst

JOHANN HEINRICH FÜSSLI, 1741–1825, *Friar Puck* (Das Irrlicht), 1794/96, Öl auf Leinwand, Manchester, University of Manchester.

CARL SPITZWEG, 1808–1885, *Irrlichter*, vor 1869, Öl auf Holz, München, Neue Pinakothek.

Literatur

JOHANN WOLFGANG VON GOETHE, 1749–1832, *Faust, 1. Teil* (*Walpurgisnacht*), 1808, Tragödie.

FRIEDRICH SCHLEGEL, 1772–1829, *Irrlichter*, Gedicht.

ANNETTE VON DROSTE-HÜLSHOFF, 1797–1848, *Der Knabe im Moor*, Gedicht.

HERRMANN VON LINGG, 1820–1905, *Stern und Irrlicht*, Gedicht.

RAINER MARIA RILKE, 1875–1926, *Irrlicht*, Gedicht.

Menschen- und tiergestaltige Moorgeister

Unter den menschengestaltigen Moorgeistern dominieren weibliche Gestalten. Manchmal sind sie hilfreich, manchmal weisen sie den Weg ins Verderben.

Eine *Moosfrau* erschien einem fahrenden Krämer, der nachts in der Nähe von Aidenbach (Lkr. Passau) mit Pferd und Wagen vom Weg abgekommen und ins Moos geraten war. Sie geleitete ihn mit einem Lämpchen aus dem Moor heraus und verschwand so plötzlich, wie sie gekommen war.[4]

Moorjungfern gab es in der Rhön im Roten Moor (Hessen) und Schwarzen Moor (Unterfranken):

Die Moorjungfern der Rhön

[...]

Auf der Rhöne befinden sich Sumpfstrecken, genannt das rothe und schwarze Moor. Daselbst standen vor Zeiten zwei Dörfer; das auf dem rothen Moor hieß Poppenrode, das auf dem schwarzen Moor hieß Moor; beide sind in Folge lasterhaften Lebens ihrer Bewohner versunken und ist von letzterem nur noch ein Basaltpflaster übrig Namens: die steinerne Brücke. Auf der Moorfläche tanzen Nachts in Gestalt schwebender Lichtchen die Moorjungfern. Oft kamen sie zu zwei oder drei nach Wüstensachsen und mischten sich unter die Kirchweihtänze, sangen auch gar lieblich, wurden aber jedesmal um die zwölfte Stunde durch eine Taube, der sie folgten, abgerufen; sie zogen dann singend zum nächsten Berg hinein und verschwanden so den Augen der Nachblickenden.

Aus dem versunkenen Dorf Poppenrode sollen zwei tugendsame Jungfrauen übrig geblieben sein. Auch diese wurden beim unmäßigen Tanzvergnügen plötzlich hinweggenommen. Den nach ihnen Suchenden bedeutete ein Engel, sie sollten mit einer Ruthe auf's rothe Moor schlagen; wenn sich Blut an der Ruthe zeigte, sei alles Suchen vergebens. Und siehe, es zeigte sich Blut. Die Jungfrauen wurden nie mehr gesehen.[5]

Das Motiv gibt es vor allem in Wasserfrauen-Sagen: Die Frauen mischen sich unter feiernde Menschen, kehren zu spät in ihre Naturgeisterwelt zurück und werden dort mit dem Tode bestraft.

Die *Nebelfrau* ist von unbestimmter, sich verändernder und zerfließender Gestalt. Von solchen Schleierwesen, die dem Wanderer den Atem nehmen[6] oder ihn in die Irre führen, erzählte man sich in vielen Moorgegenden Bayerns, so im Bayerischen Wald oder in der im Lkr. Weilheim-Schongau gelegenen Moorgegend um Raisting und Stillern.[7] Auch in den Filzen zwischen Pfaffing und Scheidsöd (Lkr. Rosenheim) trieb sich eine Nebelfrau herum, insbesondere um die Frühjahrs- und Herbst-Tagundnachtgleichen. Wegen der Gefahr, von der Nebelfrau auf den falschen Weg geführt zu werden und zu versinken, warnte man die Wanderer davor, sich nach dem Aveläuten noch ins Moor zu wagen. Der tückische Geist hatte es besonders auf die Kinder abgesehen. Die Eltern mussten die Kleinen tragen, denn andernfalls lockte die Nebelfrau sie fort.[8]

Der *Moorriese* Huidingerle, ein riesiger männlicher Moorgeist, trieb früher im Premer Filz (Lkr. Weilheim-Schongau) sein Unwesen. Sobald man das Moor betreten hatte, durfte man keinesfalls umschauen, wenn man sicher hindurch kommen wollte. Tat man es dennoch, dann stieg ein furchtbar anzuschauender Riese, das Huidingerle, aus dem Filz, packte mit seinen riesigen Händen den Menschen samt Fuhrwerk und zog ihn in die Tiefe. Weil Frauen als besonders neugierig galten, lehnten damals die Männer weibliche Begleitung ins Filz ab.[9]

Die *Mooskuh*, die im Moorgebiet zwischen Landshut, Münchnerau und Eugenbach lebte, war lästig, aber harmlos. Ihr überaus lautes Geschrei ließ die Fenster zittern und war bis München zu hören.[10]

Der *Hundegeist* ist in einer Sage aus dem Lkr. Kelheim eine Art Arme Seele: Das frühere große Moor zwischen Herrnwahlthann und Großmuß (»großes Moor«) galt bei Nacht als gefährlich. Bei einem spätabendlichen Gang von Großmuß nach Tann geriet ein Mann trotz aller Vorsicht samt seinem Hündchen ins Moor. Dieses musste zusehen, wie sein Herr, der um sich schlug und laut schrie, versank. Wer danach nachts durchs Moor ging, sah manchmal einen kleinen Hund. Dieser begleitete den Wanderer bis hin zum Dorf, dann lief er wieder zurück ins Moor, seinen Herrn zu suchen.[11]

Eine riesige *Moorkatze* tat sich in der Nähe von Füssen (Lkr. Ostallgäu) als Aufhocker hervor. Einem Bauern, der spätabends mit seinem Hund auf dem Heimweg nach Haslach über die Moorwiesen nördlich des Weißensees ging, erschien sie. Sie tötete den auf sie losgehenden Hund und ließ sich die ganze Nacht vom Bauern kreuz und quer durchs Moor schleppen, ehe sie ihn im Morgengrauen wieder freigab. Die Erschütterung des Bauern über das Erlebnis hielt lange an und bedrohte seinen Verstand.[12]

---

1 Schmidt 1989: 324f.
2 Prestel 1929a: 21f.
3 Klingner 1912: 52.
4 Böck 1983b: 163, Nr. 255.
5 Schöppner 1852/53, II: 283, Nr. 768.
6 Friedl 1975: 102.
7 Schinzel-Penth 1977: 100ff.
8 Baumgartner 1983: 32f., Nr. 34.
9 Endrös/Weitnauer 1981: 246.
10 Böck 1983b: 135, Nr. 205.
11 Listl u. a. 1962: 28.
12 Schmidt 1989: 319.

Lucas Cranach d J., *Ruhende Quellnymphe*, 1550, Öl auf Leinwand.

Arnold Böcklin, »*Triton und Nereide*«, 1873/74, Öl auf Leinwand.

Doris Autenrieth, *Wassergeist,* 2013, Acrylfarbe auf Holz, Zeichnung mit Graphitstift, Holzapplikation: Schwemmholz unbearbeitet.

Franz von Stuck,
Faun und Nixe, 1918,
Öl auf Leinwand.

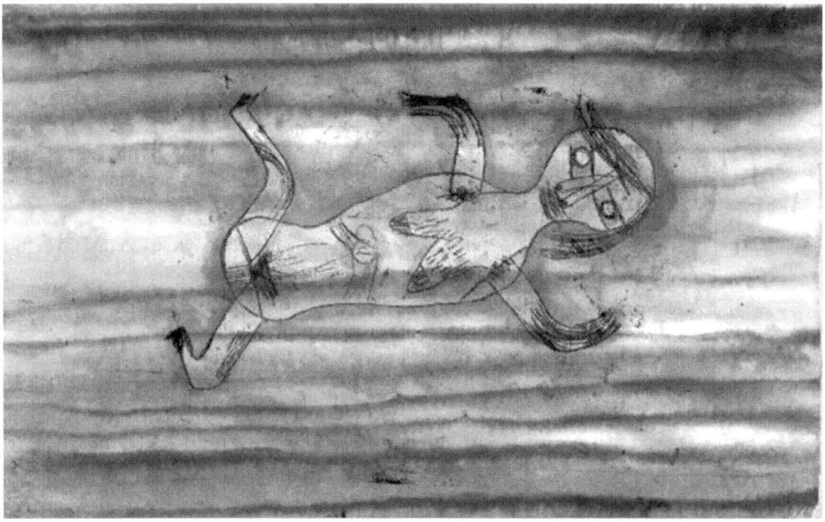

Paul Klee, *Sumpf wasser nixe,* 1924, Ölpause und Aquarell auf Papier und Karton.

Max Klinger, *Die Sirene,* 1895, Öl auf Leinwand.

Doppelschwänzige Fischsirene, Ende 12. Jh., Steinrelief, Kreuzgang Stiftskirche Berchtesgaden.

Doris Autenrieth, *Baumfrau*, 2013, Acrylfarbe auf Holz, Zeichnung mit Graphitstift, Holzapplikation: Wurzel unbearbeitet.

Doris Autenrieth, *Waldgeister*, 2013, Acrylfarbe auf Holz, Zeichnung mit Graphitstift, Holzapplikation: Lindenholzschnitzerei.

Albrecht Dürer, *Die Satyrfamilie*, 1505, Kupferstich.

Anna Klein, *Elfenkinder,* Linolschnitt.

Ludwig Richter, *Erlkönig,* Holzschnitt.

Moritz von Schwind, *Erlkönig*, um 1860, Öl auf Holz.

Ludwig Richter, *Die Irrlichter*, Holzschnitt.

Leopold Bode, *Die Alpenbraut*, 1864, Öl auf Leinwand.

UNTERIRDISCHE GEISTER[1]

[…]
Den Edelstein, das allgeschätzte Gold
Muß man den falschen Mächten abgewinnen,
Die unterm Tage schlimmgeartet hausen.
Nicht ohne Opfer macht man sie geneigt,
Und keiner lebet, der aus ihrem Dienst
Die Seele hätte rein zurückgezogen.

Frank Wedekind (1864–1918), Erdgeist

UNTERIRDISCHE RÄUME

Lange bevor der Mensch unterirdische Räume anlegte, hat er Höhlen genutzt.

Höhlen

Höhlen sind natürlich entstandene unterirdische Hohlräume, die mindestens fünf Meter lang sind und von einem Menschen betreten werden können. Primäre Höhlen sind gleichzeitig mit dem Gestein entstanden, etwa die Lavahöhlen. Die häufiger vorkommenden sekundären Höhlen formten sich erst, nachdem sich das umgebende Gestein gebildet hatte. Dazu gehören die Brandungshöhlen (z. B. Blaue Grotte auf Capri) und die Karsthöhlen (z. B. in den Kalkalpen). Karstgebiete gibt es weltweit. Weil ihr Untergrund aus wasserlöslichem Kalk besteht und Regenwasser, das von der Erdoberfläche eindringt, diesen im Lauf der Zeit löst, sind solche Gebiete von teils riesigen Höhlen durchzogen. Karsthöhlen gibt es in Bayern beispielsweise: im Untersberg, dem großen Gebirgsmassiv zwischen Berchtesgaden und Salzburg, in der Fränkischen Alb, zu der auch die höhlenreiche Fränkische Schweiz gehört, oder am Rand des Nördlinger Rieses (z. B. Ofnethöhlen).

Die in Höhlen lebenden Tiere und Pflanzen sind an die dortigen extremen Bedingungen angepasst: gleichmäßig tiefe Temperatur, gleichmäßig hohe Luftfeuchtigkeit, dauernde Finsternis. Unter den Höhlentieren gibt es nur wenige Wirbeltiere, etwa Höhlenfische oder den Grottenolm. Vertreten sind vor allem Spinnen-, Krebs- und Insektenarten. Die Tiere haben oft zurückgebildete Augen, geringe Körperpigmentierung, ausgeprägten Tastsinn. Die Höhlen-Pflanzen müssen mit äußerst geringen Lichtmengen auskommen, daher gibt es in Höhlen nur extreme Schattenpflanzen wie einige Algen und Moose.

Höhlen und Mensch

Seit der Eiszeit hat der Mensch in Mitteleuropa Höhlen genutzt, etwa als Flucht-, Schutz-, Grab- oder Kulthöhlen. Als dauernde Wohnungen dienten Höhlen nach heutigem Erkenntnisstand nicht oder sehr selten. Aber diese besonderen und die Menschen oft unheimlich anmutenden Formationen waren Orte der Verehrung von Göttern, Heiligen oder Dämonen. Bekannt ist die Höhle bei Psychro auf Kreta, eine von mehreren, die das Privileg beansprucht, Geburtsort des Zeus zu sein. Die Michaelsgrotte auf dem Monte Gargano in Süditalien ist das älteste Michaelsheiligtum des Abendlandes. In der Jungfernhöhle bei Tiefenellern (Gem. Litzendorf, Lkr. Bamberg) in der Fränkischen Schweiz hat man Gefäße sowie menschliche Knochen aus der Jungsteinzeit gefunden, die als Überreste von Opferhandlungen interpretiert werden. Steinzeitliche Höhlenmalereien wurden in Europa vor allem in Spanien, Frankreich, Italien und Russland entdeckt. Für sie vermutet man kultische Bedeutung. Die Faszination, die von Höhlen ausgeht, spiegeln Sagen wider, beispielsweise über den »Wunderberg« Untersberg.

Auch wenn in früherer Zeit Menschen immer wieder in Höhlen erkundend eingedrungen sind, gibt es eine systematische Höhlenforschung erst seit dem Beginn des 20. Jahrhunderts. An ihr sind mehrere Disziplinen beteiligt, insbesondere Geschichte, Anthropologie, Archäologie, Botanik, Zoologie, Geologie und Geographie, Meteorologie und Klimatologie.

Höhlen sind gefährdet durch Höhlentourismus, Einstürze infolge forstlicher Maßnahmen, Gesteinsabbau, Eingriffe in den Wasserhaushalt, Abwasser-, Schadstoffeinträge, Nährstoffeinträge, etwa durch intensive Landwirtschaft.

Für Besucher als Schauhöhlen zugängliche Karsthöhlen in Bayern sind beispielsweise: Binghöhle bei Streitberg (Lkr. Forchheim), König-Otto-Tropfsteinhöhle bei Velburg (Lkr. Neumarkt i. d. Oberpfalz), Tropfsteinhöhle Schulerloch bei Essing (Lkr. Kelheim), Tropfsteinhöhle Maximiliansgrotte bei Neuhaus an der Pegnitz (Lkr. Nürnberg Land), Teufelshöhle bei Pottenstein (Lkr. Bayreuth), Schellenberger Eishöhle bei Markschellenberg (Lkr. Berchtesgadener Land).

Höhlen mit ihrer Dunkelheit, dem Sauerstoffmangel und der Einsturzgefahr sind oder wirken für Menschen bedrohlich, aber auch anziehend durch die Möglichkeit dort Schutz oder Schätze zu finden.

Vom Menschen geschaffene unterirdische Räume

Bereits in der Frühzeit hat der Mensch unterirdische Räume und Anlagen für unterschiedliche Zwecke geschaffen.

Bergwerke[2] sind Bergbau-Betriebe unter der Erde. Bergbau – oberirdisch im Tagebau, unterirdisch im Untertagebau oder Tiefbau – dient dem Aufsuchen und Gewinnen von Bodenschätzen, insbesondere Erzen, Salzen und Energierohstoffen, auch Steinen und Erden. Bereits in der Altsteinzeit hat man in Europa Feuerstein (Flint oder Silex), den Hauptwerkstoff für Steingeräte, bergwerksmäßig abgebaut. Ein jungsteinzeitliches Feuersteinbergwerk bestand in Arnhofen (Abensberg, Lkr. Kelheim). Seit der Bronzezeit (ca. 1900 bis ca. 800 v. Chr.) und bis etwa um 1600 n. Chr. wurde in Mitteleuropa in

Bergwerken Kupfer gewonnen. In Mitterberg (Salzburger Land) bauten die Illyrer bereits vor 3700 Jahren das Metall in einem großen Kupferbergwerk ab. Bronze, eine Metalllegierung aus Kupfer und Zinn, wurde um 2000 v. Chr. in Mitteleuropa bekannt. Ab der Eisenzeit (von 800 bis ins 1. Jahrhundert v. Chr.) hat man in den östlichen Zentralalpen sowie in den Mittelgebirgen der Oberpfalz und Oberfrankens Eisenerz gewonnen und zu Eisen verhüttet. Auch Nichtmetallrohstoffe wie Salz und Graphit wurden bereits in prähistorischer Zeit abgebaut. Salz gewann man in den Alpen ab der Bronzezeit, insbesondere in Hallstadt (Oberösterreich), dem die erste Phase der keltischen Eisenzeit den Namen Hallstadtzeit (ca. 800–450 v. Chr.) verdankt. Am Ende des 7. Jh. v. Chr. begann man den Salzbergbau auf dem Dürrnberg (Stadt Hallein, Land Salzburg), der – mit langen Unterbrechungen – erst 1989 endete. Im benachbarten und heute zu Oberbayern gehörenden Berchtesgaden ist der Salzabbau seit dem Mittelalter, das noch heute betriebene Salzbergwerk seit 1517, belegt.

In Volksglauben, Brauchtum und Sagen spiegeln sich die schwere und gefährliche Arbeit der Bergleute, das Gefühl des Bedroht- und Ausgeliefertseins, die Furcht vor dem Versiegen der Bodenschatzquelle, auch die Vorstellung, in einen Tabubereich einzudringen und Schätze zu rauben.

In Bayern bieten Besucher-Bergwerke Besichtigungen an, beispielsweise: Salzbergwerk Berchtesgaden, Schaubergwerk Silberberg (Bodenmais), Silber- und Flussspatbergwerk Fürstenzeche (Lam), Erzgruben am Grünten (Burgberg im Allgäu), Besucherstollen Schmutzlerzeche (Goldkronach), Kupferbergwerk Grube Wilhelmine (Sommerkahl).

Keller sind Gebäudeteile, die sich ganz oder überwiegend unter der Erdoberfläche befinden. Wegen ihrer weitgehend gleichmäßigen Temperatur dienten sie ursprünglich der Lagerung von Lebensmitteln und Getränken. Weil manchmal dort auch Wertvolles versteckt wurde, galten sie als Orte verborgener Schätze.

Tunnel sind langgestreckte Bauwerke, die durch Unterquerung von Bergen, Gewässern oder Siedlungen die Passage ermöglichen.

Gänge sind schmale umschlossene unterirdische Wege. Sie dienten häufig als Fluchtwege. Bei manchen Häusern, Kirchen oder Burgen haben sich alte Gänge erhalten.

Erdställe[3] sind unterirdische Gangsysteme unter alten Siedlungsplätzen in Süddeutschland, Österreich, Frankreich, Irland, Tschechien und Spanien. In Bayern, wo Erdställe auch Schrazelgang, Schrazelloch oder Erdweiblschlupf genannt werden, sind etwa 700 Anlagen bekannt.[4] Die Erdställe stammen vermutlich aus dem Mittelalter. Etliche sind mit Sagen von Zwergen oder drei Frauen verbunden. Die Erdstallforschung hält eine im weitesten Sinn kultische Bedeutung der Erdställe für am meisten wahrscheinlich.

Grotten sind meist künstliche gewölbte, höhlenartige Räume mit im Allgemeinen geringer Tiefe. Grotten waren häufig Kultstätten (z.B. Mariengrotten). In Renaissance und Barock waren Grotten beliebt und Bestandteil mancher Schlossgärten.

GESTALTEN

Bergwerksgeister verlassen ihre unterirdischen Wohn- und Wirkstätten in der Regel nicht, während sich Zwerge, die drei Frauen und die Schatzjungfrau auch andernorts zeigen können.

Bergwerksgeister

Diese meist als kleine graue Männlein erscheinenden Dämonen, oft Bergmännlein oder Berggeister[5] genannt, arbeiten und leben – solitär oder kollektiv – in Bergwerken. Georg Agricola (1494–1555), der als Begründer der Montanwissenschaft gilt, hat Bergwerksgeister in seinen Werken »De animantibus subterraneis« (Von den Lebewesen unter Tage, 1549) und »De re metallica« (Bergbau und Hüttenwesen, 1556) beschrieben. Agricola unterscheidet bösartige und eher harmlose Bergwerksgeister. In den Volkssagen sind diese Dämonen den Menschen oft hilfreich, erweisen sich als dankbar, sind aber auch gefährlich. Die Grenzen zwischen Zwergen (Wichteln, Schratzeln usw.) und den Bergwerksgeistern oder Bergmännlein sind unscharf.

Sehr großzügig erwiesen sich im Innzeller Kienberg (Lkr. Traunstein) lebende Bergmännlein. Aber sie rächten sich für den Undank der Menschen:

Die Bleigruben im Kienberg

Aus dem Kienberg bei Ruhpolding kamen in alter Zeit oft Bergmännlein. Sie waren den Bauern freundlich gesinnt und zeigten ihnen im Gebirge ergiebige Bleigruben. Dafür bekamen sie von den Bauern warme Kotzen (Wolldecken) zur Winterkleidung. Das dauerte eine Reihe von Jahren und die Bauern wurden sehr reich. Aber da hat sie der Geizteufel gepackt und sie verweigerten den Männlein die versprochenen Kotzen in der Meinung, sie könnten die Bleigruben selbst auch finden. Von der Stunde an wurden die Männlein nicht mehr gesehen und es ist

seitdem nicht mehr gelungen, Bleierze in ergiebiger Menge zu finden.
Erzählt vom Reiterbauern in Froschsee bei Traunstein.[6]

Untypisch ist, dass die Bergmännlein nach Kleidung verlangten, denn Kleidungsgeschenke empfinden Naturgeister in der Regel als »Auslohnen«, das sie mit Verlassen der Wirkstätte quittieren.

In Bergreichenstein (Kašperské Hory) im Böhmerwald beuteten Bergmännlein die reichen Erzvorkommen aus, lange bevor Menschen die erste Goldader erschlossen. Einmal versäumte ein Bergknappe die Auffahrt und musste im Bergwerk nächtigen. Da hörte er um Mitternacht Ächzen und Stöhnen und den flehenden Ruf nach Befreiung. Der Knappe bekreuzigte sich, ging den Rufen nach und kam zu einer Wand. Er schlug ein Loch, und heraus schlüpfte ein faustgroßes Bergmännlein. Das bedankte sich für die Befreiung, übergab dem Knappen ein goldenes Hämmerlein und erklärte ihm, wo immer er mit dem Hammer anklopfen würde, werde er Gold in Hülle und Fülle finden. Das Männlein verschwand. Der Bergknappe wurde ein reicher Mann.[7]

Manchmal kündigen die Bergmännlein ein Bergwerksunglück an oder helfen sogar, diesem zu entrinnen. In einem Bergwerk in Tirol hörten die Bergknappen mehrere Tage hintereinander ein Klopfen und sahen an der Stollenwand eine Leiter, die zuvor nicht dagewesen war. Der Hutmann (Grubenaufseher) erklärte, dass das Bergmännchen vor Gefahr warnen wolle, doch die Knappen lachten nur. Als das Klopfen und Rauschen immer stärker wurde, stieg der Hutmann die Leiter hinauf, während seine Leute zum Grubenausgang liefen. Aber eindringende große Wassermassen erfassten die Fliehenden, noch ehe sie den Ausgang erreicht hatten. Der Hutmann kletterte auf der ihm schwach erscheinenden Leiter immer höher und ihm war, als wüchse die Leiter nach oben. Da sah er auf der letzten Sprosse das Bergmännlein stehen. Als sich nach zwei Tagen das Wasser verlaufen hatte, konnte der Hutmann die Grube verlassen und traf dabei auf die Leichen der anderen Bergleute.[8]

Bergmönch

Der Bergmönch ist ein solitär auftretender, meist übermenschlich großer Bergwerksgeist. Seine Kleidung, der er den Namen verdankt, ist wohl aus ursprünglicher Bergmannstracht hergeleitet. Mit Pochen oder indem er sich sichtbar zeigt, kündigt der Bergmönch ein Grubenunglück an. Er erscheint in den Bergwerken des Harzes, Erzgebirges, ebenso in Sachsen, Siebenbürgen, Graubünden. Manchmal kommt er offenbar auch in nordbayerische Regionen, etwa ins Fichtelgebirge. So soll er ein Unglück angekündigt haben, das sich 1674 im

Zinnwerk in Schönlind (Weißenstadt, Lkr. Wunsiedel) ereignet hat. Ein Steiger ermahnte am Morgen die Bergleute, an diesem Tag besonders vorsichtig zu sein. Er habe am Abend zuvor den Bergmönch gesehen und das bedeute die Vorankündigung eines Unglücks. Dieses betraf ihn dann selbst, denn er wurde bei der Sprengung eines großen Steins getötet.[9]

Der Bergmönch ist boshaft, gefährlich und rachsüchtig, bisweilen hilft er freundlich. Er achtet auf gutes Benehmen und bestraft Leute mit schlechter Kinderstube. So hat er einst in der Sankt-Georgs-Zeche in Schneeberg (sächsisches Erzgebirge) einen sich sehr unangenehm benehmenden Bergmann in die Höhe gehoben und mit solcher Kraft wieder niedergesetzt, dass der Mann übel zugerichtet wurde.[10]

St. Barbara und St. Anna in der Nachfolge von Bergwerksgeistern

Barbara (Gedenktag: 4. Dezember), die geschichtlich wenig zu fassen ist, gehört zu den vierzehn Nothelfern. Ihre Verehrung in Mitteleuropa begann im Hochmittelalter. Viele Patronate wurden ihr zugeordnet, besonders auch durch Angehörige gefahrvoller Berufe. So ist sie auch Schutzherrin der Bergleute, die den Barbaratag oft festlich begehen. Dass sie in dieser Funktion, wie auch als Sterbepatronin, Nachfolgerin einer keltischen Borbeth ist, erscheint möglich, lässt sich aber nicht belegen.[11]

In den Bergbaugebieten der Alpen, des Saarlandes, Lothringens, Thüringens, Sachsens, Schlesiens, Böhmens wurde Barbara besonders verehrt. Viele Kirchen, Kapellen und Altäre waren ihr geweiht. Im tschechischen Kutná Hora (Kuttenberg) entstand ab 1388 an der Stelle einer Barbara-Kapelle der St.-Barbara-Dom. Die Wallfahrt zur hl. Barbara auf dem Eixlberg (Pfreimd, Lkr. Schwandorf) geht nach der Überlieferung auf eine Kapelle zurück, die Landgraf Ulrich II. 1342 dort erbauen ließ.

Im Goldbergwerk in Rauris (Salzburger Land) erhielten die Knappen am Barbaratag ein »Barbarabrot«. Die Bergleute stellten in der Barbaranacht für die »Bergmannl« Essen und Trinken in der großen Stube des Berghauses auf[12], was den Zusammenhang zwischen Naturgeistern und Heiliger recht deutlich macht. Auch galt dort: Einen natürlichen Tod wird einst haben, wer am Barbaratag ein Licht im Bergwerk entzündet und brennen lässt.

Da es neben der Heiligenverehrung noch immer den Glauben an die Bergwerksgeister gab, bemühte man sich kirchlicherseits, dem »Aberglauben« zu wehren und förderte die Verehrung der hl. Barbara als Patronin.[13]

Anna (Gedenktag: 26. Juli) wird als Mutter der Jungfrau Maria verehrt. Auch sie hat sich um viele Patronate zu kümmern. Als Schutzherrin der Bergleute bittet man sie um reiche Ausbeute und schreibt diese ihrer Hilfe zu. Insbesondere in Bergbaugebieten sind ihr viele Kirchen geweiht, darunter auch bedeutende Wallfahrtskirchen wie die auf dem Annaberg in Sulzbach-Rosenberg (Oberpfalz) oder dem St. Annaberg (polnisch: Góra Świętej Anny) in Oberschlesien.

»Hilf du, heilige Anna, ich will ein Mönch werden« soll nach eigenem Bekunden Martin Luther (1483–1546) in Todesangst gerufen haben, als er am 2. Juli 1505 bei Stotternheim nahe Erfurt in ein schweres Gewitter geraten war. Der spätere Reformator, dessen Vater vom Bergmann zum Minenbesitzer (Kupferschieferbergbau) aufstieg, kannte St. Anna als in der Bergbauregion verehrte Heilige.

Zwerge

In bayerischen Regionen haben die Zwerge[14] auch Namen wie Erdmännlein, Schrazen[15], Wichtlein, Querkele. Als Untersberger werden bisweilen die im Untersberg zwischen Berchtesgaden und Salzburg lebenden Zwerge benannt. Außerhalb Bayerns tragen diese Geister Namen wie Querge, Querxe (Sachsen). Odderbaanki oder Onnerbänkissen (Friesland), Nörggelen (Tirol), Herdmanndli (Schweiz). Paracelsus (1493–1541) bezeichnet die Zwerge in seiner Abhandlung »Über die Nymphen, Sylphen, Pygmäen und Salamander« als Pygmäen und Gnome.[16]

Zwerge sind meist männlichen Geschlechts. Sie haben ein menschenähnliches, oft alten Männern ähnliches Aussehen, jedoch im Allgemeinen nur Kleinkindgröße. Das Gesicht ist runzelig, bedeckt von einem Bart. An den Füßen haben sie vier Zehen, bisweilen auch Gänse- oder andere Vogelfüße. Tarnkappen ermöglichen ihnen, sich nach Belieben unsichtbar zu machen. Sie sind Kollektivwesen, treten selten einzeln auf.

Nicht nur in Höhlen leben sie, sondern auch oberirdisch, etwa in Häuschen im Walde. Zwerge halten sich gern an frühgeschichtlichen Siedlungsstätten, in der Nähe von Grabhügeln oder bei keltischen und/oder römerzeitlichen Siedlungsresten auf.[17] Sie stehen den Totengeistern bisweilen näher als den Naturgeistern. Im nördlichen Mitteleuropa wohnen die Zwerge ebenfalls gern an uralten Stätten, etwa die Odderbaantjes in einem Grabhügel aus der Bronzezeit, dem Hundebrotberg bei Utersum auf der zu Schleswig-Holstein gehörenden Nordseeinsel Föhr.[18]

Auch unter Kirchen oder in Gängen unter alten Häusern, so genannten Erdställen oder Schrazelgängen, haben sie ihre Wohnung. Im Venetsberg bei Ober-

Bergmännlein, Holzschnitt von Paul Thumann, 1873.

roning (Rottenburg a. d. Laaber, Lkr. Landshut), auf dem sich ein Burgstall als Überrest einer Burg befindet, lebten einst Erdmännlein und bewachten einen Schatz im Berginnern. Durch einen unterirdischen Gang, der vom Berg ins Dorfwirtshaus führte, kamen die Erdmännlein und halfen den Wirtsleuten beim Geschirrspülen. Die dankbaren Wirtsleute ließen neue Kleider für die ärmlich gekleideten Männlein machen. Als diese die Geschenke erblickten, begannen sie zu weinen, gingen davon und kamen nie wieder.[19] Einmal mehr hatte menschliche Uninformiertheit dazu geführt, dass sich hilfreiche Geister ausgelohnt fühlten!

Zwar sind die Zwerge eher gutmütig, aber beim Umgang mit ihnen ist doch Vorsicht geboten. Das hätten Kinder beachten sollen, die am Geißberg, einem steil ansteigenden Hügel bei Arnstorf (Lkr. Rottal-Inn), vorbeigingen. Sie wussten, dass in seinem Innern Erdmännlein reiche Schätze bewachen und riefen übermütig nach ihnen. Plötzlich öffnete sich ein Tor, darunter stand ein Männlein mit langem, weißem Bart und winkte den Kindern freundlich, ihm in den Berg hinein zu folgen. Dort öffnete das Männlein Truhen und lud seine Gäste ein, sich von den Schätzen zu nehmen. Aber als die Kinder heimgehen wollten, fanden sie das Tor verschlossen. Nie wieder hat man sie gesehen oder etwas von ihnen gehört.[20]

Zwerge sind Besitzer und Hüter von Schätzen und sie sind häufig als Bergleute (auch als Bergwerksgeister) oder Schmiede tätig.

Die Ursprünge dieser Arbeitsfelder weisen sehr weit in die Vorgeschichte Europas zurück, in die Kupfer- und Bronzezeit. Später haben es die Kelten im Bergbau und im Schmiedehandwerk zu besonderer Findigkeit und Fertigkeit gebracht. Die sieben Zwerge im Märchen »Sneewittchen« (KHM 53) graben in den Bergen nach Erz und kommen jeweils am Abend in ihr Häuslein zurück. Rumpelstilzchen, das kleine Männlein im gleichnamigen Märchen (KHM 55), versteht die Kunst, aus Stroh Gold zu spinnen. »Die drei Männlein im Walde« (KHM 13) schenken dem braven, von der Stiefmutter drangsalierten Mädchen, dass ihm bei jedem Wort ein Goldstück aus dem Mund fällt. Der böse Zwerg im Märchen »Schneeweißchen und Rosenrot« (KHM 161) allerdings hat seine Schätze, die prächtigen Edelsteine, nicht durch mühevolle eigene Arbeit erworben, sondern sie dem Königssohn gestohlen und diesen in einen Bären verwandelt.

Die Schatzzwerge sind nicht selten den Menschen gegenüber gutmütig und wohlgesinnt. Das erfuhren Kinder, die in der Nürnberger Gegend bei einem in einer Wiese gelegenen Sandhügel spielten. Ihnen erschien ein uraltes Männlein mit eisgrauem Bart und forderte sie auf, mit ihm in das Innere des Hügels zu gehen. Dort lagen große Haufen von Silber, Gold und Edelsteinen und das Männlein ermunterte durch Gesten die Kinder mehrmals, sich davon zu nehmen. Aber diese wagten es nicht, und das Männlein führte sie wieder aus dem Hügel hinaus und schien dabei sehr betrübt. Als sich die Kinder am Abend auskleideten, fielen goldene Münzen aus Gewand und Schuhen. Die Eltern eilten hinaus zum Hügel, aber das Männlein ließ sich nicht mehr sehen.[21]

Zwerge erscheinen bisweilen als Beschützer der Natur und als Feinde technischer, gesellschaftlicher oder religiöser Neuerungen. In den Alpen treten sie auch als schützende Tierherren auf. Das früher sich zwischen Landau und Dingolfing erstreckende Isarmoos soll der Sage nach vordem ganz mit Wald bedeckt gewesen sein, in dem Erdmännlein wohnten. Sie unterstützten die Bauern bei der Arbeit. Als diese den Wald zerstörten, verschwanden mit ihm die hilfreichen Zwerge.[22] Die bei Kelheim lebenden und den Menschen viel Gutes erweisenden Wichtlein konnten nach der Christianisierung der Gegend nicht mehr bleiben, da sie das Gebimmel der Klosterglocken vom nahen Kloster Arzberg nicht ertrugen.[23] Die im Staffelberg in Oberfranken lebenden Querkele waren freundlich zu den Menschen der Gegend. Das Querkeles-Loch war der Eingang zu ihrer Wohnung im Berg. Sie kannten heilsame Kräuter und Beeren und halfen damit den Leuten bei Krankheit. Gern hielten sie sich bei den Frauen in der Küche auf, nahmen sich bescheiden von den Speisen und liebten besonders die Kartoffelklöße. Irgendwann missgönnten die Frauen den Kleinen die wenigen Klöße. Ein weiser Mann riet, die Klöße in den Topf und heraus in die Schüssel zu zählen. Da blieben die gekränkten hilfreichen Geister fern, und nur aus dem Berg hörte man bisweilen nachts Wehklagen. Die Bäuerinnen hätten den Zwergen gern wieder Klöße vergönnt und bereuten ihre Tat. Eines Nachts zogen die Zwerge mit Sack und Pack und unter Klagen über die Undankbarkeit der Menschen den Staffelberg hinunter zum Main. Dort ließen sie sich vom Fährmann übersetzen und verschwanden am anderen Ufer.[24] So verließen die Zwerge den bereits in der Jungsteinzeit von Menschen besiedelten Staffelberg. In der Sage sind mehrere Eigenschaften der Zwerge angesprochen: Sie sind gutmütig und helfen den Menschen, sie sind kräuterkundig, sie bestehen auf der Einhaltung von Tabus (Klöße dürfen nicht gezählt werden), sie verschwinden, wenn Menschen sie kränken.

Zwerge, die sich nicht rechtzeitig aus dem Staub gemacht haben, sind oft der Verchristlichung nicht entgangen. Dies geschah etwa mit den Zwergen im Untersberg. Sagen berichten über die Kirchgänge dieser »Untersberger«. Sie besuchen nachts verschiedene Kirchen in der Nähe ihres Berges, beispielsweise auch St. Bartholomä am Königssee, St. Zeno in Bad Reichenhall oder gar den großen Salzburger Dom[25], in denen sie dann die Messe feiern.

Zwerge vor der Kirche von Maria Gern, Buchillustration von Bernhard Wenig, 1922.

Vielleicht stehen die Zwerge jeweils für Übergänge und Rückzüge: die keltische Kultur, die der römischen weichen muss, das (germanische und slawische) Heidentum, das durch das Christentum verdrängt wird, möglicherweise sogar für frühere kulturelle Umbrüche in Europa (auch wenn die Deutung als den Menschen scheuende Wesen einer älteren Schöpfungsordnung und einer vorhumanen Welt etwas weit gehen mag.)[26]. Die von den Zwergen begehrten oder verschmähten Speisen können vielleicht Hinweise auf ein frühes Erscheinen dieser Naturgeister in der Kulturgeschichte geben. Als Lieblingsspeisen der Zwerge gelten Erbsen und Möhren.[27] Erbsen waren in Mitteleuropa bereits bei den Bandkeramikern der Jungsteinzeit Grundnahrungsmittel.[28] Ebenfalls aus der Jungsteinzeit stammen Funde von Möhrenfrüchten – entweder der heimischen Wilden Möhre (*Daucus carota*) oder früher Kulturformen.[29] Auch Roggenbrei sollen die Zwerge sehr schätzen.[30] Der Roggen gelangte wahrscheinlich als Unkraut mit dem Weizen nach Mitteleuropa. Als sich in der Hallstattzeit (ab etwa 1000 v. Chr.) in Mitteleuropa das Klima allmählich verschlechterte, erwies sich der Anbau des klimatisch anspruchslosen Roggens als günstig, doch erst in der Römerzeit breitete er sich stärker aus. Die Römer allerdings bevorzugten Weizen. Vielleicht war auch den in römischer Tradition stehenden Mönchen und Nonnen im frühen Mittelalter Weizenbrot lieber als Roggenbrot?

Manchmal kaufen die Zwerge, wie etwa auch die Saligen Frauen, bei den Menschen Obst und Wein für ihre Festmäler oder lassen sie sich von ihnen schenken – möglicherweise ein Hinweis auf ihre vorrömische Herkunft. (Die Querkele in der oben angeführten Sage zeigen sich allerdings Speise-Neuerungen gegenüber sehr aufgeschlossen, denn sie schätzen besonders die Kartoffelklöße). Ein Fuhrmann war im Jahr 1694 mit Wein aus Tirol unterwegs nach Hallein. Als er bei St. Leonhard (Grödig, Salzburger Land), nahe der Grenze zum Fürstpropstum Berchtesgaden, dahinfuhr, kam ein Bergmännchen aus dem Untersberg und bat ihn mitzukommen. Er solle für den Wein mehr bekommen als in Hallein, aber der Mann weigerte sich, den bestellten Wein abzugeben. Da fiel das Männlein auf die Mähne der Pferde und drohte dem Mann, ihn in die Irre fahren zu lassen. Der erschreckte Fuhrmann gehorchte, und der Zwerg führte das Pferdegespann dem Wunderberge zu. Der Fuhrmann schlief ein und als er erwachte, fand er sich vor einem prächtigen Schloss. Bergmännlein hießen ihn willkommen und führten ihn hinein. Nach großzügiger Entlohnung für den Wein, wurde der Fuhrmann aus dem unterirdischen Schloss geführt, wusste später aber nicht, wie er wieder aus dem Berg gekommen war. Bis zu seinem Tod nahm das Geld nie ab und dem Mann ging es in allen Dingen gut.[31]

Kümmelbrot wird von Zwergen und anderen Geistern wie den Moosfräulein verabscheut. In Schlesien gelang einst die Vertreibung der Fenixmännchen, die sich unsichtbar machten und ungeladen zu Festlichkeiten und Festtafeln einfanden und mitaßen, indem man die Speisen kräftig mit Petersilie würzte.[32] Möglicherweise lehnten die Geister damit Würzneuerungen ab, welche ihren Ursprung in den Klosterküchen hatten oder bereits früher mit den Römern nach Mitteleuropa gekommen waren.

Tiefenpsychologische Märchen- und Traumdeutungen beschäftigen sich oft mit Zwergen (z.B. Eugen Drewermann, Verena Kast, Mathias Jung). Zwerge sind in bildender Kunst, Literatur und Musik nicht sehr präsent, aber sie tummeln sich gern in der Alltagskunst, beispielsweise als Gartenzwerge, auf Postkarten, im Kinderbuch, auf Fleißbildern.

Zwerge in der nordgermanischen Mythologie und in den deutschen Heldensagen

Zwergenwesen tummeln sich auch in der nordgermanischen Mythologie. Es gibt die schönen und hilfreichen Lichtelben und die hässlichen und bösartigen Schwarzelben. Durch Tarnkappen sind sie unsichtbar. Sie sind hervorragende Handwerker und suchen und bewachen Schätze in der Tiefe der Erde. Die seidenfadendünne unzerreißbare Fessel, mit der die Götter den Fenriswolf fesselten, war von den Schwarzelben geschmiedet. Zwerge waren es, die Wieland, den Helden der Wielandsage, zum kunstfertigsten aller Schmiede ausbildeten.

In den deutschen Heldensagen spielen Zwerge wichtige Rollen. In der germanisch-deutschen Nibelungensage und im mittelalterlichen Nibelungenlied streiten sich die Zwerge Schilbung und Nibelung um den Nibelungenschatz, den sie von ihrem Vater geerbt haben. Auf ihre Bitten hin, teilt Siegfried den Schatz, aber die beiden sind mit dessen Vorschlag nicht zufrieden. Kurzerhand erschlägt Siegfried sie und ihre Gefolgsleute. Das Massaker überlebt nur der Zwerg Alberich. Siegfried reißt ihm die Tarnkappe herab, macht ihn sich dadurch untertan, gewinnt den Nibelungenschatz und lässt ihn von Alberich hüten.

Um Dietrich von Bern (= Ostgotenkönig Theoderich) ranken sich Sagen, deren Wurzeln in vorchristliche Zeiten reichen und die in verschiedenen Fassungen im Hochmittelalter aufgezeichnet wurden. Darin tritt Alberich ebenfalls auf, und zwar wird er von Dietrich besiegt und ist fortan Beschützer dieses ehemaligen Feindes. Erzählt wird auch, dass der Zwergenkönig Laurin in Tirol einen wunderbaren, nur von einer seidenen Schnur umgrenzten Rosengarten hütete, dessen Duft Kranke gesund machte. Von demjenigen, der sich an seinem Garten vergreifen wollte, nahm Laurin als Sühne den rechten Fuß und die linke Hand. Um Künhild, die von Laurin gefangen gehaltene Schwester des Recken Dietleib zu befreien, machte sich Dietrich mit seinen Getreuen auf zum Garten, nicht ohne ihnen zuvor den Schwur abgenommen zu haben, die Rosen nicht anzutasten. Doch Dietrich und sein Waffenmeister Hildebrand konnten die Verwüstung des Gartens nicht verhindern. Laurin wollte Rache, es kam zu Kämpfen, schließlich aber zur Versöhnung. Im Jahr darauf erblühten die Rosen von neuem, aber Laurin verbarg hinfort den Garten, und bis zum heutigen Tag können nur manche Menschen ihn sehen.

In der Wolfdietrich-Sage erscheinen die Zwerge – sie sind Bedienstete des furchtbaren Riesen Drusian – ebenfalls als Überlebende aus alter Zeit.

Gartenzwerge

Die Gartenzwerge[33] gehen auf kleinwüchsige Menschen zurück, die vom Mittelalter bis ins 17. Jahrhundert als Hofnarren an Fürstenhöfen geschätzt waren. In der Barockzeit tauchten sie als Plastiken in höfischen Gärten und Parks auf. Berühmt sind etwa die Skulpturen im Garten des Schlosses Mirabell in Salzburg oder die »Zwergengalerie« im Garten von Schloss Weikersheim. Die Kopfbedeckungen dieser Gestalten sind unterschiedlich, meist aber tragen sie nicht die für Zwerge typische Zipfelmütze.

Aus den Adelsgärten breiteten sich die Zwerge in die Gärten der Bürger aus. Im 19. Jahrhundert entstanden in Thüringen Unternehmen, die Gartenzwerge aus Ton herstellten. Bald fühlten sich auch die Kleinen in den Schrebergärten der Arbeiter und Angestellten wohl. Längst waren aus den Nachbildungen kleinwüchsiger Menschen naturgeisthafte Gestalten mit entsprechendem Aussehen, passenden Tätigkeiten und Begleitgestalten geworden. Nach dem Zweiten Weltkrieg erfreuten sich die Zwerge noch einige Jahre ihrer gewohnten Beliebtheit, galten dann aber bald als spießig, kitschig und geschmacklos. Erst in jüngerer Zeit sind wieder bessere Zeiten für die Wichte angebrochen. Meist sind die Zwerge mit üppigen Bärten und der typischen Zipfelmütze ausgestattet. Diese trugen, wie alte Stiche zeigen, die Bergleute untertage als Kopfschutz. Die Zwerge gehen in den Gärten aber auch anderen Tätigkeiten nach als dem Bergbau. Sie garteln, musizieren, lesen, faulenzen, tragen Hasen im Arm oder lassen sich von Rehen begleiten. Auch dass sie gern mit Fliegenpilzen zusammen sind, weist sie als Naturgeister aus.

Der Wunsch nach Verbindung zur Natur und zu anderen Welten mag bisweilen der unbewusste Antrieb sein, sich Zwerge in den Garten zu holen. Auch wenn es heute immer weniger Hersteller von Keramik-Gartenzwergen gibt (Passauer Neue Presse, 17. Mai 2016), werden, wie die Nachfrage hoffen lässt, die Gartenzwerge nicht aussterben.

Zwerge in der Kunst

Bildende Kunst

Moritz von Schwind, 1804–1871, *Der Traum des Gefangenen*, 1836, Öl auf Karton, München, Sammlung Schack.

Carl Spitzweg, 1808–1885, *Gnom, Eisenbahn betrachtend*, 1848, Öl auf Holz, Privatbesitz.

Literatur

August Kopisch, 1799–1853, *Des kleinen Volkes Überfahrt*, Gedicht.

Musik

Edward Grieg, 1843–1907, *Zug der Zwerge*, Lyrische Stücke für Klavier, op. 54,3.

Drei Frauen

Bayerische Sagen erzählen von drei Frauen, Jungfrauen oder Schwestern. Friedrich Panzer[34] bringt dazu Beispiele aus ganz Bayern, viele aus Ober- und Niederbayern.

Die drei können sich naturgeisthaft zeigen, ähnlich den Saligen oder Wilden Frauen. In dieser Eigenschaft sind sie in natürlichen Höhlen, in Kellern oder unterirdischen Gängen hausende schöne und kraftvolle Wesen, die manchmal oberirdisch erscheinen. Solche Wilden Frauen gab es einst unter anderem am Hintersee (Ramsau, Lkr. Berchtesgadener Land).

Die Frauenlöcher am Hintersee.
Am Fuße des Hirschbühels bei Hintersee befinden sich mehrere Berghöhlen, welche den Namen »Frauenlöcher« führen. Hier wohnten in alten Zeiten drei wilde Frauen und führten gemeinschaftlich Wirtschaft. Da sahen sie denn die Leute oft, wie sie im Hochsommer auf hohen Stangen weiße Kindstücheln aufhingen, die sie im »schwarzen Bache«, der unter den Frauenlöchern vorbeifließt, gewaschen hatten. Sie lebten mit den Bewohnern im Tale im besten Einvernehmen und wirkten viel Gutes, straften aber auch empfindlich, wenn's gerade nötig war.[35]

Auch am Fuß des Staufen (Bad Reichenhall) gibt es ein Frauenloch, in dem drei Wilde Frauen wohnten.[36]

In späterer Sagenschicht treten die drei Frauen als reiche und meist adelige Wohltäterinnen vielerorts auf, wie etwa in Igling (Lkr. Landsberg am Lech): Drei adelige Fräulein wohnten in einem Haus am Hügel zwischen Schloss Igling und Dorf Oberigling. Sie waren reich und taten im Umkreis viel Gutes. Zur dankbaren Erinnerung nannte man den Hügel Jungfrauenbüchel.[37] Zwar wohnen die Jungfrauen in einem Haus, der Hügel mag aber ihre ursprüngliche unterirdische Wohnung andeuten.

Die ursprünglich selbstbewussten, großzügigen und aktiven Frauen werden in einer dritten Schicht geizig und böse, als Erlösungsbedürftige schwach und passiv.

Die Fräulein im Schloßbühel.
Auf dem Schloßbühel bei Kehlheim stand in alter Zeit eine Burg, in der drei adelige Fräulein wohnten. Sie waren grundreich, aber geizig und hartherzig und gönnten einander die Luft nicht, die sie zum Atmen brauchten. Eines Tages beschlossen sie ihr Geld zu teilen, und weil es so viel war, nahmen sie einen Scheffel, um eher fertig zu werden. Das eine Fräulein war aber blind und dieses Gebrechen gedachten ihre Schwestern zu einem schimpflichen Betrug zu benützen. Als die Reihe, einen Scheffel Geld zu erhalten, an die Blinde kam, drehten die andern das Maß um und füllten nur den seichten Boden. Die betrogene Schwester bemerkte aber das Vorhaben, geriet in große Aufregung und verfluchte das Schloß und alles, was darinnen war. Sogleich öffnete sich die Erde und die Burg versank in die Tiefe. Drunten steht sie mit ihren Reichtümern und die Schwestern haben Zeit, über ihr Elend nachzusinnen. Oft hört man ihr Weinen und Wehklagen aus dem Schoß des Berges klingen und manchmal kann man auch zur Nacht die drei Fräulein sehen, wie sie auf dem Schloßbühel umherirren und nach Hilfe ausschauen.
[…].[38]

Oft heißt es in den Sagen, dass die drei reiche Schätze bewachen, wobei bisweilen ein auf der Schatzkiste sitzender Hund mithilft. Die Frauen haben Böses getan, etwa sich gegenseitig betrogen, und ihr Auftreten als weiße, schwarze und schwarz-weiße Gestalten gibt den Grad ihrer Erlösung an. Nach frevelhafter Tat versank ihr Schloss oder ein anderer Aufenthaltsort in der Tiefe, und nun sind die drei unter die Erde in Keller oder Höhlen verbannt und warten auf Erlösung.

Friedrich Panzer bringt eine Sage, in der über ein hausgeistartiges Verhalten der drei Frauen berichtet wird:

Deisenhofen bei Grünwald.
Bei dem Forsterbauern im Keller sollen vor undenklichen Zeiten öfter drei Jungfrauen gesehen worden sein. Die Bäuerin stellte ihnen das Grüret (Milch zum Buttern) hinab, welches sie butterten; auch spannen sie Flachs und verrichteten noch andere bäuerliche Arbeiten. Weil sie aber nackt waren, so legte ihnen die Bäuerin neugemachte Hemden hinab, um sie für ihren Fleiß zu belohnen; darauf sind sie ausgeblieben. Der Bauernhof, in dessen Keller die drei Jungfrauen erschienen, liegt auf einer Anhöhe, und die Bauern sagen, daß in demselben sich mehrere unterirdische Gemächer befinden.[39]

Schließlich gibt es die christlichen drei heiligen Frauen, denen viele Kultstätten geweiht waren.[40] In der bildenden Kunst werden die antiken göttlichen Drei-Frauen-Gestalten und die christlichen heiligen Frauen dargestellt, selten die drei Frauen des Volksglaubens (naturgeisthafte Wesen; adelige Wohltäterinnen; erlösungsbedürftige Frauen).

Schatzjungfrau

Meist lieblich und schön ist die Schatzjungfrau oder Schlüsseljungfrau, die Menschen gutmütig den Weg zu verborgenen unterirdischen Schätzen weist. Sie übergibt einen Schlüssel oder schließt damit selbst die Schatztruhe auf. Statt eines Schlüssels dient manchmal auch eine Wunderblume[41]. Sie kann benannt oder als »schöne« oder »blaue« Blume vorgestellt sein und weist die Schatzjungfrau auch als Naturgeist aus. Die Schätze können in natürlichen Höhlen lagern oder in Kellern und unterirdischen Gewölben.

Großzügig ist die Schatzjungfrau in zwei Sagen: aus Eibensbach (Güglingen, Lkr. Heilbronn) und vom markanten, im Ostalbkreis gelegenen Kolbenberg (wohl gemeint statt Kolbenkamm). Beide Örtlichkeiten sind in Baden-Württemberg nicht sehr weit von der bayerischen Grenze entfernt.

Ein Kuhhirt fand bei der Ruine Blankenhorn in Schwaben im Spätherbst eine Schlüsselblume und steckte sie auf seinen Hut, der ihm bald schwer wurde. Als er nachsah, war die Blume in einen silbernen Schlüssel verwandelt, zugleich stand aber auch eine Jungfrau vor ihm, die ihm sagte, er sollte die bisher verborgene Thüre im Heuchelberg aufschließen, und von drinnen mitnehmen, was er wolle, aber das Beste nicht vergessen. Er füllte sich Säcke und Ärmel, ließ aber das Beste (die aufschließende Blume) doch liegen.
Ein Schäfer von Kolbenkamm in Baden wurde von einer Jungfrau auf einen Platz mit Schlüsselblumen geführt, er schloß mit einer derselben eine Thüre auf, inner

welcher drei Kisten mit Schafzähnen standen, von denen er, nur halb willig, einige Hände voll einsteckte, indem er, ohne sich weiter um die Schlüsselblumen zu kümmern, fortging. Die Schafzähne wurden über Nacht zu Gold, aber das Beste hatte er ebenfalls vergessen.[42]

Selbstverständlich waren auch in Bayern Schatzjungfrauen tätig. Bei ihnen geht es oft um Erlösung, etwa am Waldstein bei Stockenroth (Sparneck, Lkr. Hof) in Oberfranken: Der Hund eines Schäfers verschwand an zwei Tagen hintereinander um die Mittagszeit und kam sattgefressen nach einiger Zeit zurück. Am dritten Tag ging ihm sein Herr nach, verlor ihn und fand sich plötzlich am Eingang einer Höhle. Dort fraß der Hund aus einer goldenen Schüssel und eine wunderschöne, schneeweiß gekleidete Frau saß dabei. Die Jungfrau ging dem Schäfer lächelnd entgegen und bat ihn, sie dreimal zu küssen, was er gern tat. Sie dankte ihm, weil er sie erlöst habe, nahm ihn bei der Hand und führte ihn in die Höhle hinein. Dort stand ein großer eiserner Kasten, auf dem ein Hund mit großen glühenden Augen saß. Dieser wollte sich auf den Schäfer stürzen, verkroch sich aber, als die Jungfrau eine goldglänzende Johannisblume aus dem Gürtel zog. Sie berührte mit der Wunderblume das Kastenschloss, und der Schäfer sah einen riesigen Schatz von Gold und Silber. Die Jungfrau forderte den Mann auf, sich zu bedienen und mit Hilfe der Blume so oft wiederzukommen, wie er wolle, aber unbedingt das Geheimnis zu wahren. Der Schäfer nahm sich von den Schätzen, die Jungfrau gab ihm die Wunderblume und führte ihn wieder aus der Höhle. Der Schäfer kam noch oft zur Höhle, aber die schöne Frau zeigte sich nie wieder. Mit Hilfe des Schatzes wurde der Mann reich und tat auch anderen Menschen Gutes.[43] Die Wunderblume war vielleicht die in Oberfranken auch Johannisblume genannte Arnika.

Nicht so glücklich ist der Ausgang für Fräulein und Hirt in der auf Burg Gosheim (Lkr. Donau-Ries) lokalisierten Sage:

Der Schatz im Goßheimer Schlosse.
Mündlich.
Auf die Ruine des Schlosses zu Goßheim bei Wemding ging einmal ein Hirte, welcher gemeinlich in der Nähe des Berges das Vieh hütete. Da erblickte er eine Jungfrau, welche auf einem Steine saß, und bitterlich weinte. Sie winkte dem Hirtenknaben und gab ihm die Weisung, an einem bezeichneten Orte eine Geldkiste zu holen. Er solle sich aber nicht fürchten, es sitze ein Hund auf derselben, der einen glühenden Schlüssel im Munde halte, mit welchem die Kiste aufgesperrt werde. Der

Knabe ging hin, wie ihm befohlen war, erschrak aber beim Anblicke des Hundes so sehr, daß er laut aufschrie, worauf die Jungfrau unter dem heftigsten Klagegeschrei verschwand.[44]

Unterirdisch ist in dieser und der nächsten Sage nicht eine Höhlung im Berg, sondern ein Burggewölbe. In der Burgruine Stauf bei Neumarkt i. d. Oberpfalz zeigt sich manchmal ein schwebendes Licht, dem eine weiß gekleidete Frau folgt. Es ist das Burgfräulein, das auf Erlösung hofft. Einst führte das Fräulein einen Mann an ein eisernes Tor und gab ihm den Schlüssel mit der Versicherung, er würde dort drinnen Gold und Silber in großer Menge finden. Er solle davon eine Kirche bauen lassen und den Rest als sein Eigentum behalten. Beim Weggehen dürfe er nicht vergessen, den Schlüssel abzuziehen. Der Mann ging hinein, nahm in aller Hast ein paar Taler und vergaß in der Aufregung beim Hinausgehen den Schlüssel. Erst außerhalb der Wälle erinnerte er sich und blickte zurück. Da sah er die Frau mit verhülltem Angesicht am Eingang stehen und näherte sich ihr erneut. Aber sie verschwand, und den Eingang zu den Schätzen konnte er nicht mehr finden.[45]

Auch in Dreizahl können Schatzjungfrauen erscheinen.

---

1 Da eine Gleichsetzung der Erdgeister, Erdmännlein /Erdweiblein mit den Zwergen (Gnomen, Wichtlein etc.) besteht (vgl. z. B. Heine: 10 oder Panzer I, Nr. 88), werden Naturgeister-Gestalten, die sich ständig oder häufig unter der Erdoberfläche aufhalten und zu denen die Zwerge gehören, mit dem zusammenfassenden Begriff „unterirdische Geister“ belegt.

2 Informationen u. a.: Bergbau- und Industriemuseum Ostbayern (Hrsg.): Bergbau in Ostbayern. Amberg 1986; Zeller, Kurt W.: Der Dürrnberg bei Hallein. Ein Zentrum keltischer Kultur am Nordrand der Alpen. Hallein 2001.

3 Vgl. Arbeitskreis für Erdstallforschung (www.erdstallforschung.de).

4 Presseinformation zur Sonderausstellung „Erdställe – rätselhafte unterirdische Gänge“ im Römermuseum Kastell Boiotro, Passau 2011.

5 Vgl. z. B. Peuckert 1969: 144.

6 Altbayerische Sagen 1928: 71f.

7 Englisch 1994: 61f.

8 Petzoldt 1992: 204f., Nr. 191.

9 Schöppner 1852/53, I: 173f., Nr. 167.

10 Kühn 1994: 206.

11 Vgl. Rohrecker 2007: 119.

12 Wörterbuch der deutschen Volkskunde 1981: 60.

13 Vgl. Buchheit 1997: 21.

[14] Kleinwüchsige Menschen, früher bisweilen als Zwerge bezeichnet, gehören nicht in diesen Kontext.
[15] In Niederbayern und der Oberpfalz bezeichnet der Name Schra(t)zeln meist Zwerge, und nicht die als Waldgeister und später Druckgeister tätigen Schratte.
[16] Werner 2004: 155–171.
[17] Petzoldt 1999: 128.
[18] Philippsen 1911: 18.
[19] Böck 1983b: 149, Nr. 233.
[20] Böck 1983b: 300f., Nr. 495.
[21] Prestel 1929b: 22.
[22] Böck 1983b: 56, Nr. 68.
[23] Bechstein 1930: 564, Nr. 866.
[24] Grimm 1929: 37ff.
[25] Huber 1907: 16ff., Nr. 28–33.
[26] Biedermann 2004: 505.
[27] Reling/Brohmer 1922; Perger 1864.
[28] Körber-Grohne 1995: 133.
[29] Willerding 1984: 59f.
[30] Perger 1864: 111.
[31] Eichelmann 1922: 45ff..
[32] Marzell 1930: 101.
[33] Vgl. z. B.: Saan 2007.
[34] Panzer 1954/1956, I und II.
[35] Eichelmann 1922: 78.
[36] Panzer 1954, I: 9, Nr. 14.
[37] Schöppner 1853/53, II: 424f., Nr 888.
[38] Lang 1927: 58ff.
[39] Panzer 1954, I: 32f., Nr. 51.
[40] Zum Dreifrauenmotiv: Der Kult der drei heiligen Frauen ist an fast allen früheren Kultorten (z. B. Schildthurn, Lkr. Rottal-Inn) im Lauf der Zeit an andere Heilige übergegangen. Orte der Dreifrauen-Verehrung liegen vor allem in Tirol, in Ober- und Niederbayern, in der Eifel und im Rheinland – Gebiete mit früherer keltischer Bevölkerung. Beispiele sind etwa Starnberg, Leutstetten, Andechs, Schlehdorf, Polling, Wolfratshausen, Kissing; außerhalb Bayerns Worms, Köln, Straßburg, Klerant bei Brixen, Sterzing, Meransen. Den drei heiligen Frauen sind oft unterschiedliche Kleiderfarben zugeordnet. So trägt auf dem Votivbild (1643) in der Kirche St. Alto in Leutstetten (Lkr. Starnberg) St. Ainpet einen weißen, St. Gberpet einen roten und St. Firpet einen schwarzen Mantel. Dieser Gewandung der Heiligen entspricht in vielen Volkssagen die Beschreibung der drei Frauen als weiß, halb weiß/halb schwarz und schwarz, was meist als unterschiedliche Grade der Erlösung erläutert wird. Ob als muntere Naturgeister in Höhlen, als (meist adelige) Wohltäterinnen, als der Erlösung im Untergrund harrende unglückliche Sünderinnen oder als christliche Heilige – das Dreifrauenmotiv hat vermutlich sehr alte, vielleicht bis zu den Indoeuropäern reichende Wurzeln. Die antike Mythologie kennt göttliche Drei-Frauen-Gestalten wie die das Schicksal bestimmenden Moiren (lat. Parzen),

die rächenden Erinnyen (lat. Furien), die lieblichen Chariten (lat. Grazien) oder die Wachstum und Fruchtbarkeit bringenden Horen. Bei den Germanen gibt es die drei Nornen, am Urdbrunnen wohnende Schicksalsgöttinnen. Besonders liegt es nahe, den christlichen Kult und den Volksglauben um die drei Frauen mit dem keltisch-germanischen Matronenkult in Verbindung zu bringen. Die Römer haben ihn in den eroberten Gebieten übernommenen wie Reliefs und Weiheinschriften (beispielsweise im Rheinischen Landesmuseum, Bonn) zeigen. Weitere schriftliche Zeugnisse zu den Matronen fehlen. Diese betätigten sich ähnlich hilfreich für die Menschen wie später die christlichen drei heiligen Frauen. Nach Rosenfeld (1957: 148) gibt es zwar keine Kontinuität der Kultstätten, aber eine solche des Volksglaubens. Für diese Auffassung spricht auch, dass Burchard von Worms (gest. 1024) und Berthold von Regensburg (gest. 1272) den Brauch verurteilen, für die drei Frauen zu Neujahr den Tisch zu decken und ihr Erscheinen als gutes Zeichen für das kommende Jahr zu werten (vgl. Harmening 2009: 421).

41 In manchen Sagen entfaltet die Blume von allein ihre Kraft: Anton von Perger (1864: 177): „Am Untersberg fand ein Bauer Schneeglöckchen, die sich, auf seinen Hut gesteckt, in Kronenthaler verwandelten." Eine alte Frau fand eine Schlüsselblume, entdeckte damit den verborgenen Gangolfskeller auf der Milseburg (hessische Rhön), konnte ihn aufsperren, getraute sich aber nicht hinein (Schöppner 1852/53, II: 280, Nr. 764).

42 Perger 1864: 174f.

43 Grimm 1929: 3ff.

44 Schöppner 1852/53: 184f., Nr. 1159.

45 Sittler 1906: 57f.

BERGGEISTER[1]

Berggeister sind gestaltgewordenes Gebirgserlebnis.
Lutz Röhrich (1922–2006), Die deutsche Volkssage[2]

GEBIRGE

Gebirge – Landschaften aus Bergen, Hochflächen und Tälern, die sich von der niedrig gelegeneren Umgebung abheben – werden nach der Höhe über dem Meeresspiegel in Mittelgebirge (ab ca. 500 m bis ca. 1800 m) und Hochgebirge (ab ca. 1500/1800 m) unterschieden.

Hochgebirge, Mittelgebirge

Hochgebirge ragen über die Waldgrenze auf und reichen hinein in ganzjährig schneebedeckte Gebiete. Die Alpen, das höchste Gebirge Europas, sind ein erdgeschichtlich junges, in der Erdneuzeit entstandenes Gebirge, dessen Bildung im Tertiär begonnen hat und das im Quartär zu seiner heutigen Form gelangt ist. Durch die mächtigen Gletscherströme der Eiszeit erhielten Alpen und Voralpenland ihre Oberflächengestalt.

Die Westalpen sind durch die Tiefenlinie Rheintal – Splügenpass – Comer See von den Ostalpen getrennt. Diese bestehen aus den von kalkarmen, kristallinen Gesteinen gebildeten Zentralalpen und den ihnen angelagerten nördlichen und südlichen Kalkalpen.

Bayern ist das einzige deutsche Bundesland, das Anteil an den Alpen hat und zwar an den nördlichen Kalkalpen, die beiderseits der Grenze zwischen Deutschland und Österreich verlaufen. Die bayerischen Alpen sind gegliedert in Allgäuer Alpen zwischen Bregenzer Wald und Lech, Bayerische Alpen (im engeren Sinne) zwischen Lech und Inn, Salzburger oder Berchtesgadener Alpen zwischen Inn und Salzach. Am bayerischen Teil der Alpen haben zehn Landkreise Anteil: in Oberbayern Bad Tölz-Wolfratshausen, Berchtesgadener Land, Garmisch-Partenkirchen, Miesbach, Rosenheim, Traunstein und Weilheim-Schongau, in Schwaben Lindau (Bodensee), Oberallgäu und Ostallgäu.

Im Gebirge nehmen mit steigender Höhe Sonnenstrahlung, Wind und Niederschläge zu, die Temperatur geht zurück. Den Klimazonen entsprechen die Höhenstufen, die durch ihre Vegetation gekennzeichnet sind. Für die Nordalpen gilt: Auf das Kulturland folgt in etwa 600 Metern die Laubwaldzone, die in etwa 1500 Metern in die Nadelwaldzone übergeht. Ab etwa 1700 Metern kann kein geschlossener Wald mehr existieren. Oberhalb der Waldgrenze kommen nur noch einzelne Bäume wie Zirbelkiefern vor, auf die Baumgrenze (ca. 1900 Meter) folgt der Strauchgürtel, der aus dichten Beständen von Latschen, Alpenrosen und anderen niedrigen Holzgewächsen besteht und in die Alpenmatten übergeht. Die Stufe des »ewigen Schnees« beginnt auf 2500–3000 Metern.

Tiere und Pflanzen sind an die besonderen ökologischen Bedingungen im Gebirge, insbesondere in den höheren Alpenregionen, angepasst: lange, meist schneereiche Winter mit tiefen Temperaturen, kurze Sommer mit starken Temperaturunterschieden zwischen Tag und Nacht, ganzjährig heftiger Wind und starke Sonneneinstrahlung. Durch Haare (beispielsweise Edelweiß) oder durch ledrige und am Rand eingerollte Blätter (beispielsweise Alpen-Azalee) schützen sich manche Pflanzen vor der starken Sonnenstrahlung und dem austrocknenden Wind. Die meisten Hochgebirgspflanzen sind niederwüchsig. Die Tiere haben unterschiedliche Strategien entwickelt, um im Hochgebirge zu überleben. Besondere Anpassungen fordert die Überwinterung. So suchen die Gämsen tiefere Lagen unterhalb der Waldgrenze auf, das Alpenmurmeltier hält im Familienverband in unterirdischen Höhlen Winterschlaf. Alpenschneehase oder Alpenschneehuhn legen weiße Tarntracht an.

Oberhalb der Schneegrenze, wo mehr Schnee fällt als im Jahresverlauf wieder taut, können sich Gebirgsgletscher bilden. Im Nährgebiet bildet sich der gefallene Schnee über Zwischenstufen in bläuliches Gletschereis um, im Zehrgebiet am unteren Ende des Gletschers schmilzt das Eis. Der Schwerkraft folgend fließt die gesamte Eismasse des Gletschers talwärts. Seit ca. 150 Jahren sind die Gletscher am Schwinden, wobei sich das Tempo seit den 1990er-Jahren erhöht hat. Gletscher sind wichtige Trinkwasserspeicher für die Alpenregionen.

Lawinen entstehen, wenn an einem Hang Material (Geröll, Schutt, Eis, Schnee) rasch niedergeht oder abstürzt. Schnee-Lawinen bilden sich an steilen, in der Regel unbewaldeten Hängen, deren Neigung mindestens 20° beträgt. Man unterscheidet verschiedene Lawinenarten. Häufig entsteht die Schneebrett-Lawine, bei der es, oft ausgelöst durch Skifahrer, zur Ablösung einer Schneetafel kommt.

Mittelgebirge unterscheiden sich vom Hochgebirge durch geringere Höhen und eine andere Reliefformgestalt mit gerundeten Gipfeln und breiten Kämmen. In Mitteleuropa liegt die Höhengrenze zum Hochgebirge zwischen 1500 und 1800 Metern. Mittelgebirgsgipfel erreichen meist nicht die Waldgrenze. Die Höhenstufen sind im Mittelgebirge nur gering oder gar nicht ausgeprägt. Die Mittelgebirge Mitteleuropas sind viel älter als die Alpen. Die meisten ihrer Gesteine sind zwischen dem zum Erdaltertum gehörenden Devon und dem zum Erdmittelalter gehörenden Jura entstanden.

Mittelgebirge, die in Bayern liegen, sind Bayerischer Wald, Fichtelgebirge, Oberpfälzer Wald, Rhön (bayerischer Teil), Frankenwald (bayerischer Teil), Fränkische Alb, Spessart, Schwäbische Alb (bayerischer Teil).

Gebirge und Mensch

Der Mensch hat sich durch die extremen ökologischen Bedingungen nicht abhalten lassen, in Gebirgsgegenden vorzudringen und sich vorübergehend oder dauernd dort aufzuhalten – ungeachtet vieler Bedrohungen wie Kälte, Strahlung, Nahrungsmangel, Erdrutsche, Lawinen.

Ab der Altsteinzeit haben Menschen die Alpen besiedelt. Seit der Jungsteinzeit und insbesondere der Bronzezeit wurde der alpine Lebensraum zunehmend in Anspruch genommen, unter anderem zur Ausbeutung von Bodenschätzen (Bergwerke, S. 137).

Für die Erzverhüttung und die Salzgewinnung hat man die Bergwälder in großem Umfang abgeholzt. Der immer wichtiger werdende Erzbergbau erforderte in keltischer und römischer Zeit die Anlage von Handelswegen.

Die alpinen Hochlagen wurden ab der Bronzezeit als Almen genutzt. Man legte sie in der Regel noch unterhalb der Waldgrenze an, sodass der Wald die Alm vor Lawinen schützte. Auf den Almen hütete meist eigens dazu bestimmtes Personal im Sommer das Vieh – Ziegen, Schafe, Rinder. Die Beweidung hatte Folgen für die natürliche Vegetation: Der Wald wurde nach unten zurückgedrängt, und auf den Weiden entstand durch Nährstoffanreicherung und Tritt eine veränderte Vegetation. Viele der früher bestehenden Almen sind heute aufgelassen. Auch in Gipfellagen der Mittelgebirge, etwa in der Rhön, wurden Hochweiden angelegt.[3] Im Bayerischen Wald heißen sie Schachten. Auf ihnen hat man Rinder, vor allem Jungstiere weiden lassen. Einige Schachten werden heute noch beweidet.

Die Gebirgsbewohner jagten für ihren Unterhalt auch das Bergwild. Später war die Gebirgsjagd zum Zeitvertreib bei den Fürsten beliebt, etwa den bayerischen Herzögen und Königen.

Gebirge aufzusuchen, um dort die Natur zu genießen, ist ein relativ junges Vergnügen. Als »Vater der Bergsteiger« wird manchmal der Humanist und Dichter Francesco Petrarca (1304–1371) bezeichnet. Er bestieg am 26. April 1336 den Mont Ventoux in Südfrankreich. Als Beginn des Alpinismus gilt die Erstbesteigung des Montblanc (1786) durch Jacques Balmat und Michel-Gabriel Paccard. In der Folgezeit wurden Gebirgslandschaften und Berggipfel das Ziel von Wanderern, Bergsteigern und Kletterern, wobei die Hauptmotive Naturerleben, Forscherdrang und sportlicher Antrieb waren und bis heute wohl sind. Ende des 19. Jahrhunderts kam mit dem Wintersport (Rodeln, Skifahren) eine Freizeitbeschäftigung auf, die später große wirtschaftliche Bedeutung erlangte.

Ab dem Ende des 18. Jahrhunderts wurden Gebirgslandschaften zunehmend zum Motiv in der Landschaftsmalerei. Caspar David Friedrich (1774–1840), Ferdinand Georg Waldmüller (1793–1865), Ludwig Richter (1803–1884), Adalbert Waagen (1833–1898) oder Edward Harrison Compton (1881–1960) seien hier als Beispiele genannt.

Ebenfalls ab dem Ende des 18. Jahrhunderts erschienen wissenschaftliche Abhandlungen, etwa von Alexander von Humboldt (1769–1859), Reiseliteratur, Dichtung und Unterhaltungsliteratur, die sich mit Alpen und Mittelgebirge beschäftigen.

Die teilweise sehr empfindlichen Ökosysteme der Gebirge, insbesondere der Alpen, sind bedroht unter anderem durch Verkehr, Freizeitdruck, Winter- und Sommersport, Erschließungsmaßnahmen, Zersiedelung und Versiegelung, intensive landwirtschaftliche Nutzung.

GESTALTEN

Bedroht von vielerlei Gefahren, haben einst die Gebirgsbewohner hinter den imposanten und teilweise furchterregenden Naturerscheinungen das Wirken von Naturgeistern gesehen. Sie versuchten, diese Dämonen günstig zu stimmen und zu segenspendendem sowie unheilabwehrendem Tun zu bewegen.

Manche Berggeister oder Gebirgsgeister sind Gestalten, die in die raue Bergwelt verdrängt wurden oder sich in diese zurückgezogen haben. So hat es die Riesen einst überall gegeben, später nur noch in Gebirgsgegenden. Auch die Wilden Frauen trifft man, wenn überhaupt, nur noch in den Bergen.

Wilde Frauen

Die Wilden Frauen, Wildfrauen oder Saligen Frauen, unter anderem auch Salksfrauen, Salige Fräulein, Selige Fräulein, Salige, Sälige[4] genannt, sind schöne und grundsätzlich freundliche alpine Frauengestalten. Sie entsprechen in ihrem Wesen den keltischen Feen. Die antiken Oreaden sind ihnen ebenfalls verwandt.

Die Wilden Frauen Mitteleuropas treten in Ein- oder Mehrzahl, bisweilen in Dreizahl auf (Drei Frauen, S. 149). In den meisten Sagen wird ihre überwältigende Schönheit hervorgehoben, besonders die langen blonden und glänzenden Haare betören. In Eigenschaften und Verhalten erscheint vielleicht ein Nachklang vorchristlicher Liebes- und Muttergöttinnen.

Die Wildfrauen beschenken bisweilen die Menschen, wie es diese Salige tat, die am Nordhang des Untersbergs zwischen Glanegg (Grödig) und Großgmain (beide Salzburger Land), nahe der Grenze zu Bayern einem Bauernmädchen erschien:

Einst gieng ein schönes, aber armes Bauernmädchen aus der Umgebung von Glanegg von Großgmain nach Hause. Als dasselbe auf dem Gangsteige die nasse Wiese unweit des obern Marmorbruches erreichte, sah es eine wunderschöne, weißgekleidete Frau Flachsbündel auf dem frisch gefallenen Schnee ausbreiten. Erstaunt blieb das Mädchen stehen und erschrak nicht wenig, als die geheimnisvolle Frau ihm winkte, sich ihr zu nähern. Als es zögernd näher trat, sprach jene: »Nimm, mein Kind! und löse dir die Bündel hier zu deiner Hochzeitsfeier.« Gehorsam that des Mädchen, wie ihm geheißen, sammelte die Flachsbündel in seine Schürze und eilte, so schnell es konnte, nach Hause. Als es aber in der Mutter Gegenwart die Schürze entleerte, fielen aus derselben statt der Flachsbündel eitel Perlen, Smaragden und Edelsteine heraus. Das war der Lohn für seine Bescheidenheit und Folgsamkeit.[5]

Salige helfen gern den Menschen bei der Arbeit. Die Wilden Frauen des Untersbergs kamen frühmorgens aus dem Wunderberg ins Tal und beteiligten sich dort beim Ährenschnitt. Abends kehrten sie wieder in den Berg zurück.[6]

Die Wilden Frauen geben ihr Wissen großzügig an die Menschen weiter, wie beispielsweise eine Sage aus den österreichischen Hohen Tauern berichtet: Der Melker auf einer Alm unter der Türchlwand (Gasteiner Tal, Land Salzburg) ließ zu, dass eine Wilde Frau eine seiner Kühe wiederholt melkte. Als er die Wildfrau einmal ansprach, bedankte sie sich bei ihm und zeigte ihm, wie man von Molken Wachs machen kann. Dadurch wurde der Melker ein reicher Mann.[7]

Manchmal auch bitten die Wildfrauen die Menschen um Hilfe. So geschah es am Schwarzenberg bei Obermaiselstein (Lkr. Oberallgäu), wo die Wilden Frauen in einer Höhle, dem Sturmannsloch, lebten. Einmal fanden Feldarbeiter auf einem Pflug ein beschädigtes hölzernes Kinderbadewännchen. Einer der Männer erkannte, dass die Sturmannslochfräulein so ihre Bitte um Reparatur ausdrückten, nahm die Wanne mit nach Hause, besserte sie aus und legte sie in derselben Nacht wieder an der Fundstelle ab. Am nächsten Morgen war sie verschwunden, dafür stand eine Schüssel mit Küchlein als Lohn dort.[8] Ähnlich wie die Zwerge erbitten die Wildfrauen von den Menschen Wein für ihre Feste und belohnen den Spender reich.[9] Das Motiv deutet auf ein hohes Alter dieser Gestalten hin.

Die Saligen schätzen engen Kontakt zu den Menschen. Sie fühlen sich zu Kindern hingezogen und rauben diese. Zwei Untersberg-Sagen handeln davon: Wilde Frauen wollten einen Knaben mit Gewalt wegführen, versprachen dem hinzu geeilten Vater, dass es dem Knaben bei ihnen besser als zu Hause gehen werde. Der Vater aber ließ ihnen das Kind nicht, und die Wilden Frauen gingen weinend davon. Die andere Sage berichtet, dass Wildfrauen einen Knaben mit sich fortnahmen. Nach einem Jahr sahen Holzknechte den Buben, in Grün gewandet, an einer Stelle des Berges sitzen. Die benachrichtigten Eltern eilten dorthin, aber der Knabe war verschwunden und wurde nie mehr gesehen.[10]

Die Wilden Frauen wünschen sich auch sexuelle Kontakte zu Männern, allerdings nicht um jeden Preis, denn sie sind auch Hüterinnen von Sitte und Ordnung und schützen die Ehe:

Mehrmals hat es sich begeben, daß eine wilde Frau aus dem Wunderberge gegen das Dorf Anif zu gieng, welches eine gute halbe Stunde vom Berge entlegen ist. Dort machte sie sich Löcher in die Erde und darinnen eine Lagerstätte. Sie hatte ungemein langes und blendend schönes Haar, das ihr beinahe bis zu den Fußsohlen hinabreichte. Ein Bauersmann aus dem Dorfe sah diese Frau öfters ab- und zugehen und verliebte sich in sie, hauptsächlich wegen der Schönheit ihrer Haare. Er konnte sich nicht erwehren, immer aufs Neue zu ihr zu gehen, wo er dann, ganz in ihren Anblick versunken, auf alles andere vergaß und oft viele Stunden verweilte, die ihm so kurz wurden, wie Minuten. Einstmals fragte die wilde Frau den Bauern, ob er denn kein Weib zu Hause habe. Dieser aber verleugnete sein Eheweib und sprach: »Nein!« Seine Frau indessen machte sich natürlich Gedanken darüber, wo ihr Mann so oft hingehen und immer so lange verweilen möge, sie spähte ihm daher nach und traf ihn auf dem Felde, verzückt in das Anschauen der wilden Frau. »Deine schönen Haare! Was thut ihr da miteinander?« Mit diesen Worten wich das Bauernweib von ihnen und der Bauer erschrak sehr hierüber. Aber die wilde Frau hielt dem Bauern seine treulose Verleugnung vor und sprach zu ihm: »Hätte deine Frau bösen Hass und Ärger gegen mich zu erkennen gegeben, so würdest du jetzt unglücklich sein und nicht mehr gut von dieser Stelle kommen; aber weil deine Frau nicht bös war, so liebe sie fortan und hause mit ihr getreu und unterstehe dich nicht mehr, daher zu kommen, denn es steht geschrieben: ›Ein jeder lebe getreu mit seinem ihm angetrauten Weibe‹, obgleich die Kraft dieses Gebots einst in Abnahme kommen wird und damit aller zeitliche Wohlstand der Eheleute. Nimm diesen Schuh voll Geld von mir, geh' hin und sieh dich nicht mehr um.«[11]

Auch Ehen zwischen Wilden Frauen und Männern werden geschlossen, so genannte Martenehen, wie sie auch gern die Wasserfrauen eingehen und die mit einem Tabu verbunden sind. Tabuverletzung durch den neugierigen Mann beendet das Glück, das über den Martenehen liegt. Aber selbst wenn der Ehemann nichts falsch macht, kann es sein, dass die Salige ihn verlassen muss, wie eine Sage aus Bad Hindelang (Lkr. Oberallgäu) zeigt: Die Salige, deren Name nicht gekannt und ausgesprochen werden durfte, musste ihren Mann verlassen, weil eine vorübergehende fremde Frau zufällig ihren richtigen Namen genannt hatte (S. 34).

Die *Oreaden*, Bergnymphen der antiken Mythologie, leben in Höhlen der Berge und in Wäldern. Sie entsprechen den Wilden Frauen. Eine namentlich bekannte Bergnymphe ist Echo. Von ihr berichtet Ovid in seinen »Metamorphosen«: Echo verliebte sich in den schönen Knaben Narkissos. Als der sie abwies, verzehrte sie sich so in Gram, dass von ihr nur die hallende Stimme blieb. Die Götter straften Narkissos auf Bitten anderer Abgewiesener: Er verliebte sich in sein Spiegelbild und starb an hoffnungsloser Liebe.

Schutzherrinnen / Schutzherren des Bergwilds

Verbreitet im gesamten Alpenraum sind Sagen von Naturgeistern, insbesondere weiblichen wie den Saligen, die als Schutzherrinnen oder –herren des Wilds – der Steinböcke und insbesondere der Gämsen – auftreten.[12]

In den Bergen um Höfen (Tirol, an der Grenze zu Bayern) hausten früher den Menschen wohlgesinnte Sälige Fräulein. Ihnen gehörten Gämsenrudel und Steinbockherden, die sie gegen Jäger und Wildschützen verteidigten. Reich belohnt wurde, wer im Winter die Tiere der Säligen mit Heu bedachte. Nachts ließen die Gämsen vor dem Haus des Wohltäters Losungspillen zurück, die sich beim Aufsammeln als Goldkörner erwiesen. Wilddiebe und Schlingenleger sahen an den Berghängen öfters einen großen Steinbock. Wer auf ihn schoss, den traf die zurückprallende Kugel ins eigene Herz und er stürzte tot in die Tiefe. Manche Glückskinder erblickten auf Gämsen reitende Wildfrauen, andere konnten an warmen Sommerabenden hoch oben auf den Bergen, weitab von den Menschen, den Tanz der Säligen mit ihren Steinböcken sehen.[13]

Die Gämsenfräulein halten die Gämsen in unterirdischen Ställen als ihre Kühe. Eine Sage aus dem Paznaun-Tal in Nordtirol berichtet über eine Fanga: Ein Jäger, der in einer leeren Sennhütte übernachtete, hatte die erlegte Gämse aufs Dach gelegt. Er hörte lautes Wehklagen vor der Hütte, und bald trat eine schöne Frau herein und warf dem Jäger vor, eine ihrer Kühe getötet zu haben. Sie führte den Mann in eine unterirdische Höhle. Dort standen Gämsen vor

Krippen, und die Frau zeigte die leere Stelle der vom Jäger getöteten Gämse und ermahnte ihn, fortan ihren Kühen nichts mehr zu tun. Der Jäger ging nach Hause und schoss nie mehr eine Gämse.[14]

Nicht immer geht es so gut aus, denn manche Jäger halten sich nicht an das gegebene Versprechen und kommen zu Tode. Da heißt es dann, dass die verfolgte Gämse oder das Gämsenfräulein den Jäger in den Abgrund gestoßen habe.

Die schönen und liebreizenden Frauen erscheinen manchmal selbst als Gämsen, gern in Weiß[15]. In christlicher Schicht tritt bisweilen die Muttergottes als weiße Gämse auf und warnt, mahnt oder bestraft die im Übermaß oder zur Unzeit Jagenden. Als Nachfolgerin der saligen Tierherrinnen erscheint sie in diesen beiden Schweizer Sagen:

Einmal gingen drei Jäger am Festtag Mariä Himmelfahrt (15. August) auf die Jagd und schossen eine weiße Gämse. Als die Männer die Beute holen wollten, war sie verschwunden. Eine schöne weiße Frau trat ihnen entgegen und sagte, für die Entweihung ihres Festtages würden sie bestraft. So geschah es: Als Steinsäulen sind sie noch heute auf dem höchsten Bristen, dem höchsten Windgällen und dem höchsten Krönten zu sehen.

Der 1831 verstorbene Pfarrer Alois Arnold aus Unterschächen war ein begeisterter Gämsenjäger. Einmal ging er sogar am Muttergottestag auf die Jagd. Da kam ihm ein Gämsenrudel, angeführt von einer prachtvollen weißen Gämse entgegen. Der Pfarrer verstand und ging reuig nach Hause.[16]

Auch männliche Naturgeister, etwa Zwerge, beschützen als Tierherren das ihnen anvertraute Wild.[17] Friedrich von Schiller (1759–1805) hat in seinem Gedicht »Der Alpenjäger« das Volkssagenmotiv des Tierherrn behandelt: Ein mächtiger Berggeist beschützt die vom Jäger verfolgte Gazelle, worunter wohl ein Steinbock oder eine Gämse zu verstehen ist. Der im Riesengebirge beheimatete Berggeist Rübezahl sieht den Schutz des Wildes ebenfalls als seine Aufgabe an.[18]

Wilde Frauen / Schutzherrinnen und -herren in der Kunst

Bildende Kunst

Leopold Bode, 1831–1906, *Die drei seligen Jungfrauen*, Aquarell über Bleistift auf Papier, auf Leinwand montiert, Privatbesitz. *Die Alpenbraut*, 1864, Öl auf Leinwand, München, Sammlung Schack. (s. S. 133)

Karl Mediz, 1868–1945, *Der Steinbock und die Saligen*, 1914, Öl auf Leinwand, Privatbesitz.

Franz Xaver Jung-Ilsenheim, 1883–1963, *Wildfrau am Untersberg*, Ölgemälde, Aufbewahrungsort unbekannt.

Literatur

FRIEDRICH VON SCHILLER, 1759–1805, *Der Alpenjäger*, Gedicht.

FERDINAND RAIMUND, 1790–1836, *Der Alpenkönig und der Menschenfeind*, Romantisch-komisches Zauberspiel in zwei Aufzügen, Musik von Wenzel Müller. Uraufführung 1828 in Wien.

JOHANN GABRIEL SEIDL, 1804–1875, *Die Schneebraut*, Gedicht (liegt dem Gemälde »Die Alpenbraut« von Leopold Bode zugrunde).

Riesen

Wie die Zwerge haben die Riesen[19] mehrschichtige Bedeutung und verschiedene Rollen. Als Naturgeister verkörpern sie die ungebändigten Naturkräfte. Bei vielen Völkern erscheinen Riesen als mächtige Gestalten der Urzeit, oft Vorgänger und Widersacher der Götter und Menschen sowie, darin den Zwergen ähnlich, als letzte Überlebende eines einst mächtigen Dämonengeschlechts. Überall hat es in sehr alter Zeit Riesen gegeben. Später dienten ihnen die Gebirge als letzte Rückzugsorte, ehe sie auch von dort fast vollständig verschwinden mussten.

Viele Volkssagen, die sogenannten Erklärungssagen, beschäftigen sich mit der Entstehung von Naturerscheinungen und wunderbarem Menschenwerk. Gerade die Riesen werden häufig als Urheber von Tälern, Bergen, Felsformationen, aber auch von Menschenwerk wie besonders mächtigen oder auffälligen Mauern, Kirchen oder Burgen genannt. Riesen tun sich als gute Baumeister hervor. Fossilien ausgestorbener Tierarten wurden als Knochen von Riesen, jungsteinzeitliche Megalithgräber als Grabstätten von Riesen (»Hünengräber«) interpretiert.

Manche Riesen haben Eigennamen, wie beispielsweise der Untersberg-Riese Abfalter. Er hatte sein Lager auf dem Rücken des Untersberges. Zum Zeitvertreib warf er bisweilen Steine in die Landschaft, auf denen Orte wie die heute zu Salzburg gehörenden Liefering, Maxglan und Wals entstanden. Eine Riesin, die vom Abersee (heute Wolfgangsee im Salzkammergut) gekommen war, traf er am Fuß des Gaisbergs. Sie wollte die Salzach mit Trittsteinen überqueren, hatte diese aber durch Löcher in ihrer Schürze unterwegs verloren. Da trug Abfalter sie durch den Fluss.[20]

In der Mehrzahl sind die Riesen männlichen Geschlechts. In riesenhafter Gestalt können etwa auch die in Tirol und Vorarlberg beheimateten Fänggen oder der Hehmann erscheinen. Überhaupt ist es einigen Naturgeistern wie den Zwergen möglich, sich in riesige Wesen zu verwandeln.

Das bekannteste Riesenmärchen ist wohl »Das tapfere Schneiderlein« (KHM 20). Darin sind die Riesen stark und gefährlich, aber einfältig und dumm; deshalb lassen sie sich leicht übertölpeln. Diese Rolle spielen sie auch in anderen Märchen der Brüder Grimm wie in »Der Königssohn, der sich vor nichts fürchtet« (KHM 121), »Die Boden des Todes« (KHM 177), »Der Riese und der Schneider« (KHM 126), »Der gelernte Jäger« (KHM 111), »Die Kristallkugel« (KHM 197). Harmlos und leichtgläubig sind die Riesen in »Der König vom goldenen Berg« (KHM 92), gutmütig und hilfreich in »Die Raben« (KHM 93). Auch in »Ferdinand getreu und Ferdinand ungetreu« (KHM 126) helfen die Riesen dem Helden, ebenso in »Der Trommler« (KHM 193). »Der junge Riese« (KHM 90) ist ein zunächst nur daumengroßer Mensch, der, weil ein Riese ihn säugt, selbst zum Riesen wird und der sich rächt, als er um seinen Lohn betrogen werden soll.

Die zwei Riesen schlagen sich tot, das Schneiderlein auf dem Baum, Holzschnitt von Ludwig Richter.

Riesen sind im Allgemeinen den Menschen gegenüber feindlich eingestellt. Dies verwundert nicht weiter, werden sie doch von ihnen zurückgedrängt, besiegt und vertrieben. Die Riesen sind den Menschen an Körperkraft weit überlegen, was ihnen aber wegen ihrer unterlegenen Intelligenz meist nichts nützt. Sie sehen ihre Rolle gern als Beschützer der Bergwelt, ähnlich den Saligen. Für ihren Fortbestand ungünstig ist, dass die Riesen sich oft gegenseitig bekämpfen – aufgrund eines als Folge ihrer eingeschränkten Intelligenz entstandenen Missverständnisses oder ihrer ausgeprägten Reizbarkeit.

Die beiden Burgen Fürstenstein und Englburg im Bayerischen Wald sind von Riesen erbaut worden. Sie benutzten nur einen Hammer, den sie sich von Berg zu Berg zuwarfen.[21] Sogar christliche Kultstätten zu errichten, sind sich manche Riesen nicht zu schade. Eine Sage aus dem Würzburger Raum berichtet:

Die Kirchen zu Sächsenheim, Oberwittighausen und Grünfeldhausen.
Die drei uralten Kapellen zu Sächsenheim, Oberwittighausen und Grünfeldhausen wurden von Riesen erbaut, wobei dieselben die großen, schweren Steine in ihrer Schürze beitrugen. Als das erste Kirchlein fertig war, warf der Baumeister seinen Hammer mit dem Vorhaben durch die Luft, da, wo derselbe niederfalle, eine Kapelle zu bauen. In einer Entfernung von zwei Stunden fiel der Hammer zu Boden, und daselbst wurde nun das zweite Kirchlein errichtet. Nach dessen Vollendung warf der Riese den Hammer abermal und erbaute auf dem wieder zwei Stunden entfernten Platz, wo der Hammer niederfiel, die dritte Kapelle. In jener bei Sächsenheim wird eine große Rippe des Baumeisters aufbewahrt.[22]

Wilder Mann, Wappen der Stadt Naila (Lkr. Hof).

Die Riesen lehnen im Allgemeinen das Christentum noch entschiedener ab als die Zwerge. Dennoch: Sogar das Kloster in Kempten haben Riesen erbaut, nämlich Sancimon und Celebrand.[23]

Die Wilden Männer der Volkssage entsprechen den Riesen. Im Achental bei Pfronten haben etliche dieser furchterregenden Wesen gehaust. Aber sie sollen von Papst Pius VI. oder dem sich der Aufklärung widmenden österreichischen Kaiser Joseph II. auf immer gebannt worden sein.[24] Diese Wilden Männer sind urtümlichere Gestalten als die Wilden Männer in der mittelalterlichen Dichtung oder in Fastnachts- und anderen Spielen. Manchmal erscheint der Wilde Mann in Wappen, in Bayern etwa im Stadtwappen von Naila (Oberfranken) oder im Wappen des Marktes Neuhof a. d. Zenn (Unterfranken). Dort ist er jeweils als großer nackter oder spärlich mit Moos oder Laub bekleideter Mann dargestellt.

Riesen in antiker und nordgermanischer Mythologie und in den deutschen Heldensagen

In der antiken Mythologie entstehen die Titanen und Kyklopen aus der Vereinigung der Erdmutter Gaia mit Uranos, dem Himmel, den sie aus sich allein gezeugt hatte. Die Kyklopen sind einäugig und Erfinder der Blitze. Die Titanen sind zwölf Geschwister: sechs männliche und sechs weibliche gewaltige Riesen. Uranos, der um seine Herrschaft fürchtete, warf die Kyklopen in den Tartaros, die tiefste Unterwelt. Auf Gaias Geheiß entmannte der Titan Kronos seinen Vater Uranos. Aus dem Blut des Uranos ging ein weiteres Riesengeschlecht, die Giganten, hervor. Da Uranos dem Kronos geweissagt hatte, er werde von einem seiner Söhne entthront, verschlang Kronos sämtliche Kinder, die ihm seine Schwester, die Titanin Rhea, gebar. Ihren Letztgeborenen, Zeus, verbarg sie vor dem Vater in einer Höhle. Als Zeus erwachsen war, zwang er Kronos, die verschlungenen Geschwister wieder auszuspeien. Im anschließenden Titanenkampf unterstützten einige Titanen ihren Bruder Zeus, andere standen dem Vater Kronos bei. Zeus befreite auch die Kyklopen und diese schmiedeten den Blitz für ihn. Nachdem Kronos besiegt war, bedachte Zeus seine Brüder: Hades bekam die Herrschaft über die Unterwelt, Poseidon über das Meer. Nachdem er auch die Giganten besiegt hatte, war Zeus der Weltenherrscher.

Viele Riesen gibt es in der nordisch-germanischen Mythologie. Am Anfang entstand der Urriese Ymir. Er ist der Stammvater der Riesen. Die ersten Götter, Odin, Wili und We, Söhne der Riesin Bestla, erschlugen Ymir. In seinem Blut ertranken die meisten Riesen, einige überlebten. Aus Ymirs Leib erschufen die Götter die Welt. Von Utgard aus, einem Land außerhalb der besiedelten Welt, bedrohten die Riesen weiterhin die Menschenwelt (Midgard) und die Welt der Götter (Asgard). Mit Abwehr der Riesen und Kämpfen gegen sie verbrachten die Götter viel Zeit, aber es gab auch friedlichen Umgang miteinander sowie Verwandtschaftsbeziehungen. So entstanden der gefürchtete und schließlich durch die Götter gebundene Fenriswolf, die Midgardschlange und die Totenreichgöttin Hel aus der Verbindung des Gottes Loki mit der Riesin Angurboda.

In den deutschen Heldensagen und den darauf basierenden mittelhochdeutschen Heldenepen erscheinen Riesen als Widersacher der Helden, werden von diesen besiegt und symbolisieren die untergehende heidnische Welt. So tötet Dietrich von Bern den Riesen Grim und dessen Schwester Hilde, sein Waffenmeister Hildebrand den schrecklichen Sigenot.

Riesen-Nachfolger

Dem Beilwurfmotiv liegt germanischer symbolischer Rechtsbrauch zugrunde. Dieses Brauchs haben sich auch heilige Riesen-Nachfolger bedient: Die Legende des heiligen Wolfgang (um 924–994) erzählt, dass er sein Beil (»Hackl«) von dort, wo jetzt die Beilwurfkapelle am Falkenstein steht, hinunter ins Tal geworfen habe. Am Landungsort des Beils habe Bischof Wolfgang eine Kapelle erbaut – die spätere Wallfahrtskirche in St. Wolfgang am Wolfgangsee (früher: Abersee). Auch der selige Utto (gestorben 829), der erste Abt des 766 errichteten Klosters Metten (Lkr. Deggendorf), verschmähte den alten Brauch nicht: Als sich eines Tages Karl der Große (Lebensdaten: 747–814) beim Jagen auf dem jenseitigen Ufer der Donau verirrt hatte, traf er auf den Einsiedler. Utto ruhte gerade von der Arbeit aus und hatte sein Rodungsbeil an einem Sonnenstrahl aufgehängt. Ehrfürchtig sah Karl das Wunder und erfüllte Uttos Bitte nach Land für ein Kloster. Es sollte dort gebaut werden, wo Uttos in die Luft geschleudertes Beil wieder zur Erde fiele. So entstand das Kloster Metten.[25]

Bereits die Riesen hatten die Fähigkeit zum Steinerweichen, die später von Heiligen gepflegt wurde. Der heilige Wolfgang kam, so die Legende, einst auf einer Reise von Regensburg ins Böhmische nach Böbrach (Lkr. Regen). Dort, wo heute die Wolfgangskapelle steht, verweilte er einige Tage in stiller Zurückgezogenheit. Als ihn ein heftiges Gewitter überraschte, stellte er sich unter einen Felsvorsprung. Dabei hielt er mit seiner Hand die obere Steinplatte. Seitdem kann man den riesigen Handabdruck im Felsen sehen.[26]

In späterer Sagenschicht übernimmt gern der Teufel die Rolle der Riesen, insbesondere als Baumeister. Auch er wird oft von Menschen getäuscht und besiegt.

Riesen in der Kunst

Bildende Kunst

HANS HOLBEIN DER JÜNGERE, um 1497–1543, *Scheibenriss mit Wildem Mann*, um 1525/28, Feder (schwarz), grau laviert und etwas grün und braun aquarelliert, London, British Museum.

MORITZ VON SCHWIND, 1804–1871, *Die gefangene Prinzessin*, 1860/63, Öl auf Leinwand, München, Sammlung Schack.

GUSTAV KLIMT, 1862–1918, *Der Gigant Typhoeus*, 1902, Fresko (Teil des »Beethoven-Fries«), Wien, Secession.

EMIL NOLDE, 1867–1956, *Bergriesen*, 1895/1896, Öl auf Leinwand, Seebüll, Nolde Stiftung.

Literatur

ADELBERT VON CHAMISSO, 1781–1838, *Das Riesenspielzeug*, Ballade.
FRIEDRICH RÜCKERT, 1788–1806, *Die Riesen und die Zwerge*, Gedicht.
ALWIN FREUDENBERG, 1873–1930, *Vom Riesen Timpetu*, Scherzgedicht.

Lokale Berggeister

Auch wenn keiner von ihnen dem Riesengebirgsgeist Rübezahl in Aussehen, Eigenschaften und Popularität vergleichbar ist: Auch in Bayern gibt es lokale oder regionale Berggeister. Diesem namenlosen Geist am Rauen Kulm in der Oberpfalz ist der Baumschutz ein Anliegen:

Der Berggeist am rauhen Kulm.
Mündlich.
Ein Holzhacker ging zur Winterszeit auf den rauhen Kulm. Hoch oben, wo die schönsten Fichtenstämme stehen, suchte er sich den mächtigsten Baum zum Schlagen aus. Als nun derselbe von kräftigen Hieben getroffen schon zu wanken und zu krachen anfing, wurde dem Holzhacker fast unheimlich zu Muthe, als ob er ein schlimmes Werk vollbracht. In demselben Augenblick aber, da die herrliche Fichte mit donnerndem Hall auf den Boden schlug, spürte der Mann ein Ziehen und Zerren an seiner Axt, als wenn ihm ein starker Mann dieselbe entreißen wollte. Umsonst strengte er sich an, die Axt zu erhalten: auf einmal war sie verschwunden. Es war der Berggeist, der ihm zur Strafe für das Fällen des schönsten Baumes die Axt entrissen hatte. Das begegnete aber diesem Holzhacker nicht allein, es soll schon vielen widerfahren sein.[27]

Ein schatzhütender Berggeist bewohnt in den Allgäuer Alpen den Hochvogel und sucht dort nach Schätzen, was sich oft durch Hämmern und Klopfen im Fels bemerkbar macht. Seine Gestalt wird unterschiedlich beschrieben, sein Wesen soll mutwillig und boshaft sein.[28]

Neben diesen namenlosen Berggeistern und anderen anonymen Weiblein oder (grauen) Männlein tummeln sich in bayerischen Gebirgsgegenden Geister, die einen Eigennamen haben und meist streng lokalisiert sind. Die nachfolgend genannten stehen für weitere ähnliche Gestalten.

In der Nähe des Hintersees (Ramsau, Lkr. Berchtesgadener Land) lebt:

Das Guglbergmanndl.

Nächst dem schönen Hintersee liegt ein kegelförmiger Hügel, der den Namen »Guglberg« hat. In seinem Innern haust das »Guglbergmanndl«, ein kleiner Kobold, der den Menschen mancherlei Schabernack spielt. Gesehen wurde das Manndl noch von niemandem, gehört aber sehr oft. Denn wenn man aus dem Tale gegen den Guglberg hinruft: »Guglbergmanndl, wo bist?« so erhält man deutlich die Antwort: »Da bin i! Da bin i!«.[29]

Koboldhaft ist das Mandl zwar im Streichespielen, aber Kobolde sind Hausgeister und halten sich nicht oder allenfalls vorübergehend in freier Natur auf.

Der *Stilzl* soll als Rossdieb und sonstiger Übeltäter zu Lebzeiten im Grenzland zwischen Rachel und Waldmünchen im Bayerischen Wald sein Unwesen getrieben haben. Zur Strafe muss er seit seinem Tod als ruheloser, stürmender und die Bewohner des Waldgebirges plagender Geist unterwegs sein.[30] Der wegen seiner Rolle zur Zeit des Nationalsozialismus umstrittene Schriftsteller Hans Watzlik (1879–1948) hat den Geist in zwei Erzählungen gewürdigt: »Stilzel, der Kobold des Böhmerwaldes«, 1926, und »Stilzel und der Mühlknecht«, 1938.

Die *Waldrumpel* ist ebenfalls ein stürmender Geist des Bayerwaldes. Im Winter kommt sie aus der Felsspalte, wohin sie sich im Sommer zurückgezogen hat, rast durch den Wald und schlägt ihn in breiter Gasse nieder.[31]

---

1 Gemeint sind Gebirgsregionen bewohnende Geister, nicht die ebenfalls oft Berggeister genannten Bergwerksgeister.

2 Röhrich 1969: 220.

3 Vgl. Küster 1996: 231f.

4 Zusammenhang mit: althochdeutsch sālīg (glücklich), gotisch sels (gütig).

5 Huber 1907: 8, Nr. 11.

6 Huber 1907: 5, Nr. 3.
7 Petzoldt 2007: 188, Nr. 315.
8 Schmidt 1989: 381f.
9 Schmidt 1989: 382.
10 Huber 1907: 5f., Nr. 4.
11 Huber 1907: 6f., Nr. 6.
12 Es gibt auch Schutzgeister anderer Tiere, etwa der Fische (S. 79), Hasen, Rehe, Hirsche oder Wölfe in europäischen Sagen. Vgl. dazu Röhrich 1959: 79–163.
13 Endrös/Weitnauer 1981: 146f.
14 Zingerle 1969: 51, Nr. 75.
15 Röhrich 1959: 88.
16 Sälzle 1965: 100f.
17 Zingerle 1969: 87f., Nr. 143.
18 Vgl. Röhrich 1959: 103f.
19 Gemeint sind nicht die ebenfalls oft als Riesen bezeichneten sehr großen und starken Menschen.
20 Huber 1907: 23, Nr. 44.
21 Waltinger 1992: 159.
22 Panzer 1954, I: 205f. Nr. 272.
23 Schmidt 1989: 273f.
24 Schöppner 1852/53, I: 38f., Nr. 38.
25 Ruhland 2016: 50f.
26 Haller 1982: 51, Nr. 50.
27 Schöppner 1852/1853, II: 167, Nr. 623.
28 Alpenburg 1977: 154.
29 Eichelmann 1920: 80.
30 Friedl 1975: 96ff.; Eichhof 1950: 35ff.
31 Friedl 1975: 126ff.

VEGETATIONS-GEISTER

Die Umzugs- und Maskenbräuche des Winters und Vorfrühlings, mit ihrer großen Gestaltenfülle, setzen die erstrebte Beziehung zu den Mächten der Vegetation und der Fruchtbarkeit sowie zu den Verstorbenen.

Rudolf Kriss (1903–1973),
Sitte und Brauch im Berchtesgadener Land[1]

AGRARLANDSCHAFT

In Mitteleuropa sind sämtliche Lebensräume vom Menschen mehr oder weniger beeinflusst – auch die, welche wir als »natürlich« empfinden wie die Wälder. Die Agrarlandschaft ist vom Menschen geschaffen und kann nur mit seiner Arbeit erhalten werden. Wie die Siedlungslandschaft gehört die Agrarlandschaft zur Kulturlandschaft im engeren Sinn.

Felder, Wiesen[2]

Ein Feld ist eine als Acker genutzte, d. h. mit oder ohne Pflug bearbeitete und mit Kulturpflanzen zur Nutzung bestellte Fläche. Die ersten Äcker entstanden in Bayern in der Jungsteinzeit (ca. 5000–2000 v. Chr.). Die Kulturpflanzen stammten vor allem aus Vorderasien, wo die »neolithische Revolution« rund 5000 Jahre früher begonnen hatte. In Bayern lagen die bevorzugten Getreideanbaugebiete von Anfang an in den nordbayerischen Gau-Landschaften und den südbayerischen Gäu-Gebieten (heutiger Gäuboden).

Gerste (*Hordeum vulgare*) wurde bereits in der Jungsteinzeit in Mitteleuropa angebaut, ebenso die frühen Weizenverwandten Einkorn (*Triticum monococcum*) und Emmer (*Triticum dicoccon*). Für den Landkreis Deggendorf sind Dinkel (*Triticum spelta*) und Weizen (*Triticum aestivum*) seit der frühen Bronzezeit nachgewiesen. Der Weizen wurde erst in der Römerzeit in größerem Umfang angebaut. Dinkel war im 20. Jahrhundert fast vergessen, ist heute wieder beliebt und wird zu Backwaren oder Nudeln verarbeitet. Die Rispenhirse (*Panicum miliaceum*) ist im Landkreis Deggendorf in Funden seit der Hügelgräberbronzezeit vertreten. Bis in die Mitte des 20. Jahrhunderts war sie, Brein genannt, Feldfrucht in Ostbayern. Roggen (*Secale cereale*) und Hafer (*Avena sativa*) kamen als Unkraut in Gerste und Weizen nach Mitteleuropa und wurden seit der Eisenzeit als Kulturpflanzen genutzt. Roggen[3] stellt geringe Ansprüche an Boden und Klima, breitete sich in der Römerzeit stärker aus und war vom Mittelalter bis in die Mitte des 20. Jahrhunderts Hauptbrotgetreide. Der ebenfalls anspruchslose Hafer gelangte ab der Römerzeit zu größerer Bedeutung, v. a. als Pferdefutter. Buchweizen (*Fagopyrum esculentum*), dessen Heimat die Steppen Zentral- und Ostasiens sind, kam im 14. Jahrhundert mit den Mongolen nach Mitteleuropa, wo er auch Heidenkorn hieß. Bis zu Beginn des 20. Jahrhunderts als Brotzumischung verwendet, wird er seit einiger Zeit auch als glutenfreier Getreideersatz wieder geschätzt. Mais (*Zea mays*) stammt aus Süd- und Mittelamerika und kam in der frühen Neuzeit nach Europa. Erst ab den 1970er-Jahren, nach der

Züchtung standortentsprechender Sorten hat sich der Maisanbau, vor allem für Viehfutter und die Verwendung in Biogasanlagen, sehr stark ausgebreitet.

Weitere Beispiele für in Bayern bereits in der Jungsteinzeit auf Äckern angebaute Pflanzen sind die Faserpflanzen Hanf (*Cannabis sativa*) und Lein (*Linum usitatissimum*) oder die Nahrungspflanzen Saubohne (*Vicia faba*), Erbse (*Pisum sativum*), Linse (*Lens culinaris*).

Gegenwärtig werden in Bayern 46,9 % der Gesamtfläche landwirtschaftlich genutzt. Zwei Drittel entfallen auf Ackerland, ein Drittel auf Grünland (Wiesen, Weiden). [4]

Die Feldbewirtschaftung ist viel älter als die Grünlandwirtschaft, die bis in die Mitte des 19. Jahrhunderts nur auf den Almen systematisch betrieben wurde. Wohl bereits in der Steinzeit hat man die natürlichen alpinen Matten oberhalb der Baumgrenze als Viehweiden genutzt. Durch Beweidung der Bergwälder entstanden Almwiesen als vom Menschen geschaffene und erhaltene Kulturlandschaften. In den anderen Regionen gab es Wiesen und Weiden im Rahmen der Ehgartwirtschaft, bei der Wiesen- und Ackernutzung sich abwechselten, und auf sonst nicht nutzbaren Flächen,

Die in ihrer Abhängigkeit von naturräumlichen und witterungsmäßigen Gegebenheiten harte und mühsame Arbeit der Bauern wurde bis ins 19. Jahrhundert durch die mit Abgaben und Dienstleistungen oft drückenden Grundherrschaften zusätzlich erschwert. Missernten gab es verstärkt in der sogenannten »kleinen Eiszeit« (Ende des Mittelalters bis ins frühe 19. Jh.), einer Phase der Klimaverschlechterung und auch ungerechter sozialer Verhältnisse. Vielleicht hängt die Wandlung der ursprünglich meist segens- und hilfreichen, zumindest aber ambivalenten Vegetationsgeister zu feindlichen und zerstörerischen Wesen mit diesen Bedingungen zusammen? Heute unterliegt die Landwirtschaft auch in Bayern, insbesondere durch die Globalisierung und ihre Folgen, neuen Zwängen und Abhängigkeiten.

GESTALTEN

Die Vegetationsgeister bevorzugen als Aufenthaltsorte und Wirkstätten landwirtschaftliche Flächen, insbesondere Felder. Ursprünglich wohl das Wachsen, Blühen und Fruchten fördernde Wesen, haben sich die Vegetationsgeister im Lauf der Zeit gewandelt und sind teilweise zu bösartigen Schreckgestalten geworden. Auch Geister, die sich vorzugsweise anderen Lebensräumen zugehörig fühlen, wie die Holzweiblein, können als Vegetationsgeister auftreten.

Im Grünland (Wiesen, Weiden) anzutreffende Geister wie das Wiesgerenfüllen[5] auf der Wiese in Illerberg (Lkr. Neu-Ulm), der Hoimann bei Kottgeisering (S.104) oder der ohnehin Haferfelder bevorzugende Haberwawa (S. 187) sind selten.

In christlicher Zeit haben Heilige einen Teil der Vegetationsgeister-Aufgaben übernommen. Neben St. Georg (S. 44) seien beispielhaft genannt:

St. Gertrud von Nivelles (Gedenktag: 17. März) schützt die Feld- und Gartenfrüchte, auch die Gärtner und die Spinnerinnen und hilft bei Mäuse- und Rattenplagen. Der Legende nach störten diese Tiere einst Gertrud beim Spinnen, und sie soll ihnen erfolgreich geboten haben, sich zu entfernen. An ihrem Gedenktag beginnt das Gartenjahr.

St. Walpurga (Gedenktag: 25. Februar) ist Patronin der Feldfrüchte (Attribut: drei Ähren), der Bauern und Haustiere, ist Herrin der Geister, vor deren negativen Zauberkünsten sie schützt. Sie wird, ähnlich wie die Holzweiblein, vom Wilden Jäger verfolgt und bittet um Schutz.[6]

Die Nacht vor dem 1. Mai, die Walpurgisnacht, wird im Volksglauben mit der Heiligen in Verbindung gebracht: Walpurga schützt vor den Hexereien

Wasservogel, Buchillustration von Fritz Quidenus, 1908.

der bösen Geister, hilft aber auch bei magischen Handlungen zur Förderung von Gesundheit und Fruchtbarkeit. In der Walpurgisnacht sind die Geister unterwegs und manches Brauchtum soll die segenspendenden Geister und die Fruchtbarkeit fördern, wie der Tanz in den Mai oder das Maifeuer. Insbesondere seit der Zeit der Hexenverfolgungen (ca. 1500 bis ca. 1800) gilt die Walpurgisnacht als Nacht der Hexen, in der diese schädigend durch Ortschaften und Fluren ziehen oder zu ihren Versammlungsplätzen fliegen, um dort den Hexensabbat zu feiern. Allerlei Abwehrmaßnahmen sollen gegen sie und ihr böses Tun wirken.

Im Jahreslauf-Brauchtum erscheinen Gestalten, die vermutlich Vegetationsgeister darstellen, deren segenreiches Wirken man einfordern und fördern will, beispielsweise bei Buttnmandllaufen (S. 47), Klausentreiben (S. 47), Wasservogelsingen (S. 48).

Bilwis

Eine rätselhafte Gestalt ist der Bilwis, der auch Bilwitz, Bilmes, Bilmesschnitter, Bilmesschneider, Bockreiter oder Geißreiter heißt. Der Bilwis wird meist als hässliches männliches Wesen beschrieben, das auf einem schwarzen Bock und mit Sicheln an den Füßen durch die Felder reitet und die Ähren abschneidet. Vor allem in der Johannisnacht (24. Juni) treibt der Bilwis sein Unwesen, auch an Fronleichnam oder in den Nächten auf St. Veit (15. Juni) und St. Peter und St. Paul (29. Juni).

Der Bilwis kommt in Volksglaube und Sagen vor allem in Ober- und Niederbayern sowie der Oberpfalz vor, außerhalb Bayerns in Thüringen, Sachsen, Schlesien. Ursprünglich war er wohl im gesamten deutschen Sprachgebiet verbreitet.[7]

In älterer Sagenschicht ist er ein ambivalenter Vegetationsgeist, in neuerer ein Mensch, der zum Schaden seiner Mitmenschen sich übler Zauberpraktiken bedient. Der Bilwis begegnet erstmals in Wolfram von Eschenbachs (um 1170–um 1220) Roman »Willehalm«. Darin heißt es: »si wolten, daz kein pilwisz/si da schüzze durh diu knie.«[8] Zu dieser Zeit ist der Bilwis noch ein Dämon, der rheumatische Beschwerden oder den Hexenschuss verursacht. Er erscheint wie die meisten Naturgeister ambivalent, ihm opfern an »pilbespawn« Eltern Kleider ihrer Söhne. Bis weit in die Neuzeit galt er als Naturgeist, der Gesundheit, Fruchtbarkeit und Reichtum bringt. Dazu passt auch die Namensdeutung durch Friedrich von der Leyen und Valerie Höttges: Sie bringen die erste Silbe, die im Altenglischen als »bilewit« erhalten sei, mit »wohlwollend« zusammen und zwar als Eigenschaft eines heidnischen Gottes, die zweite Silbe mit »wissen«[9]. Nirgends finde sich – so Robert Böck – ein Hinweis, dass das ambivalente Geisterwesen mit dem späteren Bilmesschnitter, der auf den Feldern Schaden anrichtet, in Zusammenhang steht.[10]

Nach dem Erscheinen des »Hexenhammers« (1487), verfasst von den Inquisitoren Jakob Sprenger und Heinrich Institoris, wurde auch der Bilwis zu einem Menschen, dem man unterstellte, durch Teufelspakt als Hexe oder Schadenzauberer tätig zu sein und den man entsprechend verfolgte und bestrafte. In bayerischen Bilwis-Sagen[11] geht es meist um diese Teufelsbündner-Gestalt, also den bösen Menschen und nicht den Dämon. Auch der wegen seiner nationalsozialistischen Verstrickung umstrittene deutsch-böhmische Schriftsteller Hans Watzlik (1879–1948) hat den Bilmesschnitter als teufelsbündnerischen Nachbarn vorgestellt.[12]

Allerlei Maßnahmen sollten helfen, den Bilmesschneider fernzuhalten oder sein Wirken einzuschränken, beispielsweise: am Fronleichnamstag das Aveläuten so kurz wie möglich halten, weil nur währenddessen der Schädiger sein übles Werk tun kann[13], einen Geistlichen beiziehen, einen Geißbock auf dem Hof halten, ein Reisigbündel vorabdreschen[14] oder wie in Oberfranken sich bereits beim Säen gegen den Bilmeschneider absichern, indem man beim ersten Körnerwurf spricht: »Hier säe ich das Christi Blut, daß mir der Bilmesschneider keinen Schaden tut.«[15]

Bilmesschneider, Buchillustration von Fritz Quidenus, 1908.

Der Volksbotaniker Heinrich Marzell (1885–1970) berichtet, dass in Oberfranken, im Egerland und im Erzgebirge die Arnika (*Arnica montana*) um Johanni zur Abwehr des Blitzes, der Hexen und des Bilwis eingesetzt wurde und man die Johannisblume genannte Pflanze an die Ecken der Felder steckte. Die Gassen, die der Bilwis nach dem Volksglauben nachts mit kleinen Sicheln an den Zehen ins Getreidefeld schneide und die man als Bilwisschnitt noch am anderen Morgen sehen könne, seien allerdings für aufgeklärte Leute die Spuren gefräßiger Hasen.[16]

Anders als im bayerischen Raum hat im nordrhein-westfälischen Selfkant der Bilwis im Volksglauben seinen Charakter als koboldartiger Dämon bis in die jüngere Vergangenheit zum Teil bewahren können.[17]

Bilwis in der Kunst

Bildende Kunst

Joseph Michael Neustifter, *1949, *Marktplatzbrunnen in Cham*, 1995, Bronzeguss. Der Brunnen zeigt neben anderen Gestalten auch den Bilmesschneider – als Fruchtbarkeit und Frieden spendenden Dämon.

Literatur

Karl von Reinhardstöttner, 1847–1909, *Der Bilmesschneider*, Erzählung. In: Vom Bayerwalde. Fünf kulturhistorische Erzählungen. Regensburg 1897.

Habergeiß

Die Habergeiß gehört als nächtlicher Dämon zu den Rufgeistern. Sie bewohnt Gegenden in Bayern und Österreich, insbesondere im Gebirge. Meist wird nur ihr Schreckruf vernommen, und sie selbst bleibt unsichtbar. Wenn sie sich zeigt, dann gern als Ziege, auch mit Pferdefüßen, oder als dreibeiniger Vogel mit einem Ziegenkopf. Die Begegnung mit der Habergeiß hat negative Bedeutung: Mit ihrem Rufen oder Erscheinen kündigt sie den Tod des erschreckten Wanderers oder eines ihm nahe stehenden Menschen an.[18] Ähnlich wie der Hehmann rächt sich die Habergeiß, wenn man ihren Ruf nachahmt.

Paul Friedl stellt die im Bayerischen Wald sich tummelnde Habergeiß als einen den Hafer zertrampelnden Dämon vor.[19] So erschien die Howagoaß auch in Seiboldsried vorm Wald (Bischofsmais, Lkr. Regen): Bei einem Bauern war wegen einer langen Regenperiode spät im Jahr noch der Hafer auf dem Feld.

Man hoffte auf einen einzigen schönen Tag, um ihn einzubringen. Aber in der Nacht kam ein scharfer Wind auf, und am nächsten Tag war das Haferfeld umgelegt – das Werk der boshaften Habergeiß. Der Hafer konnte nicht mehr gemäht werden, sondern man musste ihn einackern.[20]

Die Deutung der Gestalt ist unsicher. Ursprünglich wohl ein Vegetationsgeist, ist die Habergeiß später zur Schreckgestalt, insbesondere zum Kinderschreck, herabgesunken. Manchmal wird die mythische Gestalt auf Missinterpretation der meckernden Fluggeräusche der Bekassine (*Gallinago gallinago*) oder des schnarrenden Rufs des auch Nachtschwalbe genannten Ziegenmelkers (*Caprimulgus europaeus*) zurückgeführt. Aber vermutlich waren die Menschen früherer Zeiten, die sich ja häufig in der Natur aufhielten, nicht so unwissend wie ihnen unterstellt wird, sondern kannten diese Vögel und ihre Lautäußerungen.

Der erste Teil des Namens könnte mit dem lateinischen caper (Ziegenbock) zu tun haben, vielleicht aber auch mit dem Getreide Hafer, dessen Name wiederum ebenfalls mit Ziege in Verbindung steht.

In einer Sage aus Berchtesgaden erscheint die Habergeiß als lästiger Hüttengeist:

Die Haber-Goas ist eine geisterhafte Erscheinung in Gestalt einer Ziege, die man in den Bergen heute noch öfter hören kann. Ich selbst habe sie schon vernommen. Man hört das Gemecker einer Ziege, ohne daß eine da ist.
Manchmal erscheint sie leibhaftig. Einmal ist in der Gotzental-Holzstube eine unheimliche Geis, eine Habergeis, den Holzknechten so lästig gefallen, daß die Holzknechte sie über das Feuer stellten und dort gemolken haben. Erst dann ist sie verschwunden. Es war das sicher eine Habergeis. Dies hat mir der Thal-Wasserer von Bischofswiesen und der längst verstorbene Schneider-Michl von Schönau erzählt.[21]

Die Habergeiß ist eine der winterlichen Tiermasken im Brauchtum bayerischer und österreichischer Regionen.[22] Sie gehört heute zu manchen Perchtengruppen wie den Kirchseeoner oder Bayerbacher Perchten.

Percht(a)

Als Frau Perchta, Percht, Bercht, Berchta oder Berta ist dieser weibliche Dämon in Altbayern[23], Ober- und Mittelfranken, außerhalb Bayerns in Baden-Württemberg und Teilen Thüringens bekannt. In den angrenzenden Gegenden wird Frau Perchta meist durch Frau Holle ersetzt. Die Percht erscheint

Frau Bercht, Buchillustration von Bernhard Wenig, 1922.

auch in Österreich, in Tirol zudem die mit ähnlichen Eigenschaften ausgestattete Stampe oder Stampa.

Perchta ist eine mythische Frauengestalt, schön oder hässlich, sowohl mit hellen, freundlichen Zügen als auch mit dunklen und unheimlichen.

Der Name mag vom althochdeutschen »peraht« (leuchtend, glänzend) abgeleitet sein. In althochdeutschen Quellen soll die Nacht vor dem Fest Epiphanias (Erscheinung des Herrn) als »giperahta naht« bezeichnet worden sein. Deshalb deutet man die Percht auch als eine Personifikation des Festnamens.[24] Ob die Gestalt christliche oder vorchristliche Wurzeln hat, ist unter Fachleuten seit Jacob Grimm[25] umstritten. Dessen These, Frau Percht ebenso wie Frau Holle gingen auf vorchristliche göttliche Gestalten zurück, wurde bereits im 19. Jahrhundert und insbesondere nach 1945 von Vertretern der Germanistik, Religionswissenschaft und Volkskunde zurückgewiesen. Die Germanistin und Jiddistin Erika Timm kommt in den Ergebnissen ihrer sorgfältigen sprachwis-

Perchta, Holzschnitt, 1486.

senschaftlichen Untersuchungen zu einer Annäherung an Grimms Auffassungen. Sie zeigt die mögliche Rückführung des Namens auf die keltische Göttin Brixta und der Gestalt auf die von den Kelten im Ostalpenraum verehrte Göttin Noreia.[26] Die Vermutung, dass der »Gaden« (umzäunter Wohnsitz) im Ortsnamen von Berchtesgaden nicht, wie in verschiedenen Fachpublikationen geäußert, einem Mann mit Namen Perther zuzuordnen ist, sondern der Berchta oder Pertha[27], kann weder belegt noch endgültig zurückgewiesen werden.

Das Aussehen Perchtas ist oft abstoßend und furchterregend. Ihr ursprünglich ambivalentes Wesen wird in neuerer Sagenschicht ins rein Negative gewendet: Die Bercht erscheint als bösartiges hexenhaftes Wesen, die gütigen Züge bleiben außer Acht. Als Eisenberta hat sie eine eiserne Nase oder ist ganz aus Eisen, ein Zug, den Timm mit der großen Bedeutung des ostalpinen Raums für die Eisenproduktion in keltisch-römischer Zeit zusammenbringt. Frau Percht kann aber auch schön sein und wohltätig. Bronners Aussage mag die Entwicklung vereinfachend, aber einigermaßen zutreffend beschreiben: »Daß die gütige Frau Berchta im Laufe der Zeit als häßliches, kleines, buckliges Weib dargestellt wurde, geschah jedenfalls in der wohlüberlegten Absicht, sie den bekehrten Vorfahren lächerlich und verächtlich zu machen«.[28]

Der Dreikönigstag (6. Januar) hieß auch Berchtentag. Als Butzenbercht oder Pudelfrau war die Percht mancherorts Gabenbringerin. Sie geht in dieser Zeit herum und schaut zu den Fenstern hinein. Früher hat man in den Raunächten, insbesondere der Nacht vor Dreikönig, für die Percht und ihr Gefolge Speiseopfer vorbereitet und im Zimmer stehen lassen oder vors Haus gestellt. In einer Handschrift von 1459 heißt es: »Also auch an der perchnacht der perickh lassen sein essen oder trincken, das es jm das selb jar wol gee vnd jn allen dingen sol geluck haben, oder jn allen dingen jm gelucken sol«.[29] Als Toten- und Seelengeist gehört sie zu den Anführergestalten des Wilden Heeres in den Raunächten. Ihr folgen andere dämonische Wesen sowie die ungetauft verstorbenen Kinder oder überhaupt die Toten.

Ihre vegetations- und siedlungsdämonische Seite zeigt Frau Perchta als Spinnerin, als Aufseherin über Spinnstuben und Hauswirtschaft. Sie bestraft faule Spinnerinnen und Mägde und belohnt fleißige. Die Percht wurde zur Schreckgestalt, auch für Kinder, denen man drohte, die Percht würde den Bauch aufschlitzen und das nicht Aufgeräumte sowie Schmutz und Staub hineinfüllen. Sie achtet streng auf die Einhaltung von Geboten und Verboten. Nach einer Berchtesgadener Sage, erschien einem Mädchen, das in der Perchtennacht (Nacht zum 6. Januar) getanzt hatte, die Percht – furchtbar anzuschauen mit Klauen an den Füßen.[30]

Die Percht lässt sich nicht zu Spielchen missbrauchen und ist ernst zu nehmen: Im Lungau (Land Salzburg) wollte einmal eine Mutter ihrem ungehorsamen Kind eine Lektion erteilen. Sie beauftragte den Knecht, sich als Perchtl zu verkleiden und ans Fenster zu klopfen. Dann wolle sie ihm das Kind hinausreichen, damit dieses Angst bekommen und in Zukunft folgsamer sein würde. Bereits nach kurzer Zeit hörte die Mutter ein Klopfen am Fenster. Sie öffnete es und übergab das Kind der draußen stehenden Perchtgestalt. Die nahm es in den Arm und verschwand damit. Bald darauf klopfte der als Perchtl verkleidete Knecht ans Fenster. Er entschuldigte sich, dass er wegen der Verkleidung erst jetzt habe kommen können. Die Mutter erkannte mit Grauen, dass es die Perchtl selbst gewesen war, der sie ihr Kind gegeben hatte und lief verzweifelt ins Freie. Da flatterte ihr das Gewand des Kindes durch die Luft zu. Das Kind aber war und blieb verschwunden.[31]

Perchtenlauf

Bei diesem bairisch-österreichischen Brauchtum mag es sich um Darstellen und Fördern des Vegetationsgeists Percht handeln. Vielfach werden Schönperchten und Schiachperchten unterschieden, entsprechend der Ambivalenz der Frau Percht. Als Brauchtum in Gegenden des Alpenraums im Advent, in den Raunächten und besonders am Abend vor Dreikönig lassen sich Perchtenläufe seit dem 16. Jahrhundert nachweisen: Umzüge und Tänze mit Masken, Tierattributen wie Hörnern und Fell, mit Glocken und anderen Lärminstrumenten. Über die Ursprünge können nur Vermutungen angestellt werden, etwa über eine mögliche Verbindung zu den in keltischen Gegenden aus der Spätantike überlieferten Umzügen mit Tiermasken.[32]

Verbote dieses Brauchs sind belegt, so aus dem 17. und 18. Jahrhundert für Berchtesgaden, Salzburg, Reichenhall, Nussdorf am Inn und für Tirol.[33] Als Grund wurden Lärm, Ausschreitungen oder heidnischer Aberglaube genannt. Bereits im 19. und bis in die Mitte des 20. Jahrhunderts scheint nach diesen gegenreformatorischen und aufklärerischen Bemühungen das Perchtenlaufen weitgehend vergessen. Rudolf Kriss wundert sich, dass von den durch Verboten auch für Berchtesgaden belegten Perchtenläufen, so gar nichts übrig geblieben sei.[34] Allerdings schreibt Eichelmann in seinem Sagenbändchen[35] das »Berchtenlaufen« am Vorabend von Dreikönig sei als nächtlicher Mummenschanz noch vor wenigen Jahrzehnten besonders in der Engedey (Bischofswiesen) Volksbrauch gewesen. Auch Bronner schildert den Brauch in der »Engedei«: Junge Burschen, gekleidet in ein weißes Hemd und mit Schellen umgürtet, stampfen und hüpfen, was großen Lärm macht. Einer der Burschen, der einen weißen Schleier und eine Larve mit langer Maske trägt, stellt die Berchta dar. Die Gruppe geht zu den Häusern, singt und tanzt, bis ihnen geöffnet wird und sie Geld, Kletzenbrot oder eine andere Spende erhalten.[36]

Vielleicht überlebt aus der Vergangenheit haben die Perchtenläufe von Nonn und Karlstein (beide Bad Reichenhall) am Vorabend von Dreikönig. Die Stadt Bad Reichenhall erklärt dazu, es handele sich nicht um hässliche Perchten, sondern um schöne mit weißen Hosen, weißem Hemd, einer über das Gesicht gezogenen schwarzen Haube und Glocken an einem breiten Lederriemen. Die höchstens zwölf Perchten wünschten den Ortsbewohnern Glück, Segen und ein gutes neues Jahr. Es gebe über die Ursprünge dieser Läufe keine Belege, vermutlich lägen sie im 17. Jahrhundert.[37]

Eine Reaktivierung des Perchtenbrauchs gibt es vielerorts seit der Mitte des 20. Jahrhunderts. In Kirchseeon (Lkr. Ebersberg) existiert ein 1954 neu erschaffener Perchtenlauf, und Perchten treten, verstärkt seit etwa 1990, in vielen anderen Gegenden Bayerns auf, auch in Regionen und Orten, in denen sie vielleicht zu keiner Zeit zum Brauchtum gehört haben. Dabei ist eine Tendenz zu grotesken und blutrünstigen Horrormasken festzustellen.

Exkurs: Korngeister und Mittagsgeister

Korngeister sind von Wilhelm Mannhardt in »Die Korndämonen« (1868), »Roggenwolf und Roggenhund« (1866) und »Wald- und Feldkulte« (1875/77) so bezeichnete Vegetationsgeister, die sich in Feldkulturen aufhalten und betätigen. Sie sind menschen- oder tiergestaltig, männlich oder weiblich. Auch Wind und Wolken, Nebel, Blitz und Regen beziehungsweise die darin wirkenden Geister können sich im Feld schädigend oder fördernd betätigen. In einer späteren Schicht verblassen die Korngeister zu Kinderschreckgestalten, die vor allem verhindern sollen, dass die Kinder ins Kornfeld laufen.

Die Korngeister wirken insbesondere im Norden und Osten Mitteleuropas.[38] In bayerischen Regionen finden sich nur schwache Spuren. In der Nähe von Abensberg (Lkr. Kelheim, Niederbayern) kann einem mittags oder nach dem abendlichen Gebetläuten die Hopfenbach-Lena mit ihren beiden Töchtern begegnen. Sie hat wilde zerzauste Haare und trägt einen grünen Rock sowie ein rotes Kopftuch. Zu ihren Lebzeiten hat die geizige Bäuerin Ährenbüschel von den Feldern ihrer Nachbarn gestohlen, bis sie eines Tages samt ihrem ganzen Besitz im Gewitter umkam und seither weizen (als Geist umgehen) muss.[39] In der Walpertskirchener Gegend zerquetscht der Brettlduscher Kinder, die ins Kornfeld laufen, zwischen zwei Brettern.[40] Der Haberwawa ist ein Geist in Wiesen und insbesondere Haferfeldern am bayerischen Inn. Er schützt das Getreide und mag es nicht, wenn es geschnitten und eingefahren wird. Manchmal allerdings legt er selbst Hand an und dann geht die Ernte rasch vonstatten. Am liebsten arbeitet er bei Beginn der Dämmerung.[41]

Man versucht, sich die Korngeister geneigt zu machen und ihrer Kraft bei der Ernte im letzten Halm teilhaftig zu werden. Daher spielten sie im Erntebrauchtum eine wichtige Rolle. Oft wurden ihre Namen auf die letzten Halme oder die letzte Frucht übertragen, auch auf die Person, die sie erntet.

St. Oswald, dessen Gedenktag (5. August) in der Erntezeit liegt, ist unter anderem Patron der Schnitter sowie Wetterherr. In manchen ländlichen Gegenden Bayerns war es Brauch, die letzten drei Halme zum so genannten »Oswald« zu verknoten und mit Blumen zu schmücken. Der »Oswald« wehrte den schädigenden, Teile der Heu- oder Getreideernte davontragenden Wirbelwind (auch Windsbraut genannt) ab.[42]

Strohbären wie der Kornbär (aus Getreidestroh gebildet) und der mit Erbsenstroh umwickelte Erbsenbär waren Masken bei Umzügen an verschiedenen Festen wie Ernte, Kirchweih, Weihnachtszeit, Fastnacht. Die Masken sind wohl aus einem Erntebrauch hervorgegangen und erinnern vielleicht an die

Geister im Feld. In der fränkischen und schwäbisch-alemannischen Fastnacht treten sie mancherorts noch oder wieder auf.

Mittagsgeister erscheinen gern in der sommerlichen Mittagshitze. Dem antiken Pan, dem ziegenbeinigen und bocksgehörnten Schutzherrn der Hirten, gefiel es, besonders in der Mittagsglut panischen Schrecken zu verbreiten. Bischof Gregor von Tours (538–594) erwähnt in seiner »Geschichte der Franken« mehrfach einen Mittagsdämon. Auf mitteleuropäischem Gebiet soll die erste Erwähnung des Mittagsdämons von Caesarius von Heisterbach (um 1180–1240) in »Dialogus miraculorum« stammen.

Wie die Korngeister sind auch die Mittagsgeister meist im Feld tätig. Die Roggenmuhme und andere Korngeister treten auch als Mittagsgeister auf. Vor allem im Osten Mitteleuropas bedroht die Mittagsfrau die Menschen, insbesondere solche, die in der heißen Mittagszeit auf dem Feld arbeiten statt zu ruhen.[43] In Bayern sind diese Gestalten kaum vertreten, allenfalls als der tschechischen Polednice entsprechende sudetendeutsche Mittägin.[44]

Korngeister und Mittagsgeister in der Kunst

Bildende Kunst

Den antiken naturgeisthaften Hirtengott Pan stellen mitteleuropäische Künstler offenbar lieber dar als die heimischen Korngeister und Mittagsgeister.

Arnold Böcklin, 1827–1901, *Pan im Schilf*, 1859, Öl auf Leinwand, München, Neue Pinakothek. *Pan erschreckt einen Hirten*, 1859, Öl auf Leinwand, Basel, museum.

Franz von Stuck, 1863–1928, *Pan*, um 1920, Öl auf Holz, Privatbesitz.

Literatur

August Kopisch, 1799–1853, *Die Roggenmuhme*, Gedicht.

Jakob Loewenberg, 1856–1929, *Die Roggenmuhme*, Gedicht.

---

1 Kriss 1998: 16.

2 Informationen u. a.: Helmut Bisch u. Egon M. Binder: Bauern, Häusler, Ökowirte. Passau 1992. Johann Kirchinger, Landwirtschaft (Spätmittelalter/Frühe Neuzeit), publiziert am 01.12.2015; in: Historisches Lexikon Bayerns, URL: http://www.historisches-lexikon-bayerns.de/Lexikon/Landwirtschaft (Spätmittelalter/Frühe Neuzeit). Alois Seidl, Getreidebau (bis 1800), publiziert am 26.04.2010; in: Histo-

risches Lexikon Bayerns, URL: http://www.historisches-lexikon-bayerns.de/Lexikon/Getreidebau (bis 1800). Johann Kirchinger, Landwirtschaft (Spätmittelalter/Frühe Neuzeit), publiziert am 01.12.2015; in: Historisches Lexikon Bayerns, URL: http://www.historisches-lexikon-bayerns.de/Lexikon/Landwirtschaft (Spätmittelalter/Frühe Neuzeit). Körber- Grohne 1995. Küster 1994. J. B. Rieder: Grünlandbewirtschaftung in Süddeutschland – ein Blick in die Vergangenheit (www.lfl.bayern.de/mam/cms07/ipz/dateien/aggf_2006_rieder.pdf) (18.06.2017).

3 Triticale (Triticum x Secale), eine Kreuzung aus Roggen und Weizen, wird hauptsächlich zu Futterzwecken angebaut.

4 Bayerisches Landesamt für Statistik: Endgültige Ergebnisse der Bodennutzungshaupterhebung 2016. Pressemitteilung 05.05.2017 (www.statistik.bayern.de/medien/presse/093_2017_33_c_.pdf).

5 Schöppner 1852/1853, III: 201f., Nr. 1181.

6 Vgl. Hinze/Diederichs 1980: 248.

7 HdA, Bd. 1: 1311. (Mackensen: Bilwis)

8 Zit. nach Petzoldt 1990: 42.

9 Leyen / Höttges 1933: 159.

10 Böck 1988: 90.

11 Vgl. z. B.: Böck 1983a: 167, Nr. 377.

12 Watzlik 1929: 12ff.

13 Waltinger 1992: 108.

14 Baumgartner 1983: 77.

15 Bronner 1908: 148.

16 Marzell 1964: 37f.

17 Grein 1950: 178–182.

18 Petzoldt 1990: 86.

19 Friedl 1975: 46ff.

20 Böck 1983b: 262, Nr. 438.

21 Bergheimat 1928: 27.

22 Kriss 1998: 93f.

23 In Teilen Niederbayerns wird Perchta durch Luzia ersetzt, in einigen Regionen der Oberpfalz durch die Gestalt der so genannten Specht.

24 Petzoldt 1990: 36.

25 Grimm 1968, I: 226ff.

26 Timm 2003.

27 Vgl. z. B. Kutter 1999: 226; Eichelmann 1922: 59.

28 Bronner 1908: 23.

29 Zit. nach Harmening 2009: 421.

30 Kriss 1998: 75.

31 Petzoldt 1993a: 184, Nr. 198.

32 Gschlößl 2017: 35ff.

33 Gschlößl 2017: 23f.

34 Kriss 1998: 74f. Die 1. Aufl. erschien 1947.

35 Eichelmann 1922: 60. Die 1. Aufl. erschien 1907.

36 Bronner 1908: 24f.

[37] www.bad-reichenhall.com/de/so-ists-der-brauch (29.06.2017).

[38] Die Roggenmuhme ist ein weiblicher Korngeist vor allem im nördlichen Mitteleuropa. Das Sichelweib treibt sich als mittäglicher Korngeist, als Mittagsgeist, insbesondere in der Lausitz und in der Gegend von Hannover herum. Der Kornengel ist ein in Sachsen zur Blütezeit durchs Korn gehender männlicher oder weiblicher Mittagsgeist, der als Kinderschreck die Kinder straft oder gar erwürgt. Das Zitzenweib (mittlere Weser und Elbe, Teile Ostpreußens) hat lange, hängende oder starre und spitze, eiserne, hölzerne oder auch glühende Brüste voll giftiger Milch oder Teer, an denen der Geist die Kinder totdrückt oder sie zwingt, daraus die tödliche Flüssigkeit zu trinken. Der Kornwolf oder Roggenwolf (Mannhardt 1866) tritt vor allem in Mecklenburg und Pommern als teils segensreicher, teils schädigender Korngeist auf. Andere tiergestaltige Korngeister zeigen sich etwa als Hase, Schwein, Schaf, Rind, Fuchs, Bär oder Hund.

[39] Listl u. a. 1962: 26f.

[40] Wimmer 2004: 89.

[41] Schöppner 1852/53, III: 257f., Nr. 1258.

[42] Panzer 1956, II: 216f.; 223ff., Nr. 365–367; 387–389; 393.

[43] Nach einer Lausitzer Sage erschien einer mittags im Flachsfeld arbeitenden Frau die große, weiße Mittagsfrau und bedrohte sie mit der Sichel. Die Bäuerin wusste, dass man sich durch ununterbrochenes Reden retten kann und erzählte deshalb dem Mittagsgeist eine ganze Stunde lang allerlei über den Flachs, wobei sie möglichst langsam sprach. Als die Stunde um war, verschwand die Mittagsfrau (Petzoldt 2007, Nr. 325). Es kann aber auch sein, dass einen die „Fragepein" – in der schlesischen Lausitz die Pschipolniza – zu Tode fragt (Peuckert 1924: 225). Nicht zu antworten ist allerdings auch keine Lösung, denn dann kann es geschehen, dass einem die připoldniza den Kopf abschneidet oder einen zu Tode würgt. Als männlicher Mittagsgeist durchstreift in der Lausitz und der Sächsischen Schweiz das Mittagsmännchen die Felder, in Tchechien der Polednicek, in Brandenburg der Poldsche (Reiter 2009:174). Er scheint etwas harmloser als die weibliche Variante, erlaubt sich aber üble Scherze.

[44] HdA, Bd. 6: 416. (Jungbauer: Mittagsgespenst)

HAUSGEISTER

[…]
Allein, da sieht er sich betrogen.
Der Kobold ist mit umgezogen
Und macht Spektakel und Rumor
Viel ärger noch, als wie zuvor.
Ha, rief der Mann, wer bist du, sprich!
Der Kobold lacht: Ich bin dein Ich.

Wilhelm Busch (1832–1908), Der Kobold

SIEDLUNGSLANDSCHAFT

Die Siedlungslandschaft ist vom Menschen mit Wohn- und Arbeitsstätten gestaltete Kulturlandschaft.

Dörfliche Siedlungen, Städte[1]

Die Bevölkerung Bayerns, wie ganz Mitteleuropas, lebt in dörflichen Siedlungen (Einzelsiedlung, Weiler, Dorf) und Städten. Die drei dörflichen Siedlungsformen haben sich bereits in der Jungsteinzeit entwickelt. Unter dem Einfluss natürlicher Gegebenheiten wie Klima, Boden und Wasser entstanden damals erste dauerhafte Siedlungen. Im Uferbereich der Seen des Alpen- und Voralpenlandes errichteten die Menschen ab ca. 4000 v. Chr. Pfahlbausiedlungen, eine Siedlungsform, die bis in die Bronzezeit Bestand hatte. Befestigte Höhensiedlungen (z. B. Bogenberg, Lkr. Straubing-Bogen), bewohnt von Adeligen und ihren Gefolgsleuten, sind in größerer Zahl aus Bronzezeit, Eisenzeit und Latènezeit bekannt. Bis ins Spätmittelalter beherrschte der Adel von strategisch günstig gelegenen Burgen auf teilweise bereits seit der Jungsteinzeit befestigten Plätzen das umliegende Land. Die Bevölkerung im Umkreis dieser Adelssitze lebte weiterhin in dörflichen Siedlungen. Wie die Kelten bevorzugten die Germanen Einzelgehöfte oder lebten in lockeren Höfeverbänden.

Die Kelten begründeten das Städtewesen nördlich der Alpen. Das Oppidum von Manching (Lkr. Pfaffenhofen a. d. Ilm) entstand im 3. Jahrhundert v. Chr. und bestand bis ca. 30 v. Chr. Viele der von Kelten gegründeten Städte, beispielsweise Augsburg, Regensburg (Salzburg, Trier, Aachen, Köln), wurden von den Römern übernommen. Nach dem Untergang des Weströmischen Reichs, dem Abzug der Römer und dem Beginn der fränkischen Herrschaft verloren die Städte an Bedeutung. Erst ab dem Hochmittelalter wuchsen bereits bestehende Städte und entstanden neue, z. B. durch die Stadt- und Marktgründungen der Wittelsbacher Herzöge (Vilshofen u. a.). Sozial bestimmend wirkten in ihnen Kaufleute und Handwerker, die mit der Entwicklung des Marktwesens größere Bedeutung erlangt hatten. Ab dem 18. Jahrhundert, insbesondere aber ab der zweiten Hälfte des 19. Jahrhunderts ließen gesteigerte Industrieproduktion, Bevölkerungswachstum und Landflucht viele Städte stark wachsen – eine Entwicklung die noch anhält.

Die Vielfalt der dörflichen Siedlungen in Bayern (z. B. Einzelhof, Weiler, Streusiedlung, Haufendorf) und auch das wirtschaftliche und soziale Dorfleben waren bedingt durch geografische Lage und geschichtliche Entwicklung. Unterschiede zwischen Siedlungen zeigen sich in der Gesamterscheinung und in der Gestaltung der einzelnen Häuser und Gehöfte. Das Bauernhaus, dessen regional dominierender Typ (Blockbau, Fachwerk, Steinbau) von den regional verfügbaren Baumaterialien und der vorherrschenden Wirtschaftsform bestimmt war, bestand im Allgemeinen aus Haus (Stall meist im Haus) und Stadel (Scheune) sowie gegebenenfalls Nebengebäuden wie Backofen, Kasten oder Werkstätte.

Noch vor dem Zweiten Weltkrieg waren in Bayern mehr Menschen in der Landwirtschaft tätig als in der Industrie einschließlich des produzierenden Gewerbes. Das Dorf als ländliche Gruppensiedlung war bis in die Mitte des 20. Jahrhunderts bäuerlich geprägt, war Wohn- und Arbeitsstätte sowie Sozialraum und durch die selbständige Versorgung mit Lebensmitteln und handwerklichen Erzeugnissen weitgehend unabhängig von der Stadt. Mit dem sich seit einigen Jahrzehnten verstärkenden Strukturwandel in der Landwirtschaft haben sich Aussehen und Funktion der Dörfer stark verändert.

GESTALTEN

Die Hausgeister werden vorrangig den Totengeistern zugeordnet[2] und diese von manchen Autoren als Kulturgeister den Naturgeistern gegenübergestellt.[3] Will-Erich Peuckert allerdings weist die Hausgeister einer Gruppe (»Dämonen und Elben«) zu, in der sich u. a. Waldgeister, Wassergeister, Unterirdische, Gebirgsgeister oder Felddämonen tummeln.[4] Die Hausgeister sind den Menschen aus der Natur in die Sesshaftigkeit und die Siedlungen gefolgt, haben sich dem anthropogen geprägten Lebensraum angepasst und stückweise von der Natur entfernt, in die sie manchmal wieder zurückkehren. Deshalb werden die Hausgeister hier den Naturgeistern zugeordnet, auch wenn das Naturgeisthafte bei ihnen weniger ausgeprägt ist als bei den anderen Naturgeister-Gruppen. Manchen ursprünglich anderen Lebensräumen zugehörenden Naturgeistern gefällt es, vorübergehend oder dauernd zum Hausgeist zu werden. So gibt es Wilde Frauen, Fanggen oder Holzweiblein, die sich – meist nur zeitweise – hilfreich im Haus betätigen.

Die Hausgeister treten überwiegend als männliche Solitärwesen auf und zeigen häufig Aussehens- und Wesensähnlichkeit mit den Zwergen. Hausgeister lieben es, unsichtbar zu bleiben, aber sie können vielerlei Gestalt annehmen, auch Tiergestalt (z. B. Katze, Hund, Huhn, Kröte, Schlange, Insekt) und bisweilen Dinggestalt. Gerade unter den Hausgeistern gibt es viele Arme Seelen.

Die Hausgeister entfernen sich selten von Haus, Hof oder Betriebsgelände. Das Bauernhaus samt umliegenden Wirtschaftsgebäuden ist – entsprechend der über die Jahrhunderte agrarisch geprägten Gesellschaft – ihr bevorzugter Wohn- und Wirkort. Aber sie tummeln sich auch im urbanen Bereich, in Häusern und Werkstätten von Handwerkern, in Wohnsitzen von Adeligen wie Burgen und Schlössern, ebenso in Wirtschaftsbetrieben wie Almen, Mühlen, Eisen- und Glashütten.

Hausgeister verrichten körperliche Arbeiten, oft vertreten sie auch soziale Werte und kümmern sich um Ordnung und Einhaltung von Regeln. Die hilfreichen Hausgeister mögen einem Dankbarkeitsgefühl der Menschen für soziales und wirtschaftliches Wohlergehen entsprechen. Vielleicht verkörpern sie auch den Wunsch nach Erleichterung bedrückender Zustände, wie sie für die Bauern insbesondere ab dem späten Mittelalter bestanden und sich in den bösartigen, lästigen oder gar schädigenden Hausgeistern verbildlichen mögen, die in bayerischen Sagen überwiegen. Wie die Vegetationsgeister scheinen die Hausgeister eine Entwicklung zum Unangenehmeren und Bösartigeren durchlaufen zu haben.

Nicht näher vorgestellt werden ebenfalls oft den Hausgeistern zugeordnete Gestalten: der feurige und fliegende Drak, der in einer Flasche eingesperrte Spiritus familiaris, die als Alraun(e)[5] bezeichnete Wurzel der Pflanze Mandragora. Diese Geister sind vor allem damit befasst, ihrem Besitzer Reichtümer beizuschaffen. Alle drei spielen in Regionen Bayerns im Hausgeistglauben eine geringere Rolle und ihnen wird, obgleich sie auch gefährlich werden können, ein dem Willen des Besitzers unterworfenes Verhalten zugeschrieben, wie es den nachfolgend genannten naturgeisthaften Hausgeistern eher fremd ist.

Kobold

Der Kobold ist ein solitär auftretender männlicher Hausgeist, meist in Menschengestalt, manchmal auch als Tier oder Ding erscheinend, seine Gestalt bisweilen wandelnd, oft aber unsichtbar agierend. Hier nicht gemeint sind die außerhalb des Hauses in anderen Lebensräumen wohnenden plagenden oder erschreckenden Geister, die oft ebenfalls als Kobold bezeichnet werden.

Eine Worterklärung ist: »koben« für Hütte/Haus und »bold« für Walter/Verwalter – der Kobold ist also Hauswalter.[6] Meist ist er hilfreich, sorgt im Haus und unter den Dienstboten für Ordnung sowie die Einhaltung von Regeln, ist eine Art Schutzgeist für Haus und Hof. Übernatürliche Fähigkeiten weisen ihn als Dämon aus. Trotz dieser herausgehobenen Stellung ist er sich im Allgemeinen auch für niedrige Arbeiten nicht zu schade.

Familien, bei denen ein Kobold wohnt, können sich meist glücklich schätzen. Obwohl er mit anspruchsvollen Tätigkeiten befasst ist und den Wohlstand mehrt, ist er meist mit wenig Nahrung, etwa Milch und Brotbröckchen, zufrieden. Allerdings erwartet der Kobold, dass er in das Gemeinschaftsleben einbezogen und respektvoll behandelt wird. Erika Lindig weist darauf hin, dass die typischen Hausgeistspeisen Milch und Getreideprodukte einst auch die Speisengaben für Seelengeister bildeten und sieht darin einen Hinweis auf die enge Beziehung vom Hausgeistglauben zum Toten- und Ahnenglauben.[7]

Der Kobold kommt vor allem im westlichen, nördlichen und östlichen Mitteleuropa vor. In Bayern scheinen als Kobold bezeichnete Geister nur wenig verbreitet, aber ihnen entsprechen andere Gestalten wie die schwäbisch-fränkischen Poppele oder Pöpel, die alpenländischen Butze oder Putze, die oberfränkischen Schrezala, Schrezelein und Schrödala (abgeleitet von Schratt).[8] Auffallend ist, dass alle diese Gestalten in Bayern meist wenig hilfreich, bestenfalls inaktiv, häufig lästig bis schädlich sind. Um das Hauswesen kümmern sie sich nur selten. So gab es in Hunaberg (Hauzenberg, Lkr. Passau) in einem Bauernhof ein hinkendes Geisterwesen. Wenn im Haus etwas Unrechtes geschah, dazu gehörte auch das »Fensterln« bei der Magd, ließ der Kobold sein missbilligendes Hinken hören.[9] Selten hat man in Bayern das Glück, einen Kobold ähnlich den im Norden Deutschlands wirkenden zu haben. Ein solcher betätigte sich in einem Haus in Schottenstein (Itzgrund, Lkr. Coburg). Er arbeitete im Stall, half im Haus und beaufsichtigte die Kinder.[10] Vielleicht war er aus nördlich gelegenen Regionen zugewandert?

Gern treiben die koboldartigen bayerischen Hausgeister allerlei Schabernack und ärgern die Hausbewohner. In diesen viel beschriebenen Fällen wäre man den Hausgeist gern los, was aber nicht leicht gelingt. Ein Pöpel in Markt Bibart (Lkr. Neustadt a. d. Aisch-Bad Windsheim) legte sich als Hemd in den Schlosshof, und eine arme Frau trug dieses freudig nach Hause. Dort verwandelte sich das Hemd in einen Mann, der seine Gestalt beliebig verändern konnte. Die Frau versuchte mit allerlei Listen, aber vergebens, den Pöpel loszuwerden. Schließlich gewöhnte sie sich an ihn und wies ihm einen Schlafplatz auf dem Dachboden zu. Der Pöpel war launisch: An manchen Tagen half er beim Heumachen, reparierte das Hausdach oder kehrte den Hof. Dann wieder trieb er nur Unfug und Schabernack. Als es der Frau schließlich zu bunt wurde, holte sie den Kaminkehrer. Der bannte den Pöpel in einen Sack und trug ihn in den Wald. Jetzt war sie den lästigen Hausgeist wirklich los.[11]

Oft misslingen verzweifelte Versuche. Das mussten auch Bewohner eines Hauses in Wehringen (Lkr. Augsburg) erfahren, die sehr von einem Kobold geplagt wurden. Dieser ließ sich nicht vertreiben, selbst Gewehrschüsse auf ihn waren wirkungslos. Schließlich wussten sich die Leute nicht anders zu helfen, als den Hof zu verkaufen und wegzuziehen. Aber als der Wagen mit dem Hausrat aus dem Hof fuhr, da ertönte die fröhliche Stimme des Kobolds: »Ich bin auch schon da!« und der Bauer sah ihn hinten auf dem Langbaum des Gefährts sitzen.[12]

Manchmal irrt man sich, wenn man den Hausgeist endgültig gebannt glaubt:

Wie ein Hausgeist frei wird

Es ist in Nürnberg Sitte, jährlich wenigstens einmal das ganze Haus von oben bis unten zu reinigen, »stöbern«, wie die Nürnberger sagen. Das sollte auch in einem Hause der Laufergasse geschehen, während der Herr und die Frau auf einer Reise waren. Vorher hatten sie der Magd den Auftrag gegeben, Alles fleißig zu stöbern bis auf eine Kammer unter der Stiege, die sollte verschlossen bleiben. Wie nun die Leute fort waren, plagte die Magd der Vorwitz, was denn wohl in der Kammer sein könnte, die sie nicht aufschließen sollte. Abends, da sie mit Stöbern fertig war, gedachte sie ihre Neugierde zu befriedigen. An der Kammerthür hing ein großes altes Schloß, auf welchem drei weiße Kreuze mit Ölfarbe gemalt waren. Die Magd probierte nun alle Schlüssel, keiner wollte passen; endlich fand sich noch ein ganz verrosteter, der die Thüre öffnete. Es war eine finstere Kammer voll Staub und Moder, so daß sich die Magd gar nicht hinein getraute. In der Mitte lag ein großer Pelz auf dem Boden, der fing an sich zu regen und zu rühren und wuchs immer größer und größer, also daß die Dirne vor Entsetzen davonlief. Da ertönte hinter ihr ein schallendes Gelächter, es fuhr der Zitternden in alle Glieder. Als die Herrschaft nach Hause kam, erzählte sie mit ängstlicher Stimme, was vorgefallen. Da wurde der Herr zornig und jagte die Dirne vom Dienst, denn sie hatte einem Geist die Freiheit gegeben, welcher vormals das Haus beunruhigt hatte, und durch einen Geistlichen in die Kammer gebannt worden war. Nun trieb der Geist aufs Neue sein Unwesen im Hause und gab seine Schadenfreude allenthalben durch schallendes Gelächter zu erkennen.[13]

Außerhalb Bayerns gab es namentlich bekannte Kobolde, etwa Klopfer auf Schloss Flügelau bei Crailsheim, Hütchen in der Bischofsresidenz von Hildesheim, Ekerken (Eichhörnchen) in Elten, oder Hinzelmann (Eigenname dieses Kobolds, der kein Heinzelmännchen ist) im Schloss Hudemühlen in Niedersachsen.[14] Pumuckl ist ein bayerischer moderner Kobold, der seine Existenz der Kinderbuchautorin Ellis Kraut (1920–2015) verdankt. Dieser gutmütige, aber bisweilen lästige rothaarige Geist treibt sich in Meister

Eders Schreinerwerkstatt herum und verübt in Hörspiel, Buch- und Fernsehserien viele Streiche.

Gier und Maßlosigkeit, ebenso christliche Gebete und christliche Symbolik können Kobolde, auch hilfreiche, vertreiben. Die Heugütel[15] in Sachsen und Böhmen, die man manchmal unabsichtlich mit dem Heu einfährt, fühlen sich allerdings in christlichen Häusern wohl. Es sind kleine Dämonen, die den Heuboden als Wohnort schätzen und den Bewohnern gern behilflich sind. Meist galten Heugütel als die Seelen ungetauft verstorbener Kinder.

Hausgeist / Kobold in der Kunst

Bildende Kunst

PAUL KLEE, 1879–1940, *Hausgeist*, 1923, Wasserfarbe, gefirnisst, auf Karton, Privatsammlung.

Literatur

AUGUST KOPISCH, 1799–1853, *Tomte i Garden*, Gedicht. Das segenbringende Tun eines Kobolds wird thematisiert.

WILHELM BUSCH, 1832–1928, *Der Kobold*, Gedicht.

Musik

EDWARD GRIEG, 1843–1907, *Kobold*, Lyrische Stücke für Klavier, op. 71,3.

SIEGFRIED WAGNER, 1869–1930, *Der Kobold*, Oper in drei Akten. Uraufführung 1904 in Hamburg.

Hauswichtlein

In Bayern gibt es keine Heinzelmännchen (s. unten), aber es gibt männliche Kollektivwesen mit ähnlichen Eigenschaften und Funktionen, die regional unterschiedliche Namen tragen und übergreifend als Hauszwerge[16] oder Hauswichtlein bezeichnet werden können. In ihrem Äußeren ähneln sie den Zwergen, in ihrer Funktion dem Einzelwesen Kobold – und zwar einem meist freundlichen und hilfreichen Kobold.

Streng nehmen es diese Geister mit der Einhaltung von Tabus. Keinesfalls wollen sie bei der Arbeit beobachtet oder belauschet werden, wie die – wohl in Anlehnung an die Kölner Gestalten – als Heinzelmännchen bezeichneten Wichtlein in einer Böhmerwaldsage, die sie als Mühlengeister (S. 205) zeigt.

Die Hauswichtlein setzen auch andere bekannte Tabus: außer Nahrung keine Geschenke, keine Respektlosigkeiten. In einer Sage aus der Gegend von Uffenheim (Mittelfranken) bestanden die Hausdüsterle noch auf einer anderen Forderung:

Die Hausdüsterle.
Ja, wie wären wohl vorzeiten die Weiber zurecht gekommen mit ihrer Arbeit ohne die Hausdüsterle! Diese fleißigen kleinen Geister waren von früh bis nacht in Haus und Hof geschäftig.
Wenn die Leute vom Feld heimkamen, war alles geschehen. Die Hausdüsterle wuschen und fegten, sie droschen das Korn in der Scheuer und spannen den Flachs von der Spindel. Sie buken das Brot, sie molken die Kühe. Blitzsauber waren Haus und Hof und Stall, so lange sie die Arbeit taten. Sogar die kleinen Kinder warteten sie mit Lieb und Fleiß. Sie verlangten für all dies keinen Lohn und wollten kein Geschenk. Nur forderten sie von den Bauersfrauen, sie sollten am Samstag bei Feierabendläuten daheim sein. Einmal verabredeten sich die Frauen, sie wollten nun

Hauszwerge, Holzschnitt von Ludwig Richter.

grad einmal erst nach dem Abendläuten zu Haus sein. Wirklich taten sie auch so. Wie sie aber später nach Haus kamen, o weh! Da war kein Essen gekocht und kein Brot gebacken. Da brüllte das Vieh hungrig in den Ställen. In Haus und Hof sah es aus wie Kraut und Rüben. Das schien den Leuten schon bedenklich. Doch hofften sie, die Hausdüsterle grollten nur eine Weile und kämen danach wieder. Aber sie waren und blieben verschwunden, und die Frauen mußten von nun an ihre Arbeit selber tun.[17]

Wird den Hauszwergen die ihnen gebührende Speise verweigert, rächen sie sich, indem sie ausziehen. So geschah es einst in Nussdorf am Inn (Lkr. Rosenheim), wo eine Bäuerin für die Hausgeister Brot und Milch bereitstellte. Ihr Sohn schaffte diesen Brauch ab, und die Hausgeister verließen das Haus. Mit ihnen verschwanden Glück und Segen.[18]

Die Männlein stört es auch, wenn die Menschen, denen sie ihre Hilfe zukommen lassen, den Mund nicht halten können und bei anderen darüber sprechen. Eine Sage aus dem Lkr. Unterallgäu berichtet, wie die als »Haiden« bezeichneten Wichtelmännchen vertrieben wurden:

Die »Haiden« zu Kettershausen.

[…]

Zu Kettershausen vor dem Ort liegt in einem Hohlweg des Wagners Haus. Vor Zeiten ist es nicht mit rechten Dingen zugegangen, denn die »Haiden« haben in der Nähe gehauset in einem Berge, und sie kehrten oft beim Wagner ein und halfen der Wagnerin in ihrem Hauswesen. Zu Nachts, wenn die Wagnersleute geschlafen, sind sie insgeheim in's Haus gekommen, und haben Wasser getragen, die Stube ausgekehrt, den Stall gemistet. Und so ist es in allen Dingen gewesen. Dafür wußte aber auch die Wagnerin es drauf anzulegen, die »Haiden« bei gutem Muthe zu erhalten; denn alle Abende legte sie ein Brödlein unter die Thür, und stellte ein Krüglein mit Wasser dazu; und so oft etwas mehr zu thun war im Hauswesen, gab sie drei Brödlein und drei Krüglein, und man hat allezeit reinen Tisch gefunden. So ist es viele Jahre gewesen. Aber plötzlich sind sie ausgeblieben und nicht wieder gekommen; wahrscheinlich hat die Wagnerin das Ding ausgeschwätzt, und so etwas können sie nicht leiden, die »Haiden«, wie man dieß aus vielen andern Geschichten weiß.[19]

Heinzelmännchen

Der Gruppenname dieser hilfreichen, in Bayern ursprünglich nicht beheimateten Hausgeister ist von Heinz abgeleitet. In Ernst Weydens (1805–1869) Buch

»Cöln's Vorzeit« (1826) ist die Geschichte von den Heinzelmännchen zu Cöln enthalten. Es wird berichtet, wie sie beim Backen, Putzen und Waschen sowie anderer Hausarbeit helfen und durch Neugier einer Schneidersfrau, die Erbsen auf die Treppe streut, vertrieben werden. Diese Erzählung liegt dem 1836 entstandenen Gedicht »Die Heinzelmännchen von Köln« von August Kopisch (1799–1853) zugrunde, der damit diese Hausgeister weit über das Rheinland hinaus populär gemacht hat. Diese Heinzelmännchen beherrschen nicht nur die im Haushalt anfallenden Arbeiten, sondern sind auch Facharbeiter innerhalb verschiedener Handwerksberufe.

Im Grimmschen Märchen »Die Wichtelmänner« (KHM 39) sind den Heinzelmännchen ähnliche Gestalten im Schuhmacherhandwerk tätig und arbeiten bei einem armen Schuster, der damit zu Wohlstand kommt. Die neugierigen Schustersleute legen sich eines Nachts auf die Lauer und sehen zwei kleine nackte Männlein die Arbeiten verrichten. Die mitleidige Schusterfrau näht für sie Kleider, der Schuster macht ihnen Schuhe. Voller Dankbarkeit gegenüber den hilfreichen Geistern legen die Eheleute die Geschenke auf den Tisch und verstecken sich, um die Reaktion der Wichtelmännchen zu beobachten. Die kommen, sehen die Gaben, zeigen große Freude, ziehen die Sachen an und singen:

»Sind wir nicht Knaben glatt und fein?
Was sollen wir länger Schuster sein!«.

Sie verschwinden und kommen nicht wieder. Dem Schuster bleibt aber das Glück treu.

Die sehr populären Heinzelmännchen waren und sind teilweise noch immer in der Alltagskunst, in Kinderbüchern, auf Postkarten und als Trickfiguren der »Mainzelmännchen« im ZDF präsent.

Almgeister

Unter Namen wie Kasermandl, Käsmandl oder Almputz erscheinen diese meist solitären Hausgeister der Almhütte – gern als kleines graues Mandl, auch anders menschengestaltig, in Tier- oder sogar in Dinggestalt, insbesondere als Puppe. Gewöhnlich bezieht das Kasermandl die Behausung erst, wenn Sennen und Vieh die Alm im Spätsommer oder Herbst verlassen haben und wandert vor Beginn des Almsommers wieder zurück in die Bergwelt. Doch es gibt auch wenig scheue Almgeister, die sich zeigen und hören lassen, wenn die Almhütte noch bewohnt ist. Kasermandl machen gern Lärm. Wie andere Hausgeister bevorzugen die Almgeister das Haus- oder Hütteninnere. Sie sind aber nicht darauf beschränkt, sondern treiben sich auch in Hüttennähe herum.

Almgeister können harmlos sein und ihren Geschäften nachgehen, ohne sich viel um die Menschen zu kümmern, häufiger allerdings sind sie gefährlich und bösartig. Wie bei anderen Naturgeistern tut man gut daran, ihnen Respekt entgegenzubringen und sie nicht zu kränken oder zu belästigen. Dies verdeutlicht eine Sage aus dem Salzburger Raum. Da stiegen einmal im Spätherbst, als die Almen schon längst verlassen waren, einige junge Männer zu einer Almhütte empor. Auf dem Weg dorthin kamen sie an einer anderen Almhütte vorbei, und ein unwissender, aber vorwitziger Bursche rief hinein, dass ihm das Käsmandl Milch herausbringen solle. Wie war er entsetzt, als auf der Schwelle plötzlich ein graues, grausig anzusehendes Männlein erschien. Es trug eine hölzerne Schüssel, in der sich statt Milch gelbweißer Eiter befand. Mit zornigem Blick hielt das Männlein dem Burschen die Schüssel hin und befahl ihm zu trinken, andernfalls würde es ihn zerreißen. Zitternd nahm der junge Mann die Schüssel, tat, als ob er trinken würde, schüttete sich aber die eklige Brühe, unbemerkt vom Käsmandl, in die Kleider. Die leere Schüssel gab er dem Männlein zurück und dieses verschwand. So schnell er konnte eilte der Bursche zurück ins Tal und mied von da an die Almhütte.[20]

Eine freundliche Seite zeigen die Almgeister seltener. Im Lungau (Land Salzburg) kümmerte sich einmal der Almgeist um soziale Gerechtigkeit: Ein Bauer versprach einer armen Magd für den Mut, zu einer von einem Kasermandl bewohnten Almhütte zu gehen, seine braune Kuh. Als Beweis solle sie von dort einen Eimer mitbringen. Die Magd stieg hinauf und traf im Almkaser auf eine Gesellschaft von Almgeistern. Einer der Dämonen gab ihr den Eimer und sagte, dem Bauern würde es schlecht ergehen, sollte er ihr die Kuh nicht geben. Von dieser Warnung des Almgeists berichtete die Magd dem Bauern. der lachte aber nur und verweigerte die braune Kuh. Da fiel diese tot um, und der Bauer erkannte, dass mit Almgeistern nicht zu spaßen ist. Mit einer anderen Kuh ging die Magd glücklich heim zu ihrer kranken Mutter.[21]

In christlicher Sicht sind, wie viele Naturgeister, manche Almgeister Arme Seelen, die ein Unrecht büßen müssen, das sie zu Lebzeiten verübt haben. So erging es auf der Vogelhütte am Jenner bei Berchtesgaden einer Sennerin, die ein sehr sündhaftes Leben geführt hatte. Nach ihrem Tod musste sie in und bei der Hütte umgehen. Als Almgeist erschreckte sie die Sennerinnen durch lautes Rufen und durch Scheppern mit den Kuhglocken. In der Küche warf sie das Geschirr durcheinander, sodass Teile zerbrachen.[22] Leider müssen wieder einmal unschuldige Personen leiden, wenn eine schuldige etwas abzubüßen hat.

Glück hatte ein Almgeist, der nicht länger geistern wollte. Zu seinen Lebzeiten war er viele Jahre als Senn in einer Alphütte im Retterschwanger Tal bei

Hindelang (Lkr. Oberallgäu) tätig gewesen. Um Mitternacht kam der Geist regelmäßig in den Stall, werkelte dort herum, danach in der Käsküche. Ehe er verschwand, betrat er jedes Mal die Stube des Sennen, der sich an die Erscheinung gewöhnt hatte. Einmal aber übernachteten Mutter und Schwester des Sennen in der Stube. Als der Geist erschien, fragte die Mutter nach seinem Anliegen. Da berichtete er, dass er als Senn Eigentum seines Arbeitgebers veruntreut habe und sein Treiben so lange fortsetzen müsse, bis ihm ein Mensch die rechte Hand zum Kuss reiche. Die furchtlose Frau umwickelte ihre Hand mit einem Leintuch und reichte sie ihm. Als der Geist das Tuch berührte, wurde es versengt, aber danach konnte er die bloße Hand küssen ohne sie zu verletzen, und war erlöst.[23]

Hüttengeister

Hüttengeister arbeiten als Solitär- oder Kollektivwesen in Schmieden, Eisenhütten- oder anderen Hüttenwerken. Meist sind es kleine Männlein, die gekleidet sind wie die Hüttenarbeiter oder auch graue oder grüne Hemden tragen. Wie die Hauswichtel mögen sie bei ihrer Arbeit nicht beobachtet werden und man darf ihnen keinesfalls Kleidung schenken. Das zeigte sich im Hammerwerk in Neuenhammer (Georgenberg, Lkr. Neustadt a. d. Waldnaab). Die Hüttenmännlein kamen am Samstagabend und arbeiteten die Nacht hindurch. Zwar war am anderen Morgen von ihrer Arbeit nicht viel zu sehen, aber in der Woche darauf konnten die Arbeiter viel mehr Eisen aus dem Feuer heraus schmieden. Die Manla ließen sich nur von den ihnen bekannten Hüttenarbeitern sehen. Ein neu zugewanderter junger Hammerschmied war neugierig. Er kehrte die Kohlenschwinge um und schaute bei einem Astloch heraus und den Männlein bei der Arbeit zu. Als die Kleinen mit der Arbeit fertig waren, sprang eines von ihnen zur Schwinge und fuhr mit glühendem Eisen in das Astloch. Der Mann behielt ein gerötetes Auge und versengte Brauen. Die Schwinge, in der die Männlein ihren Schlafplatz hatten, war oft gefüllt mit Silberstücken, die sich aber niemand zu nehmen getraute. Nachdem die Frau des Hüttenbesitzers aus Mitleid mit den schlecht gekleideten Dämonen ihnen neue Kleidung hatte machen und hinlegen lassen, weinten und klagten die Männlein, zogen traurig fort und kamen nie mehr zurück.[24]

Der Hüttengeist kann als Schutzgeist der Hütte wirken. Einst hatte sich in einer Christnacht Herr von Spielberg auf dem Weg zu seinem Eisenhammer in Ödenmühle (früherer Name für Neuenhammer, Lkr. Neustadt a. d. Waldnaab) verirrt, aber durch das Leuchten der Feueressen und das Schlagen der

Schmiedhämmer gelangte er doch glücklich an sein Ziel. Trotz seiner Freude über die Rettung war der Hüttenbesitzer erbost, dass seine Gehilfen offenbar die heilige Christnacht durch Arbeit entweihten. In der Absicht, sie deutlich zu ermahnen, betrat er seine Hammerschmiede und wunderte sich, als er sie still und dunkel vorfand. Nur ein kleines graues Männchen, gekleidet wie die Hüttenleute, kauerte in der Esse und rührte mit einem Spieß die Schlacken im Herd um. Zornig stürzte sich Herr von Spielberg auf den Kleinen, aber der entwand sich seinem Griff und verschwand über den Kamin. Daraus senkte sich ein Feuerregen herab und die Hütte ging in Rauch und Flammen unter. Die Hüttenleute erzählten dem verzweifelten Hüttenbesitzer, das Männlein sei der Schutzgeist der Hammerschmiede gewesen, die er erzürnt vernichtet habe. Und so geschah es, dass auch die neu aufgebaute Hütte stets über Nacht wieder zerstört wurde.[25]

Ein Hüttengeist, der in den Glashütten im bayerisch-böhmischen Gebirge Schrecken verbreitete, war der Turandl oder Durandl. Paul Friedl schildert ihn: Wenn er sich zeigte – als kleines, altes Männlein mit großen Händen und Füßen – geschah bald darauf ein Unglück: Rauferei zwischen den Hüttenarbeitern, Einfallen des Ofens, Produktion trüben Glases, Brand in der Hütte und noch anderes.[26] Der Volkskundler Reinhard Haller äußert (und belegt) Zweifel, dass es sich beim Turandl um eine ursprüngliche Sagengestalt handelt, sie sei vielmehr umgekehrt aus literarischen Werken in die mündliche Erzähltradition gelangt.[27]

Mühlengeister

In den oft unheimlich wirkenden Mühlen halten sich gern Mühlengeister auf. Sie treten als Solitärwesen auf wie der Kobold oder als Kollektivwesen wie die Hauswichtlein und machen sich, vorzugsweise nachts, in der Mühle nützlich. Weil sie ihm Arbeit abnehmen, schätzt der Müller die Geister in seiner Mühle. Auch beim Umgang mit den hilfreichen Mühlengeistern müssen Tabus beachtet werden. So kamen die grau gekleideten Männlein nicht wieder in eine Mühle oberhalb von Regenstauf (Lkr. Regensburg), nachdem ihnen der Mühlenbesitzer neue Kleidung hatte machen lassen. Sie zogen sie zwar an, aber entfernten sich weinend.[28]

Der Betreiber der Kornmühle bei Bergreichenstein (Kašperské Hory) konnte es sich nicht leisten, einen Gehilfen einzustellen, aber allein nicht genug arbeiten, um sich und seiner Familie ein sorgenfreies Leben zu bieten. Als er eines Abends den Felsen bei der Mühle laut sein Leid klagte, glaubte er plötzlich feine Stimmchen zu hören, und am anderen Morgen war alles Korn bereits zu Mehl gemahlen. Bald kam der Müller zu Wohlstand: Er arbeitete tagsüber fleißig, nachts kamen ungesehen die Männlein und werkten weiter. Zunächst hütete der Müller sich, sie zu stören, doch eines Nachts plagte ihn die Neugier und er versuchte, die fleißigen Helfer zu belauschen. Diese bemerkten seine Anwesenheit sofort, verschwanden und kamen niemals wieder.[29]

Von einem sehr unangenehmen, schädigenden Mühlengeist, der im Bayerischen Wald sein Unwesen trieb, berichtet Paul Friedl: Der sich stets durch verdächtige Geräusche ankündigende Mühlhans machte Kanäle und Wasserrinnen undicht, warf das Mühlrad in den Bach oder er ließ einmal zu viel und ein anderes Mal zu wenig Wasser in den Mühlbach laufen. Nach dem Verstummen der Mahl- und Hammerwerke ist auch der Mühlhans fortgezogen.[30]

In christlicher Schicht kann der Mühlengeist eine Arme Seele sein wie der Geist der Schlossmühle von Amras in Tirol. Der Müller war ein Geizhals und Wucherer und hatte die armen Leute betrogen. Als ihn der Kornwurm zugrunde gerichtet hatte, hängte sich der Müller auf. Er musste fortan als Kornputz geistern, wurde aber durch den selbstlosen Einsatz eines armen Waisenknaben erlöst.[31] Noch unerlöst scheint der Geist einer Müllerin in Eichstätt (Oberbayern) zu sein, die zu ihren Lebzeiten das siebente Gebot nicht beachtet hatte. Bei der Westermühle in der Wehr, der sogenannten Gieß, muss sie als sogenanntes Gießweibchen hausen. Sie wandert in der Gegend umher und kehrt wieder in die Gieß zurück. Bei dieser Wanderung klagt und heult sie so schrecklich, dass alle, die sie hören, furchtsam erstarren.[32] Nur in der Neujahrsnacht zeigt sich, unter Poltern und Jammern, ein Mühlgeist in der Kanalmühle in Würzburg. Als Müllerbursche hat er einst in einer Neujahrsnacht, höllisch fluchend, seinen Nebenbuhler in das Mühlwerk gestoßen.[33]

Hausschlange

Ein Hausgeist in Tiergestalt ist die Hausnatter, Hausotter oder Unke[34] genannte Hausschlange. Meist war die Ringelnatter (*Natrix natrix*) gemeint, deren Vertreter sich auch in Hausnähe ansiedeln.

Die Hausschlange wurde als guter Geist gesehen, bisweilen als Verkörperung von Ahnen. Gewöhnlich blieb die Hausnatter unsichtbar. Wenn sie sich zeigte, gab es Veränderung. Paul Friedl erläutert, dass man im Bayerischen Wald auf Ort und Gelegenheit ihres Erscheinens achtete: Wenn sie sich auf der Gred[35] oder vor der Haustür sonnte, dann bedeutete das Glück in Haus und Stall. Erschien sie in der Stube, musste man in den nächsten Tagen sehr vorsichtig bei der Arbeit sein, um einen Unfall zu vermeiden. Gern sah man die Hausnatter bei Hochzeiten und Geburten, denn das bedeutete besonderes Glück für das Brautpaar oder das Neugeborene.[36]

In Lauingen (Regierungsbezirk Schwaben) wohnte ein altes Ehepaar. Beide hatten ihr Leben lang gearbeitet, waren aber auf keinen grünen Zweig gekommen. Als der Mann einmal im Wald Brennholz sammelte und bei einer großen alten Eiche einen starken Ast aufheben wollte, kam von der Eiche her eine Schlange und wand sich um den Ast. Erschrocken ließ ihn der Mann fallen und versuchte vergebens, das Tier zu verscheuchen. Am nächsten Tag war die Schlange wieder auf dem Ast. Der Mann schleuderte ihn weg und ging mit seinem Reisigbündel nach Hause. Als er seiner Frau das Erlebte berichtete, sahen beide, wie die Schlange aus dem Reisigbündel sprang und mit der Hauskatze zu spielen begann. Die Eheleute waren nun überzeugt, dass in die Schlange die Seele eines Menschen gebannt war, der zu Lebzeiten etwas verbrochen hatte. Sie fütterten das Tier, und mit ihm zogen Glück und Segen in die Hütte. Als die Leute starben, verschwand die Schlange.[37]

Im »Märchen von der Unke« (KHM 105) wird von einem Kind erzählt, das jeden Nachmittag ein Schüsselchen mit Milch und Weckbrocken erhielt, sich damit in den Hof setzte und sein Vergnügen daran hatte, dass eine Unke regelmäßig mitaß. Die dankbare Unke brachte dem Kind glitzernde Dinge aus ihrem Schatz. Da sie nur die Milch trank und kein Interesse an den Brocken zeigte, schlug ihr einmal das Kind mit dem Löffelchen sanft über den Kopf und redete ihr zu, doch auch von den Brocken zu essen. Die Mutter war in der Küche, hörte das Kind sprechen und sah es mit dem Löffelchen nach der Unke schlagen. Mit einem Holzschnitt in der Hand lief sie hinaus und schlug die Unke tot. Von da an veränderte sich das Kind, das in der Gesellschaft der Unke groß und stark geworden war. Es wurde bleich, magerte ab und starb bald. Der Mutter war offenbar nicht bekannt, dass die Hausschlange ein guter Hausgeist ist, der über die Kinder und alle Hausbewohner wacht und mit dem das Glück des Hauses verbunden ist.

In der Fassung des Motivs in einer Sage aus dem Bayern benachbarten Oberösterreich scheint die Mutter besser informiert. Jedenfalls hält sie sich zurück, ist nur Betrachterin der Szene, was dem Kind das Überleben sichert:

Eine Bäuerin arbeitete in der Küche und hörte zu ihrer Verwunderung ihr kleines Kind reden, das allein in der Stube seine Suppe aß. Sie sah nach, da saß das Kind am Boden, und eine lange Hausschlange fraß aus seinem Schüsserl. Eben schlug das Kind mit dem Löffel leicht der Schlange auf den Kopf und sagte: »Wart, du! Bröckerl a essn, nöt netta lauta Supperl!«. Es erzählte später, daß es Tag für Tag mit der Schlange gegessen habe.[38]

Auch bei den Slawen gibt es die Hausschlange (serbisch zmija čuvarkuća, kroatisch zmija kućarica). Sie beschützt das Milchvieh sowie Haus und Hof. Man darf sie nicht beleidigen oder gar töten. Wenn die Hausschlange stirbt, muss auch der Hausherr sterben. Im Allgemeinen ist sie unsichtbar. Wenn sie erscheint, steht der Tod eines Hausbewohners oder ein anderes einschneidendes Ereignis bevor. Der russische Hausgeist, der Domovój, sieht tagsüber wie eine Schlange, nachts wie ein Mensch aus.[39]

---

1 Informationen u. a.: Alois Seidl, Landwirtschaft (19./20. Jahrhundert), publiziert am 10.07.2012; in: Historisches Lexikon Bayerns, URL: <http://www.historisches-lexikon-bayerns.de/Lexikon/Landwirtschaft (19./20. Jahrhundert)>. Konrad Bedal, Bauernhäuser (Spätmittelalter), publiziert am 18.07.2011; in: Historisches Lexikon Bayerns, URL: <http://www.historisches-lexikon-bayerns.de/Lexikon/Bauernhäuser (Spätmittelalter)> .
2 Vgl. z. B. Lindig 1987: 154ff.
3 Vgl. z. B. Petzoldt 1990: 7.
4 Peuckert 1969: 144.
5 Hambel 2003.
6 Lindig 1987: 15.
7 Lindig 1987: 135.
8 Linhart 1986: 413.
9 Spiegel 1916: 74.
10 Schöppner 1852/53, III: 88f., Nr. 1034.
11 Prestel 1929b: 7.
12 Kapfhammer 1992: 115.
13 Schöppner 1852/53, III: 303f., Nr. 1317.
14 Bechstein 1930: 198.
15 Kühn 1994: 208.
16 Lindig 1987: 162ff.
17 Prestel 1929b: 24f.
18 Spiegel 1916: 76.
19 Schöppner 1852/53, I: 42f., Nr. 43.
20 Petzoldt 1993a: 239, Nr. 280.
21 Petzoldt 1993a: 238f., Nr. 279.
22 Schinzel-Penth 1982: 165.
23 Schmidt 1989: 333f.

[24] Prestel 1929a: 5f.
[25] Prestel 1929a: 4f.
[26] Friedl 1973: 20f.
[27] Haller 2002: 22ff. Haller nennt die Werke von Hans Watzlik (Die Leturner Hütte, 1932), Josef Blau (Die Glasmacher im Böhmer- und Bayerwald, 1954) sowie den o. g. Paul Friedl. Eine neueres Geschichtenbuch: Willi und Christa Steger: Der Durandl: Geschichten um den Glashüttengeist. Riedlhütte 2009.
[28] Sittler 1906: 75f.
[29] Englisch 1994: 38f.
[30] Friedl 1975: 64ff.
[31] Alpenburg 1977: 133f.
[32] Schöppner 1852/53, III: 170f., Nr. 1137.
[33] Schöppner 1852/53, II: 236, Nr. 703.
[34] Unke: Gattung innerhalb der zu den Amphibien gehörenden Ordnung der Froschlurche.
[35] Erhöhte und meist gepflasterte schmale Fläche vor der Haustür.
[36] Friedl 1975: 10ff.
[37] Schöppner 1852/1853, I: 407ff., Nr. 394.
[38] Depiny 1932: 56f., Nr. 28a.
[39] Reiter 2009: 200f.

ANHANG

LITERATURVERZEICHNIS

Achterberg, Herbert: Interpretatio christiana. Verkleidete Glaubensgestalten der Germanen auf deutschem Boden. Leipzig 1930.

Alpenburg, Johann Nepomuk Ritter von: Deutsche Alpensagen. Neu hrsg. von Lothar Borowsky. München 1977. (Unveränderter Nachdruck der Ausgabe 1861).

Altbayerische Sagen: Ausgewählt vom Jugendschriften-Ausschuss des Lehrervereins München. München 1928.

Aus Österreichs Sagenwelt. Mit 4 Farbtafeln und 80 Zeichnungen von Hildegard Pezolt. Mit einem Vorwort von Alois Pischinger. Wien 1950.

Bächtold-Stäubli (Hrsg.): Handwörterbuch des deutschen Aberglaubens. Bd. 1–10. Berlin, Leipzig 1927–1942. (= HdA). (Directmedia, Berlin 2006).

Baumbach, Rudolf: Zlatorog. Eine Alpensage. Stuttgart, Berlin 1905.

Baumgartner, Hans: Bairische Sagen. Kassel 1983.

Bechstein, Ludwig: Deutsches Sagenbuch. Hrsg. von Karl Martin Schiller. Mit sechzehn Holzschnitten nach Zeichnungen von Adolf Ehrhardt. Meersburg, Leipzig ([1]1853) 1930.

Bergheimat. Beilage zum Berchtesgadner Anzeiger. 8. Jg, 1928, Nr. 7.

Biedermann, Hans: Knaurs Lexikon der Symbole. Köln 2004.

Birlinger, Anton und Michael Richard Buck: Sagen, Märchen, Volksaberglauben. Freiburg im Breisgau 1861. (Volkstümliches aus Schwaben. 1).

Böck, Emmi: Sagen aus der Hallertau. 2., korrigierte Aufl. Regensburg 1983a.

Böck, Emmi: Sagen aus Niederbayern. 2., korrigierte. Aufl. Regensburg 1983b.

Böck, Emmi: Sagen aus der Oberpfalz. Aus der Literatur. Regensburg 1986.

Böck, Robert: Der Bilwis, Bockreiter und verwandte Gestalten. Volksglaube, Sage, Mythos und Kult. In: Amperland, 24, 1988, 85–92; 137–140.

Brednich, Rolf Wilhelm: Sagenhafte Geschichten von heute. München 1994.

Bronner, Franz Joseph: Von deutscher Sitt' und Art. Volkssitten und Volksbräuche in Bayern und den angrenzenden Gebieten. Buchschmuck von Fritz Quidenus. München 1908.

Buchheit, Chip u. a.: Sankt Barbara, Patronin der Bergleute, im saarländisch-lothringischen Kohlenrevier. Sante Barbe, patronne des mineurs, dans le bassin houiller sarro-lorrain. Zweisprachiges Begleitheft zur Ausstellung, hrsg. vom Saarländischen Museumsverband und vom Museum des Lothringischen Kohlenreviers. Ottweiler / Petite Rosselle 1997.

Buchner, Martin: Niederbayerische Sagen und Geschichten. Passau 1951.

Cerny, Christine: Das Buch der Naturgeister. Von Elfen, Zwergen, Feen und anderen Elementarwesen. 3. Aufl. München 2004.

Das Nibelungenlied. Übersetzt von Felix Genzmer. Anmerkungen und Nachwort von Bernhard Sowinski. Stuttgart 1992.

Depiny, Adalbert: Oberösterreichisches Sagenbuch. Linz 1932.

Des Knaben Wunderhorn. Alte deutsche Lieder. Gesammelt von Achim von Arnim und Clemens Brentano. Hrsg. von Heinz Rölleke. 2. Aufl. Frankfurt a. Main 2007.

Die Edda. Götterdichtung, Spruchweisheit und Heldengesänge der Germanen. Übertragen von Felix Genzmer, eingeleitet von Kurt Schier. Düsseldorf, Köln 1981.

Drascek, Daniel und Siegfried Wagner: Gibt es bayerische Märchen? In: Literatur in Bayern, 19, 1990, 46f.

Drewermann, Eugen und Ingritt Neuhaus: Schneeweißchen und Rosenrot. 7. Aufl. Olten, Freiburg im Breisgau 1991.

Ebermann, Oskar: Donausagen. Die schönsten Sagen von der Donau und den anliegenden Landschaften und Städten. Leipzig 1927.

Eichelmann, Toni: Berchtesgadner Sagen. 4. Aufl. Mit Zeichnungen von Bernhard Wenig. Berchtesgaden ([1]1907) 1922.

Eichhof, Hugo: Der Goldene Steig. Bayerwaldsagen. Gesammelt von der Lehrerschaft des Kreises Kötzting. Lichteneck 1950.

Endrös, Hermann und Alfred Weitnauer: Allgäuer Sagen. 6. Aufl. Kempten 1981.

Englisch, Norbert: Sagen aus dem Böhmerwald. München 1994.

Frazer, James George: Der goldene Zweig. Das Geheimnis von Glauben und Sitten der Völker. Aus dem Englischen von Helen von Bauer. Reinbek bei Hamburg 2000. (Originalausgabe: The Golden Bough., 1922).

Freud, Sigmund: Totem und Tabu. Frankfurt am Main ([1]1913) 1974.

Friedl, Paul: Geister im Waldgebirg. Rosenheim 1975.

Friedl, Paul: Glasmachergeschichten und Glashüttensagen aus dem Bayerischen Wald und dem Böhmerwald. Grafenau 1973.

Gloning, Kajetan Alois: Oberösterreichische Volks-Sagen. Peuerbach 1884.

Göttner-Abendroth, Heide: Frau Holle und Frau Venus in Thüringen. In: Göttner-Abendroth, Heide u. Kurt Derungs (Hrsg.): Mythologische Landschaft Deutschland. Bd .2: Deutschland. Bern 1999, 236–254.

Grein, Johann: Der Bilwis im Selfkant. In: Rheinisches Jahrbuch für Volkskunde, 1, 1950, 178–182.

Grimm, Emil: Oberfränkische Sagen. Bilder von Ludwig Wallmüller. München, Berlin 1929. (Bayerischer Sagenhort. 9).

Grimm, Jakob: Deutsche Mythologie. Bd. I-III. Graz 1968. (Nachdruck der 4. Aufl. Berlin 1875–1878).

Grimm Jacob und Wilhelm: Deutsche Sagen. Zwei Bände in einem Band. München 1981. (Neuausgabe der 3. Aufl. 1891).

Gschlössl, Roland: Frau Percht vom Mittelalter bis heute. In: Bayerische Archäologie, 2017, 1, 28–37.

Gschlössl, Roland: Wilde Gestalten im Maskenbrauchtum. In: Bayerische Archäologie 2017, 1., 14–28.

Haller, Reinhard: Legenden aus dem Bayerischen Wald. Grafenau 1982.

Haller, Reinhard: Der Glashüttengeist »Turandl«. Eine Volkssage »wie sie im Buche steht«. In. Schöner Bayerischer Wald, 2002, H. 144, 22–24.

Hambel, Vera: »Die alte Heydnische Abgöttische Fabel von der Alraun«. Verwendung und Bedeutung der Alraune in Geschichte und Gegenwart. Passau 2003. (Passauer Studien zur Volkskunde. Hrsg. von Walter Hartinger. 21).

Harmening, Dieter: Wörterbuch des Aberglaubens. 2., durchgesehene. und erweiterte Aufl. Stuttgart 2009.

HdA siehe Bächtold-Stäubli

Heine, Heinrich: Elementargeister. Hamburg 2011. (Reprint der Originalausgabe: Über Deutschland. Dritter Theil: Elementargeister und Dämonen. Hamburg 1868).

Hinze, Christa und Ulf Diederichs (Hrsg.): Fränkische Sagen. Düsseldorf, Köln 1980.

Hohmann, Karl-Heinz: Xanten-Marienbaum. Hrsg. vom Rheinischen Verein für Denkmalpflege und Landschaftsschutz. 3., stark veränderte Aufl. Neuss 1993.

Huber, Nikolaus: Die Sagen vom Untersberg. Salzburg 1907.

Jegerlehner, Johannes: Sagen und Märchen aus dem Oberwallis: aus dem Volksmunde gesammelt. Basel 1913.

Jung, Carl Gustav: Symbole und Traumdeutung. Ein erster Zugang zum Unbewußten. 6. Aufl. Ostfildern 2013. (Texte aus: Carl Gustav Jung u. a. Der Mensch und seine Symbole. Olten 1968.)

Kainz, Adolf: Sagenhafte Heimat Thyrnau. Sagen, Sagenberichte und Legenden aus dem Raum Thyrnau, Kellberg, Donauwetzdorf. Kellberg 1996.

Kapfhammer, Günther: Bayerische Sagen. 5., veränderte Aufl. München 1992.

Käser, Lothar: Animismus. Eine Einführung in die begrifflichen Grundlagen des Welt- und Menschenbildes traditionaler (ethnischer) Gesellschaften für Entwicklungshelfer und kirchliche Mitarbeiter in Übersee. Bad Liebenzell 2004.

KHM siehe: Kinder- und Hausmärchen der Brüder Grimm.

Kinder- und Hausmärchen der Brüder Grimm: nach der großen Ausgabe von 1857, textkritisch revidiert, kommentiert und durch Register erschlossen. Hrsg. von Hans-Jörg Uther. 2. Aufl. München 1996. (= KHM).

Klingner, Erich: Luther und der deutsche Volksaberglaube. Berlin 1912.

Konrad von Megenberg: Das Buch der Natur. Die erste Naturgeschichte in deutscher Sprache. Hrsg. von Franz Pfeiffer. Hildesheim, Zürich, New York 1994. (3. Nachdruck. der Ausgabe Stuttgart 1861.)

Körber-Grohne, Udelgard: Nutzpflanzen in Deutschland von der Vorgeschichte bis heute. Hamburg 1995.

Kriss, Rudolf: Sitte und Brauch im Berchtesgadener Land. Illustrationen: Paul Ernst Rattelmüller. 4. Aufl. Berchtesgaden ([1]1947) 1998.

Kühn, Dietrich: Sagen und Legenden aus Sachsen. Weimar, Jena 1994.

Küster, Hansjörg: Die Geschichte der Kulturpflanzen im Landkreis Deggendorf. In: Deggendorfer Geschichtsblätter, 1994, 23–33.

Küster, Hansjörg: Geschichte der Landschaft in Mitteleuropa. Von der Eiszeit bis zur Gegenwart. München 1996.

Kuthmayer, Friedrich: Donausagen. Wien, Leipzig 1928.

Kutter, Erni: Heilige Jungfrauen, Salige und Wilde Fräulein. In: Göttner-Abendroth, Heide u. Kurt Derungs (Hrsg.): Mythologische Landschaft Deutschland. Bd. 2: Deutschland. Bern: 1999, 216–235.

Lang, Paul: Schöne niederbayerische Sagen. 2. Aufl. Bamberg 1927. (Am Sagenborn des Bayernlandes. 4).

Leyen, Friedrich von der und Valerie Höttges: Lesebuch der deutschen Volkssage. Berlin 1933.

Lindig, Erika: Hausgeister. Die Vorstellungen übernatürlicher Schützer und Helfer in der deutschen Sagenüberlieferung. Frankfurt am Main u. a. 1987.

Linhart, Dagmar: Hausgeister in Franken. Versuch einer Deutung ihrer regional unterschiedlichen Bezeichnungen. In: Harmening, Dieter und Erich Wimmer (Hrsg.): Volkskultur und Heimat. Würzburg 1986, 410–422.

Listl, Alfons u. a.: Kelsgausagen. Regensburg 1962. (Niederbayerische Hefte. 107).

Lüthi, Max: Das europäische Volksmärchen. Form und Wesen. 3. Aufl. Bern, München 1968.

Lüthi, Max: Volksmärchen und Volkssage. Zwei Grundformen erzählender Dichtung. 3., durchgesehene. Aufl. Bern, München 1975.

Lüthi, Max: Märchen. 10. Aufl. Stuttgart 2004.

Mallet, Carl-Heinz: Das Einhorn bin ich. Das Bild des Menschen im Märchen. Hamburg 1982.

Mannhardt, Wilhelm: Die Korndämonen. Beitrag zur germanischen Sittenkunde. Bremen 2014. (Unveränderter. Nachdruck der Ausgabe 1868).

Mannhardt, Wilhelm: Roggenwolf und Roggenhund. Beitrag zur germanischen Sittenkunde. 2., vermehrte Aufl. Danzig 1866.

Mannhardt, Wilhelm: Wald- und Feldkulte. 2 Teile. Berlin 1875/1877.

Marzell, Heinrich: Unsere Heilpflanzen, ihre Geschichte und ihre Stellung in der Volkskunde. München 1930.

Marzell, Heinrich: Zauberpflanzen, Hexentränke. Brauchtum und Aberglaube. Stuttgart 1964.

Marzell, Heinrich: Bayerische Volksbotanik. München 1968 (Neudruck der Ausgabe 1926).

Miller, Richard: Der Landkreis Wegscheid. Waldkirchen 1952.

Muuss, Rudolf: Die altgermanische Religion nach kirchlichen Nachrichten aus der Bekehrungszeit der Südgermanen. Bonn 1914.

Neubauer, Anton und Paul Praxl: Waldlersagen aus dem Land zwischen Lusen und Dreisessel. Schutzumschlag und Illustration von Josef Fruth. 4., überarbeitete Aufl. Grafenau 2015.

Neumann, Heinz und Martin Koser-Michaëls: Donaugeister. Alte Sagen und Geschichten von der deutschen Donau. Brünn, München 1943.

Panzer, Friedrich: Bayerische Sagen und Bräuche. Beiträge zur deutschen Mythologie. Hrsg. von Will-Erich Peuckert. Teil I u. II. Göttingen 1954/1956. (Neuaufl. der Ausgabe München 1848/1855).

Perger, Anton von: Deutsche Pflanzensagen. Stuttgart, Oehringen 1864.

Peters, Emil (Hrsg.): Der Phyiologus. Tiere und ihre Symbolik. Köln 2013.

Petzoldt, Leander (Hrsg.): Vergleichende Sagenforschung. Darmstadt 1969.

Petzoldt, Leander: Kleines Lexikon der Dämonen und Elementargeister. München 1990.

Petzoldt, Leander: Sagen aus Tirol. München 1992.

Petzoldt, Leander: Sagen aus Salzburg. München 1993a.

Petzoldt, Leander: Sagen aus Oberösterreich. München 1993b.

Petzoldt, Leander: Einführung in die Sagenforschung. Konstanz 1999.

Petzoldt, Leander: Deutsche Volkssagen. Wiesbaden 2007.

Petzoldt, Leander: Magie. Weltbild, Praktiken, Rituale. München 2011.

Peuckert, Will-Erich: Die Welt der Sage. In: Leander Petzoldt (Hrsg.): Vergleichende Sagenforschung. Darmstadt 1969, 135–188.

Peuckert, Will-Erich: Schlesische Sagen. München 1989. (Neuausgabe der Ausgabe München 1924).

Philippsen, Hans: Sagen und Sagenhaftes der Insel Föhr. Garding 1911.

Piaget, Jean: Das Weltbild des Kindes. Mit einer Einführung von Hans Aebli. Übersetzung von Luc Bernard. Stuttgart 1978.

Pogačnik, Marko: Elementarwesen. Begegnungen mit der Erdseele. 2. Aufl. Baden, München 2007.

Pollinger, Johann: Aus Landshut und Umgebung. München 1908.

Pöttinger, Josef: Sagen aus Oberösterreich. Linz 1932.

Prestel, Irmgard: Oberpfälzer Sagen. Bilder von Fritz Eggers. München, Berlin 1929a. (Bayerischer Sagenhort. 8).

Prestel, Irmgard: Mittelfränkische Sagen. Bilder von Hans Krieg, Nürnberg. München, Berlin 1929b. (Bayerischer Sagenhort. 10).

Quensel, Paul: Thüringer Sagen. Mit einer Einleitung von Leander Petzoldt. München 1991.

Rattelmüller, Paul Ernst: Bairisches Brauchtum im Jahreslauf von Nikolo bis Kathrein. München 1985.

Reiter, Norbert: Das Glaubensgut der Slawen im europäischen Verbund. Wiesbaden 2009.

Reling, Hermann und Paul Brohmer: Unsere Pflanzen in Sage, Geschichte und Dichtung. 6. Aufl. Dresden 1922.

Reuther, Otto Wilhelm: Der Goggolore. Passau ([1]1943) 1985.

Rohrecker, Georg: Kelten, Götter, Heilige. Mythologie der Ostalpen. Wien, Graz, Klagenfurt 2007.

Röhrich, Lutz: Europäische Wildgeistersagen. In: Rheinisches Jahrbuch für Volkskunde, 10, 1959, 79–163.

Röhrich, Lutz: Die deutsche Volkssage. Ein methodischer Abriß. In: Leander Petzoldt (Hrsg.): Vergleichende Sagenforschung. Darmstadt 1969, 217–286.

Rosenfeld, Hellmut: Sagentradition, Kulttradition und Völkerschichtung. Betrachtungen zu Gräbersagen und Dreifrauenkult. In: Bayerisches Jahrbuch für Volkskunde, 1957, 144–150.

Ruhland, Gerhard: Ein Herz und viele Seelen. 1250 Jahre Klosterleben in Metten. Freyung 2016.

Saan, Anita van: Bin im Garten! Der Gartenzwerg – Kult und Kultur. Münster 2007.

Sälzle, Karl: Tier und Mensch, Gottheit und Dämon. Das Tier in der Geistesgeschichte der Menschheit. München 1965.

Schinzel-Penth, Gisela: Sagen und Legenden um das Berchtesgadner Land. 2. Aufl. Andechs 1982.

Schinzel-Penth, Gisela: Sagen und Legenden um das Fünfseenland. Hrsg. von Walter Kremnitz. Frieding 1977.

Schmidt, Gustav: Sagen aus Bayerisch-Schwaben. Bindlach 1989.

Schmidt, Heinrich und Margarethe Schmidt: Die vergessene Bildersprache christlicher Kunst. 4., durchgesehene Aufl. München 1989.

Schöppner, Alexander: Sagenbuch der Bayerischen Lande. Band I–III. München 1852/1853.

Sittler, Nepomuk: Sagen und Legenden der Oberpfalz. 2., vermehrte. und verbesserte Aufl. Regensburg 1906.

Spiegel, Karl: Die bairischen Sagen vom Kobold. In: Bayerische Hefte für Volkskunde, Jg. III, 1916, 71–99.

Steiner, Rudolf: Naturgeister in der Pflanzen- und Tierwelt. Bad Liebenzell 2009. (Geist in der Natur. 3).

Timm, Erika: Frau Holle, Frau Percht und andere Gestalten. 160 Jahre nach Jacob Grimm aus germanistischer Sicht betrachtet. Unter Mitarbeit von Gustav Adolf Beckmann. Stuttgart 2003.

Tuczay, Christa Agnes: Geister, Dämonen – Phantasmen. Eine Kulturgeschichte. Wiesbaden 2015.

Tylor, Edward Burnett: Die Anfänge der Cultur. Untersuchungen über die Entwicklung der Mythologie, Religion, Kunst und Sitte. Hildesheim 2005. (Nachdruck der Ausgabe Leipzig 1873). (Originalausgabe: Primitive Culture, 1871).

Vonbun, Franz Josef: Die Sagen Vorarlbergs. 2. Aufl. Innsbruck 1889.

Waltinger, Michael: Niederbayerische Sagen. 4. Aufl. Passau ([1]1901) 1992.

Waltinger, Michael und Heinz Waltinger: Bischofsmais. Volks- und heimatkundliche Skizze. In: Der Bayerwald 1932.

Watzlik, Hans: Böhmerwaldsagen. München 1929.

Weirauch, Wolfgang u. a.: Was die Naturgeister uns sagen. Naturgeister 1 – im Interview direkt befragt. 4. Aufl. Flensburg 2004.

Weitnauer, Alfred: Keltisches Erbe in Schwaben und Baiern. Kempten 1965.

Werner, Helmut: Paracelsus. Okkulte Schriften. Mikrokosmos und Makrokosmos. Köln Verlag 2004.

Willerding, Ulrich: Ur- und Frühgeschichte des Gartenbaues. In: Franz, Günther (Hrsg.): Geschichte des deutschen Gartenbaues. Stuttgart 1984, 39–68.

Wimmer, Johann: Sagen, Legenden, Anekdoten und Erzählungen aus dem Erdinger Raum mit den angrenzenden Gebieten um Landshut, Vilsbiburg, Mühldorf, Rosenheim, Ebersberg, Freising und Moosburg. Erding 2004 (Erdinger Land. 21).

Wörterbuch der deutschen Volkskunde. Begründet von Oswald A. Erich und Richard Beitl. 3. Aufl. Neu bearbeitet von Richard Beitl unter Mitarbeit von Klaus Beitl. Stuttgart 1981.

Zingerle, Ignaz V.: Sagen aus Tirol. Graz 1969. (Um ein neues Vorwort vermehrter Nachdruck der 2. vermehrten Aufl. 1891).

ABBILDUNGSNACHWEIS

Autenrieth, Doris: 123, 127, 128
Gemeinde Blindheim: Wappen, 67
Gemeinde Weißenbrunn: Wappen, 75
Markt Isen: Wappen, 75
privat: 74, 77, 81 o., 81 u., 96, 106/107, 122 o., 122 u., 124, 125 o., 125 u., 129, 130 o., 130 u., 131, 132, 133, 134, 143, 145, 167, 178, 180, 183, 184, 200
Scherf, Dieter: 60, 88, 114, 126, 156, 174, 192
Stadt Naila: Wappen, 168

ORTSREGISTER

Abensberg 137, 187
Abersee 166, 170
Ahrain 37
Aidenbach 119
Allgäu 34, 93, 110, 138
Amberg 24, 80
Ammersee 64, 65, 97
Amras 206
Anif 163
Annaberg 141f.,
Arnstorf 143
Arpsee 78
Arzberg (Kloster) 38, 144
Arzl 111
Bad Hindelang siehe Hindelang
Bad Reichenhall siehe Reichenhall
Baierbrunn 97f.
Bärnau 100, 103
Batzhainzenmoos 118
Bayerbach 182
Bayerisch Eisenstein 45
Bayerisch-böhmisches Gebirge 8, 205
Bayerischer Wald 29, 160, 168, 172, 179, 181, 206
Berchtesgaden 21, 22, 47, 138, 182, 184, 185f., 203
Bergreichenstein (Kašperské Hory) 66, 140, 205
Berner Oberland 34
Birklingen 103
Bischofsmais 45, 181
Bischofswiesen 47, 182, 186

Blankenhorn (Burgruine) 151
Blaubeuren 44, 86
Blautopf 22, 86
Blindheim 67
Bluntautal 28
Böbrach 170
Böhmerwald 9, 33, 100, 172
Bristen 165
Brückelsdorf 79
Bucha 39
Butzen 48
Castell 71
Crailsheim 198
Deggendorf 45
Deisenhofen 151
Deusmauer 96
Diebach 75
Dingolfing 144
Donau 17, 33f., 38, 39, 44, 50, 68f., 70, 77
Dreisesselberg 65
Ebnath 103
Egerland 181
Eibensbach 151
Eichstätt 206
Eisenberg 93
Eixlberg 141
Elten 198
Engedey 186
Englburg 168
Ering 39
Erzgebirge 140, 141, 181
Eslarn 65
Essenbach 37
Eugenbach 121
Falkenstein 36, 170
Feichten 94
Fichtelgebirge 140, 159
Finsing 79
Flügelau 198
Föhr 37, 142
Frankenhofen 97
Freyung-Grafenau 48
Fürstenstein 168
Füssen 121
Gaisberg 166
Geißberg 143
Georgenberg 204
Geyer 21
Glanegg 162
Golling 28
Góra Świętej Anny siehe St. Annaberg
Gosheim (Burg) 152f.
Graubünden 24, 140
Grödig 146, 162
Großgmain 162
Großmehring 17, 77
Großmuß 121
Grün(s)feldhausen 168
Güglingen 151
Haidmühle 67
Haidweiher (Heidweiher) 80
Hallein 138, 146
Hallstadt (Lkr. Bamberg) 29
Hallstadt (Oberösterreich) 138
Harz 140
Haslach 121
Hauzenberg 197
Hengstberg (Fichtelgebirge) 101
Herrnwahlthann 121
Heuchelberg 151
Hienheim 98
Hildesheim 198
Hindelang 34, 164, 203
Hintersee 29, 149, 172
Hintersteiner Tal 79
Höch 38
Hochvogel 172
Höfen (Tirol) 164
Holzgau (Tirol) 93
Hudemühlen 198
Hunaberg 197
Igling 150
Illerberg 178
Inn 26, 39, 62, 69, 111, 158, 187
Iphofen 103
Isar 62, 69, 79, 97
Isarmoos 144
Isen 75f.
Itzgrund 197
Jenner 203

Jesenwang 104
Jochenstein 70
Kaltental 97
Karlstein 186
Kašperské Hory
Kelheim 22, 38, 98, 144
Kempten 69, 169
Kettershausen 201
Kienberg (Inzell) 139
Kirchseeon 182, 186
Kolbenberg 151
Köln 154, 194, 199, 202
Königssee 68, 77f., 145
Königstein (Oberpfalz) 29, 101
Kösslarn 94
Kottgeisering 104, 178
Krebsenberg 79
Kreuzenstein (Burg) 68
Kronau 103
Krönten 165
Kulmbach 101
Kutná Hora 141
Kuttenberg siehe Kutná Hora
Laibach 66
Landau 144
Landshut 69, 121
Lauingen 207
Lausitz 31, 190
Liechtenstein 110
Ljubljana siehe Laibach
Loipl 47
Loreley (Felsen) 83
Lungau 185, 203
Main 62, 65, 69, 145
Markt Bibart 197
Marktoberdorf 96
Mautern 33
Mellrichstadt 70
Merkendorf 100
Metten 170
Mindelheim 24
Moldau 62, 68
Mühlau 39
Mulde 37, 44
München 19, 52, 79, 117, 121
Münchnerau 121
Naila 168, 169
Neßlbach 26
Neuburg am Inn 38
Neuenhammer 101, 204
Neuhof a. d. Zenn 169
Neukirchen am Inn 38
Nonn 186
Norddeutschland 29, 41, 111
Nördlingen 24
Nordsee 13, 37
Nürnberg 24, 44, 198
Nussdorf a. Inn 186, 201
Obermaiselstein 162
Oberroning 142
Oberstdorf 47, 93
Oberwittighausen 168
Ödenmühle (Neuenhammer) 204
Ostende 67
Ötztal 33
Oy-Mittelberg 118
Passau 102
Paznaun 164
Pettenau 39
Pfaffing 120
Pfarrkirchen 94
Pfreimd 141
Pfronten 93, 169
Planegg 94
Pleisdorf 26
Prag 95
Premer Filz 9, 120
Pullenreuth 103
Raisting 120
Ramsau 149, 172
Rauer Kulm (Oberpfalz) 171
Rauris 141
Regensburg 24, 50, 170, 194
Regenstauf 205
Rehbichel 93
Reichenhall 40, 69, 145, 149, 186
Rentershofen 97
Retterschwanger Tal 203
Rhein 36, 83
Rheinland 29, 154, 202

Rhön 119f., 155, 159, 160
Riesengebirge 31, 39, 165
Rotes Moor 119
Röthenbach 97
Rottenburg a. d. Laaber 142
Rottenburg am Neckar 68
Runding 105
Saale 62, 70
Sachsen 199
Sächsenheim 168
Salzach 62, 158, 166
Salzburg 38, 145, 148, 166, 203
Sattling 26
Sauwald 102
Schäftlarn 97f.
Scheidsöd 120
Schneeberg 21, 94, 141
Schönlind 141
Schottenstein 197
Schreckensee 79
Schwarzes Moor 117, 119
Schweinegg 93
Seefeld in Tirol 30
Selfkant 181
Siebenbürgen 140
siehe Bergreichenstein
Sielenbach 94
Sparneck 152
St. Annaberg 142
St. Goarshausen 83
St. Leonhard 146
St. Wolfgang 170
Staffelberg 30, 144f.
Stams 112
Stauf (Neumarkt i. d. Oberpfalz) 153
Staufen 40, 149
Stillern 120
Stockenroth 152
Straubing 14
Sulzschneid 96
Sünser See 80
Thierstein 38
Thronhofen 102
Thunersee 34
Tirol 111, 140, 147, 183
Triglav 27
Türchlwand 162
Uffenheim 200
Untersberg 9, 38, 40, 145, 146, 162, 163
Unterschächen 165
Ursulapoppenricht 103
Utersum 142
Uttenbühl 118
Velburg 96, 118, 137
Venetsberg 142
Wackersdorf 79
Walchensee 65, 79
Waldmünchen 172
Walpertskirchen 187
Walser Feld 40
Watzmann 21
Wehringen 197
Weikersheim 148
Weiler 44
Weiler-Simmerberg 68
Weißenbrunn 75
Weißensee 121
Weißenstadt 141
Wertach 62, 97, 118
Wertingen 102
Wiesenacker 96
Wilhelmsdorf (Thüringen) 100
Windgällen 165
Windischeschenbach 26, 101
Winkl 47
Winzer 26
Wohnsgehaig 35
Wolfgangsee 166, 170
Würzburg 65, 168, 206
Xanten 94
Zusamaltheim 75
Zwiefalten 80

SACHREGISTER

Abfalter 166
Adler, Alfred 52
Agricola, Georg 139
Agrippa von Nettesheim 18, 23, 26
Alberich 17, 147
Almgeist 7, 9, 25, 33, 202–204
Almputz 202
Alraun(e) 196
Ambivalenz, ambivalent 8, 22, 24, 33f., 65
Angurboda 170
Animismus, animistisch 13–15, 21
Anna, heilige 44, 141f.
Anthroposophie 54
Antiope 99
Arme Seele 25, 38, 46, 117f, 121, 203
Artus 109
Aufhocker 22, 103, 121
Augustinus 23
Barbara, heilige 44, 141
Bastian, Adolf 8
Baumgeist 7, 30, 45, 93–95, 102
Baumkult 17, 93, 94
Baumnymphe 94f.
Bechstein, Ludwig 10
Beilwurfmotiv 170
Bercht(a) siehe Percht
Berggeist 18, 30, 139, 157–173
Bergmännchen, -lein 7, 40, 139f., 143, 146
Bergmönch 21, 140f.
Bergnymphe 164
Bergwerksgeist 21, 44, 139–141, 144, 172
Berta siehe Percht
Berthold von Regensburg 18
Bilwis 32, 179–181
Birgweibl 97
Birlinger, Anton 20
Bockreiter 179
Brentano, Clemens 19, 50, 83
Brettlduscher 187
Brünhild 76
Buck, Michael Richard 20
Burchard von Worms 17, 155
Busch, Wilhelm 193
Buttnmandl, Buttnmandllaufen 7, 30, 47, 179
Butz 47, 48, 49, 197
Butzerl 48
Butzemann 47, 51
Cäsar, Gaius Julius 16
Celebrand 169
Christophorus, heiliger 44
Cosmas von Prag 17
Couldrette 80
Diabolisierung 18, 23
Dietmar von Merseburg 17
Dietrich von Bern 17, 41, 102, 147, 170
Dinggestalt 31, 195, 202
Dionysos 99
Donaunixe 69, 70
Donauweibchen 33, 70
Dornröschen 109
Drak 196
Drei Frauen 30, 139, 149–151, 154f.
Dreikönig, Dreikönigstag 25, 32, 185, 186
Drusian 17, 148
Dryade 94
Durandl 205, 209
Dvořák, Antonin 71
Echo 164
Eggerich 17
Eichelmann, Toni 186
Eichennymphe 94
Eisenberta 184
Elben 23, 104–109, 147, 195
Elementargeist 18, 19, 24
Elfe 51, 53, 93, 100, 104–109
Ende, Michael 97
Engel 23, 25f., 105, 120, 190
Erbsenbär 187
Erdgeist 24, 54, 135, 153
Erdmännchen, -lein 21, 51, 97, 142f., 144, 153
Erdstall 48, 138f., 142f., 153
Erklärungssage 166

Erlkönig 108
Erzengel 25f.
Eschennymphe 94
Esoterik 53f.
Etzel 77
Fabeltier 27
Fanderl, Wastl 51
Fanga 110f., 164
Fangge, Fängge 29, 110–112, 166, 195
Fasolt 102
Faun 99
Fee 93, 100, 109f., 161
Fegefeuer 46, 118
Fei 109
Felddämon, -geist 18, 23, 195
Fenixmännchen 29, 146
Feuergeist 24, 54
Feuriger Mann 118
Fischherrin 79
Fischsirene 31, 48, 70, 73–76
Fischweibchen 74
Frau Holle siehe Holle
Frau Percht siehe Percht
Frazer, James George 7, 13
Freud, Sigmund 14, 21, 52
Fronleichnam 179, 180
Fruchtbarkeitsdämon 22
Fuchsfoche 33, 39
Gallus, heiliger 18
Gämse 27, 28, 30, 111, 159, 164f.
Gartenzwerg 7, 48, 147, 148
Gebirgsgeist 9, 23, 79, 161, 195
Geißreiter 179
Geistertier 27
Georg, heiliger 44, 178
Gertrud von Nivelles, heilige 44, 178
Gervasius von Tilbury 80
Gießweibchen 206
Gigant 169
Gnom 24, 54, 142, 153
Goethe, Johann Wolfgang von 24, 108
Goggolore, Goggolori 17, 97, 112
Gregor der Große 46
Gregor von Tours 188
Grenzsteinversetzer 25, 118
Grim 17, 170
Grimm, Brüder 11, 34, 65, 66, 92, 167, 202
Grimm, Jacob 183f.
Guglbergmanndl 29, 172
Gunther 76f.
Habergeiß 31, 32, 39, 48, 102, 181f.
Haberwawa 178, 187
Hackelberg 25
Hagen von Tronje 17, 39, 77f.
Haller, Reinhard 205, 209
Hamadryade 94
Haulemännlein 52
Hausdüsterle 200f.
Hausgeist 9, 23, 31, 59, 67, 96, 97, 172, 193–209
Hausschlange 31, 206–208
Hauswicht(e)l, Hauswichtlein 59, 199–201
Hauszwerg 199, 200, 201
He(h)mann 9, 31, 32, 46, 93, 102–104, 166, 181
Heilige, Heiliger 18, 19, 43f., 68f., 136, 141f., 170, 178f.,
Heine, Heinrich 19, 24, 59, 71, 83, 109. 153
Heinzelmännchen 198, 199, 201f.,
Hellsichtig 39f.
Helmold von Bosau 17
Herder, Johann Gottfried 104
Herodes 25
Heugütel 199
Hexe 32, 71, 78, 92, 179, 180, 181
Hexenhammer 180
Hilde 17, 170
Hildebrand 148, 170
Hoimann, 102, 103, 104, 178
Holle 13, 24, 25, 30, 51, 182f.,
Holzfräulein, Holzweiblein 29, 30f., 35, 39, 40, 100–102, 109, 110, 112, 177, 178, 195
Holzfuchs 98
Holzmännlein 100
Hopfenbach-Lena 187
Huidingerle 9, 120
Hulda 49
Huldbrand 83
Hund 35, 98, 121, 150, 152
Hüttengeist 182, 204f., 209

Irrlicht 46, 71, 117–119
Isa, Frau 70
Jahreslauf-Brauchtum 46, 179
Janssen, Adam 20
Jean d'Arras 80
Johannes der Täufer, heiliger 32, 44, 68
Johannes Trithemius 18, 23
Johannes von Nepomuk, heiliger 44, 68
Johannisnacht 32, 179
Jung, Carl Gustav 8, 52, 55
Jupiter 99
Kanzelweible 97
Kapuzendämon (Genius cucullatus) 16
Karl der Große 93, 170
Kasermandl 22, 29, 38, 46, 202, 203
Käsmandl 202, 203
Kinderschreck(gestalt) 21, 49, 111, 182, 187, 190
Klabautermann 40
Klausen, Klausentreiben 7, 47, 179
Kobold 31, 38, 39, 51, 172, 193, 196–199
Kollektivgestalt 29, 30f.
Kollektivwesen 30f., 142, 199, 204, 205
Konrad von Megenberg 27, 74
Kopisch, August 202
Kornbär 187
Korngeist 22, 187f., 190
Krankheitsdämon 26f.
Krebs 79
Kriemhild 76f.
Kriss, Rudolf 15, 46. 47, 68, 175, 186
Kulturgeist 9, 195
Kümmel 35, 100, 146
Kyklop 169
Lau, schöne 82
Laurin 17, 147f.
Leoprechting, Karl von 20
Leyen, Friedrich von der 20, 179
Libussa (Libuše) 94f.
Lichtelben 147
Lieder-Edda 76
Lindig, Erika 197
Loreley 83
Luftgeist 24, 54
Lusignan 75, 80
Luther, Martin 18, 37, 44, 118, 142
Lüthi, Max 10, 14, 58
Magie, magisch 13, 14f., 18, 23, 46, 68, 179
Mainpöpel 29
Mannhardt, Wilhelm 187, 190
Maria 94, 165
Martenehe 34, 36, 75, 164
Marzell, Heinrich 32, 181
Meerfrau, Meerfee, Meerjungfrau, Meerweib 17, 70. 74, 75, 76f. 80
Meergeist 70
Meliai 94
Melusine, Melusina 74, 75, 80–82
Menschengestalt 24. 26, 31, 105, 119, 196, 202
Merlin 109
Mittagsfrau 188, 190
Mittagsgeist (-dämon) 32, 187f., 190
Moorgeist 46, 52, 115–121
Moorjungfer 119f.
Moorkatze 121
Moorriese 9, 120
Moosfrau, Moosfräulein 100, 101, 119, 146,
Mooskuh 31, 120
Moosmütterlein, Moosweiblein 101, 102
Morgane 109
Morgenstern, Christian 115
Mörike, Eduard 82
Motte Fouqué, Friedrich de la 83
Muetasheer 25
Mühlengeist 199, 205f.
Mühlhans 206
Müller, Adelbert 19
Musäus, Johann Karl August 94
Muttergottes 94, 165
Nachtgloid 25
Najade 73
Namenstabu 34
Nebelfrau 120
Neck 65
Nereïde 73
Nibelung 147
Nibelungen(lied) 17, 39, 76, 85, 147
Niemand-Motiv 111
Nikolaus, heiliger 44, 47, 68f.

Nimue 109
Nix 50, 65, 67
Nixe 18, 22, 36, 45, 65, 68f., 70–73, 82f.
Nöck 30, 36, 65, 70
Nörggele 142
Norne 76, 155
Nymphe 52, 73, 93, 99, 102, 142, 164
Oberon 104
Odderbaanki, Odderbantjes 37, 142
Odyssee 73, 111
Okeanide 73
Oreade 161, 164
Orff, Karl 97
Ortnit 17
Oswald, heiliger 187
Ovid 99, 164
Pan 16, 32, 48, 111, 188
Panzer, Friedrich 20, 149, 150, 153
Paracelsus 18, 19, 24, 36, 53, 54, 61, 142,
Percht(a) 13, 22, 24, 25, 182–186
Perchten, Perchtenlauf 7, 30, 46, 48, 182, 185f.
Pest 26f., 29
Petzoldt, Leander 12, 20, 21, 43, 102
Peuckert, Will-Erich 23, 195
Pferd 65, 67, 79, 80, 99, 181
Pfingstl 46, 48
Physiologus 27, 74
Piaget, Jean 14
Platon 23
Plutarch 23, 111
Pöpel, Poppele 197
Prokopios von Caesarea 17
Pumuckl 31, 38, 51, 198
Putz 38, 197
Pygmäe 142
Querg, Querkel(e), Querx 29, 30, 142, 144, 146
Raue Else 17, 112
Raunacht 24, 25, 27, 32, 33, 185
Reuther, Otto 89, 97
Reymund 80–82
Riese 17, 31, 32, 44, 102, 112, 148, 161, 166–170
Rodensteiner 25
Roggenmuhme 32, 188, 190
Röhrich, Lutz 157
Rübezahl 29, 31, 39, 165
Rufgeist 32, 39, 181
Rumpelstilzchen 34, 144
Rusalka 71
Sachs, Hans 80
Säkularisation 19
Salamander 24, 54, 142
Salige (Frau), Sälige 21, 22, 27, 30, 31, 34f., 109, 146, 161–166
Sancimon 169
Satyr 99
Schatzjungfrau 139, 151–153
Schatzzwerg 144
Schilbung 147
Schiller, Friedrich von 165
Schlitzöhrchen 70
Schlüsseljungfrau 151
Schneeweißchen und Rosenrot 52, 92, 144
Schönwerth, Franz von 20
Schöppner, Alexander 20
Schra(t)z, Schra(t)zl, Schra(t)zel, Schrat(t) 96, 139, 142, 154
Schre(t)zlein, Schrezala, Schrezelein 197
Schreckgestalt 22, 177, 182, 185
Schutzengel 26
Schutzgeist 16, 25, 196, 204, 205
Schutzherr, Schutzherrin 141, 164f., 188
Schwan(en)frau, Schwanenjungfrau 19, 31, 39, 52, 70, 76–78
Schwarzelben 147
Schweiggert, Alfons 11
Schwind, Moritz von 19, 104
Seelendämon, Seelengeist 9, 185, 197
Seestier 79f.
Seeweib(chen) 70, 74
Shakespeare, William 104
Sichelweib 32, 190
Siegfried 77, 147
Sigeminne 112
Sigenot 170
Silen 52, 99f.
Sirene 79
Sittler, Nepomuk 105, 109

Sneewittchen 30, 92, 144
Solitärgestalt 30, 102
Solitärwesen 30f., 102, 195, 205
Spamer, Adolf 20
Spiegel, Karl 10
Spiritus familiaris 196
Spitzweg, Carl 19
Stampa, Stampe 183
Steinbock 164f.
Steiner, Rudolf 53, 54
Stilz(e)l 9, 29, 172
Strohbär 187
Swanhilde 78
Sylphe 24, 54, 142
Sympathie 15
Tabu 9, 15, 34–36, 38, 82, 100, 145, 164, 199, 205
Tarnkappe 77, 142, 147
Teufel 18, 31, 32, 38, 44f., 47, 103f.,170, 180
Theophrastus Bombastus von Hohenheim siehe Paracelsus
Thomas von Aquin 23
Thüring von Ringoltingen 80
Tieck, Ludwig 80
Tiergestalt 27f., 30, 31, 65, 119, 195, 206
Tierherr, -herrin 27, 30, 79, 111, 165
Timm, Erika 183
Titan 73, 169
Titania 104
Tod des großen Pan 111
Totengeist 9, 24f. 46, 142, 195
Triton 67
Turandl siehe Durandl
Tutlipfeiferl 79
Tylor, Edward Burnett 13, 40
Undine 24, 54, 61, 83
Unke 206f.
Unterirdischer Geist 135–155
Untersberger (Zwerge) 9, 29, 40, 51, 142, 145
Utto 170
Vegetationsgeist 32, 44, 47, 101, 175–190
Vintler, Hans 18
Viviane 109
Vogelsirene 74f.
Walahfrid Strabo 18
Waldfrau, Waldfräulein 17, 26f., 29, 100–102
Waldgeist 32, 59, 89–113
Waldmann, Waldmännlein 39, 96, 111
Waldrumpel 172
Waldschrat(t) 96
Waldweib(lein) 29, 112
Walküre 76
Walpurga, heilige 44, 178
Walpurgisnacht 32, 178f.
Wasserfrau 36, 70–73, 75, 80–84, 120
Wassergeist 24, 32, 44, 48, 61–86
Wassermann 33f., 50, 65–69, 71
Wasservogel, Wasservogelsingen 47, 48, 65, 179
Watzlik, Hans 172, 180, 209
Wechselbalg 37
Wedekind, Frank 135
Wetti 18
Weyden, Ernst 201
Wicht(e)l, Wichtlein, Wichtelmännchen 22, 30, 38, 39, 142, 144, 153, 202
Wieland, Christoph Martin 104
Wielandsage 147
Wiesgerenfüllen 178
Wilde Fahrt 25
Wilde Frau, Wildfrau 9, 22, 40, 109, 149, 161–164, 195
Wilde Jagd, Wildes Gejäg, Wildes Heer 25, 27, 32, 33
Wilder Jäger 24, 25, 32, 101, 102, 112
Wilder Mann 169
Windfrau, Windin, Windsbraut 14, 24, 187
Windhans 24
Wodan, 112
Wolfdietrich 17, 112, 148
Wolfgang, heiliger 44, 170
Wolfram von Eschenbach 179
Wölundlied 76
Wunderblume 151f.
Ymir 169
Zlatorog 27
Zwerg 7, 8, 17, 30, 35f., 38, 39, 40, 48, 51, 96, 139, 142–149, 153, 199

Wolfgang Johannes Bekh

ALOIS IRLMAIER

Der Brunnenbauer von Freilassing

1894 wurde in Oberscharam ein Mann geboren, der zu einem der bekanntesten deutschen Hellseher des 20. Jahrhunderts werden sollte: Alois Irlmaier. Seinen Lebensweg, seine Fähigkeiten und sein Wirken verfolgt jetzt erstmals umfassend diese Biographie von Wolfgang Johannes Bekh. Der Autor hat Details aus dem Leben des Wünschelrutengängers und Hellsehers zusammengetragen und zu dieser interessanten Einzeldarstellung montiert. Von den Anfängen Irlmaiers als Wassersucher über seine ersten Gesichte und seine großen Visionen vom dritten Weltkrieg und der Zukunft der Menschheit bis hin zu seinem Tod im Jahr 1959 hat Bekh das Wirken dieses Propheten des 20. Jahrhunderts verfolgt und kommentiert. In Interviews mit Fachleuten, Angehörigen Irlmaiers und Zeitgenossen des Sehers hat er das Leben dieses ungewöhnlichen Menschen und seine Vorhersagen erforscht.

164 S., Paperback, ISBN 978-3-86906-972-2

Manfred Böckl

PROPHETEN, SEHER UND AUGUREN

Visionäre und ihre Prophezeiungen aus Bayern, Böhmen und Österreich

Die meisten großen Seher und Propheten sind sich darüber einig, dass die Endzeit unmittelbar bevorsteht. Doch es wird auch gesagt, dass den Menschen eine Chance zur Umkehr und Läuterung gegeben ist. Manfred Böckl stellt das Leben und Wirken von elf volkstümlichen Auguren vor, die bis heute in der Überlieferung fortleben. Er schildert ausführlich ihr Leben und Wirken und erläutert ihre faszinierenden, zukunftsweisenden Visionen.

168 S., Paperback, ISBN 978-3-86906-169-6

Wolfgang Johannes Bekh

ALOIS IRLMAIER

Der Brunnenbauer von Freilassing

1894 wurde in Oberscharam ein Mann geboren, der zu einem der bekanntesten deutschen Hellseher des 20. Jahrhunderts werden sollte: Alois Irlmaier. Seinen Lebensweg, seine Fähigkeiten und sein Wirken verfolgt jetzt erstmals umfassend diese Biographie von Wolfgang Johannes Bekh. Der Autor hat Details aus dem Leben des Wünschelrutengängers und Hellsehers zusammengetragen und zu dieser interessanten Einzeldarstellung montiert. Von den Anfängen Irlmaiers als Wassersucher über seine ersten Gesichte und seine großen Visionen vom dritten Weltkrieg und der Zukunft der Menschheit bis hin zu seinem Tod im Jahr 1959 hat Bekh das Wirken dieses Propheten des 20. Jahrhunderts verfolgt und kommentiert. In Interviews mit Fachleuten, Angehörigen Irlmaiers und Zeitgenossen des Sehers hat er das Leben dieses ungewöhnlichen Menschen und seine Vorhersagen erforscht.

164 S., Paperback, ISBN 978-3-86906-972-2

Manfred Böckl

PROPHETEN, SEHER UND AUGUREN

Visionäre und ihre Prophezeiungen aus Bayern, Böhmen und Österreich

Die meisten großen Seher und Propheten sind sich darüber einig, dass die Endzeit unmittelbar bevorsteht. Doch es wird auch gesagt, dass den Menschen eine Chance zur Umkehr und Läuterung gegeben ist. Manfred Böckl stellt das Leben und Wirken von elf volkstümlichen Auguren vor, die bis heute in der Überlieferung fortleben. Er schildert ausführlich ihr Leben und Wirken und erläutert ihre faszinierenden, zukunftsweisenden Visionen.

168 S., Paperback, ISBN 978-3-86906-169-6

Sneewittchen 30, 92, 144
Solitärgestalt 30, 102
Solitärwesen 30f., 102, 195, 205
Spamer, Adolf 20
Spiegel, Karl 10
Spiritus familiaris 196
Spitzweg, Carl 19
Stampa, Stampe 183
Steinbock 164f.
Steiner, Rudolf 53, 54
Stilz(e)l 9, 29, 172
Strohbär 187
Swanhilde 78
Sylphe 24, 54, 142
Sympathie 15
Tabu 9, 15, 34–36, 38, 82, 100, 145, 164, 199, 205
Tarnkappe 77, 142, 147
Teufel 18, 31, 32, 38, 44f., 47, 103f.,170, 180
Theophrastus Bombastus von Hohenheim siehe Paracelsus
Thomas von Aquin 23
Thüring von Ringoltingen 80
Tieck, Ludwig 80
Tiergestalt 27f., 30, 31, 65, 119, 195, 206
Tierherr, -herrin 27, 30, 79, 111, 165
Timm, Erika 183
Titan 73, 169
Titania 104
Tod des großen Pan 111
Totengeist 9, 24f. 46, 142, 195
Triton 67
Turandl siehe Durandl
Tutlipfeiferl 79
Tylor, Edward Burnett 13, 40
Undine 24, 54, 61, 83
Unke 206f.
Unterirdischer Geist 135–155
Untersberger (Zwerge) 9, 29, 40, 51, 142, 145
Utto 170
Vegetationsgeist 32, 44, 47, 101, 175–190
Vintler, Hans 18
Viviane 109
Vogelsirene 74f.
Walahfrid Strabo 18
Waldfrau, Waldfräulein 17, 26f., 29, 100–102
Waldgeist 32, 59, 89–113
Waldmann, Waldmännlein 39, 96, 111
Waldrumpel 172
Waldschrat(t) 96
Waldweib(lein) 29, 112
Walküre 76
Walpurga, heilige 44, 178
Walpurgisnacht 32, 178f.
Wasserfrau 36, 70–73, 75, 80–84, 120
Wassergeist 24, 32, 44, 48, 61–86
Wassermann 33f., 50, 65–69, 71
Wasservogel, Wasservogelsingen 47, 48, 65, 179
Watzlik, Hans 172, 180, 209
Wechselbalg 37
Wedekind, Frank 135
Wetti 18
Weyden, Ernst 201
Wicht(e)l, Wichtlein, Wichtelmännchen 22, 30, 38, 39, 142, 144, 153, 202
Wieland, Christoph Martin 104
Wielandsage 147
Wiesgerenfüllen 178
Wilde Fahrt 25
Wilde Frau, Wildfrau 9, 22, 40, 109, 149, 161–164, 195
Wilde Jagd, Wildes Gejäg, Wildes Heer 25, 27, 32, 33
Wilder Jäger 24, 25, 32, 101, 102, 112
Wilder Mann 169
Windfrau, Windin, Windsbraut 14, 24, 187
Windhans 24
Wodan, 112
Wolfdietrich 17, 112, 148
Wolfgang, heiliger 44, 170
Wolfram von Eschenbach 179
Wölundlied 76
Wunderblume 151f.
Ymir 169
Zlatorog 27
Zwerg 7, 8, 17, 30, 35f., 38, 39, 40, 48, 51, 96, 139, 142–149, 153, 199

Nimue 109
Nix 50, 65, 67
Nixe 18, 22, 36, 45, 65, 68f., 70–73, 82f.
Nöck 30, 36, 65, 70
Nörggele 142
Norne 76, 155
Nymphe 52, 73, 93, 99, 102, 142, 164
Oberon 104
Odderbaanki, Odderbantjes 37, 142
Odyssee 73, 111
Okeanide 73
Oreade 161, 164
Orff, Karl 97
Ortnit 17
Oswald, heiliger 187
Ovid 99, 164
Pan 16, 32, 48, 111, 188
Panzer, Friedrich 20, 149, 150, 153
Paracelsus 18, 19, 24, 36, 53, 54, 61, 142,
Percht(a) 13, 22, 24, 25, 182–186
Perchten, Perchtenlauf 7, 30, 46, 48, 182, 185f.
Pest 26f., 29
Petzoldt, Leander 12, 20, 21, 43, 102
Peuckert, Will-Erich 23, 195
Pferd 65, 67, 79, 80, 99, 181
Pfingstl 46, 48
Physiologus 27, 74
Piaget, Jean 14
Platon 23
Plutarch 23, 111
Pöpel, Poppele 197
Prokopios von Caesarea 17
Pumuckl 31, 38, 51, 198
Putz 38, 197
Pygmäe 142
Querg, Querkel(e), Querx 29, 30, 142, 144, 146
Raue Else 17, 112
Raunacht 24, 25, 27, 32, 33, 185
Reuther, Otto 89, 97
Reymund 80–82
Riese 17, 31, 32, 44, 102, 112, 148, 161, 166–170
Rodensteiner 25
Roggenmuhme 32, 188, 190
Röhrich, Lutz 157
Rübezahl 29, 31, 39, 165
Rufgeist 32, 39, 181
Rumpelstilzchen 34, 144
Rusalka 71
Sachs, Hans 80
Säkularisation 19
Salamander 24, 54, 142
Salige (Frau), Sälige 21, 22, 27, 30, 31, 34f., 109, 146, 161–166
Sancimon 169
Satyr 99
Schatzjungfrau 139, 151–153
Schatzzwerg 144
Schilbung 147
Schiller, Friedrich von 165
Schlitzöhrchen 70
Schlüsseljungfrau 151
Schneeweißchen und Rosenrot 52, 92, 144
Schönwerth, Franz von 20
Schöppner, Alexander 20
Schra(t)z, Schra(t)zl, Schra(t)zel, Schrat(t) 96, 139, 142, 154
Schre(t)zlein, Schrezala, Schrezelein 197
Schreckgestalt 22, 177, 182, 185
Schutzengel 26
Schutzgeist 16, 25, 196, 204, 205
Schutzherr, Schutzherrin 141, 164f., 188
Schwan(en)frau, Schwanenjungfrau 19, 31, 39, 52, 70, 76–78
Schwarzelben 147
Schweiggert, Alfons 11
Schwind, Moritz von 19, 104
Seelendämon, Seelengeist 9, 185, 197
Seestier 79f.
Seeweib(chen) 70, 74
Shakespeare, William 104
Sichelweib 32, 190
Siegfried 77, 147
Sigeminne 112
Sigenot 170
Silen 52, 99f.
Sirene 79
Sittler, Nepomuk 105, 109

Irrlicht 46, 71, 117–119
Isa, Frau 70
Jahreslauf-Brauchtum 46, 179
Janssen, Adam 20
Jean d'Arras 80
Johannes der Täufer, heiliger 32, 44, 68
Johannes Trithemius 18, 23
Johannes von Nepomuk, heiliger 44, 68
Johannisnacht 32, 179
Jung, Carl Gustav 8, 52, 55
Jupiter 99
Kanzelweible 97
Kapuzendämon (Genius cucullatus) 16
Karl der Große 93, 170
Kasermandl 22, 29, 38, 46, 202, 203
Käsmandl 202, 203
Kinderschreck(gestalt) 21, 49, 111, 182, 187, 190
Klabautermann 40
Klausen, Klausentreiben 7, 47, 179
Kobold 31, 38, 39, 51, 172, 193, 196–199
Kollektivgestalt 29, 30f.
Kollektivwesen 30f., 142, 199, 204, 205
Konrad von Megenberg 27, 74
Kopisch, August 202
Kornbär 187
Korngeist 22, 187f., 190
Krankheitsdämon 26f.
Krebs 79
Kriemhild 76f.
Kriss, Rudolf 15, 46. 47, 68, 175, 186
Kulturgeist 9, 195
Kümmel 35, 100, 146
Kyklop 169
Lau, schöne 82
Laurin 17, 147f.
Leoprechting, Karl von 20
Leyen, Friedrich von der 20, 179
Libussa (Libuše) 94f.
Lichtelben 147
Lieder-Edda 76
Lindig, Erika 197
Loreley 83
Luftgeist 24, 54
Lusignan 75, 80
Luther, Martin 18, 37, 44, 118, 142
Lüthi, Max 10, 14, 58
Magie, magisch 13, 14f., 18, 23, 46, 68, 179
Mainpöpel 29
Mannhardt, Wilhelm 187, 190
Maria 94, 165
Martenehe 34, 36, 75, 164
Marzell, Heinrich 32, 181
Meerfrau, Meerfee, Meerjungfrau, Meerweib 17, 70. 74, 75, 76f. 80
Meergeist 70
Meliai 94
Melusine, Melusina 74, 75, 80–82
Menschengestalt 24. 26, 31, 105, 119, 196, 202
Merlin 109
Mittagsfrau 188, 190
Mittagsgeist (-dämon) 32, 187f., 190
Moorgeist 46, 52, 115–121
Moorjungfer 119f.
Moorkatze 121
Moorriese 9, 120
Moosfrau, Moosfräulein 100, 101, 119, 146,
Mooskuh 31, 120
Moosmütterlein, Moosweiblein 101, 102
Morgane 109
Morgenstern, Christian 115
Mörike, Eduard 82
Motte Fouqué, Friedrich de la 83
Muetasheer 25
Mühlengeist 199, 205f.
Mühlhans 206
Müller, Adelbert 19
Musäus, Johann Karl August 94
Muttergottes 94, 165
Nachtgloid 25
Najade 73
Namenstabu 34
Nebelfrau 120
Neck 65
Nereïde 73
Nibelung 147
Nibelungen(lied) 17, 39, 76, 85, 147
Niemand-Motiv 111
Nikolaus, heiliger 44, 47, 68f.